EXCEL

Excel 2016
商务技能训练
应用大全

王晓均◎编著

U0336401

中国铁道出版社有限公司

CHINA RAILWAY PUBLISHING HOUSE CO., LTD.

内 容 简 介

本书主要以 Excel 2016 为操作平台，介绍了 Excel 在实际商务应用中的相关技能和技巧。全书共 17 章，分为 3 个部分，其中，第 1 部分为商务办公必会软件技能，该部分系统全面地介绍了 Excel 中的基础知识和 Excel 2016 软件的相关特性和新功能，让用户能够快速入门软件操作；第 2 部分为办公实用技巧，该部分具体介绍了数据处理、公式、函数、数据筛选、数据排序以及图表应用相关的操作技巧，帮助用户提高软件操作技能；第 3 部分为综合实战应用篇，该部分通过 3 个精选的案例帮助用户进行综合训练，让用户融会贯通所学知识，提高实战技能，让用户通过学习最终达到实战应用的目的。

本书适用于希望掌握 Excel 相关的数据处理、分析等知识的初、中级用户，以及办公人员、文秘、财务人员、公务员和家庭用户使用，也可作为各大、中专院校及各类电脑培训机构的 Excel 类教材使用。

图书在版编目（CIP）数据

Excel 2016 商务技能训练应用大全 / 王晓均编著. — 北京：中国铁道出版社有限公司，2019.6

ISBN 978-7-113-25640-1

Ⅰ．①E… Ⅱ．①王… Ⅲ．①表处理软件②Excel Ⅳ．①TP391.13

中国版本图书馆 CIP 数据核字（2019）第 049551 号

书　　名：Excel 2016 商务技能训练应用大全
作　　者：王晓均

责任编辑：张亚慧		读者热线电话：010-63560056	
责任印制：赵星辰		封面设计：MXK DESIGN STUDIO	

出版发行：中国铁道出版社有限公司（100054，北京市西城区右安门西街 8 号）
印　　刷：北京鑫正大印刷有限公司
版　　次：2019 年 6 月第 1 版　2019 年 6 月第 1 次印刷
开　　本：787mm×1 092mm　1/16　印张：21.5　字数：535 千
书　　号：ISBN 978-7-113-25640-1
定　　价：69.00 元

前言 PREFACE

内容导读

对于职场中的商务人士来说，使用 Excel 相关技能协助办公是非常有必要掌握的一项技能。但是很多商务人士或是新手用户困惑于如何快速对表格数据进行处理和分析，或者如何制作出美观大方且专业的表格，认为 Excel 办公方面的操作一定十分复杂，难以驾驭。

其实，使用 Excel 工具进行商务数据的处理与分析并没有想象中的那么难，只要熟练掌握基础知识，了解相关的操作技巧，再进行针对性的实战训练即可。为了让更多的职场人士和 Excel 初学者体会到 Excel 的强大功能，以及给日常商务办公带来的高效便捷，我们编写了本书。

本书共 17 章，以商务办公必会软件技能→办公实用技巧→综合实战应用为主线安排内容，结合大量典型的办公案例，全面、深入地介绍了 Excel 的基础知识、应用技巧以及实战综合应用，各部分的具体内容见如下表格。

第 1 部分 商务办公必会软件技能	• Excel 商务办公快速入门 • 电子表格基本操作全掌握 • 商务数据的输入和编辑操作 • 表格样式的设置操作 • 在表格中应用图形对象 • 对商务数据进行统计与分析 • 使用公式和函数快速处理数据 • 使用图表分析和展现数据 • 使用数据透视表分析数据 • Excel 数据的模拟运算与共享操作
第 2 部分 办公实用技巧	• 数据筛选与排序技巧速查 • 公式与函数应用技巧速查 • 数据处理与分析技巧速查 • 图表应用技巧速查
第 3 部分 综合实战应用	• 制作公司全年开支情况表 • 制作产品年度销量统计分析表 • 制作固定资产管理系统

主要特色

◉ **内容精选，讲解清晰，学得懂**

本书精选了 Excel 相关的商务办公基础知识、实用技巧和综合案例，通过知识点+分析实例的方式进行讲解，旨在让读者全面了解并真正学会数据处理与分析知识。

◉ **案例典型，边学边练，学得会**

为了便于读者即学即用，本书在讲解过程中使用了大量商务办公中的真实案例进行操作介绍，让读者学会知识的同时快速提升实战技能，提高动手能力。

◉ **图解操作，简化理解，学得快**

在讲解过程中，采用图解教学的形式，图文搭配，并配有标注，让读者能够更直观、更清晰地进行学习和掌握，提升学习效果。

◉ **栏目插播，拓展知识，学得深**

通过在正文中大量穿插"提个醒"、"小技巧"和"知识延伸"栏目，为读者揭秘 Excel 数据处理与分析过程中的各种注意事项和技巧，为读者的各种疑难问题进行解答，扩展知识的深度和宽度。

◉ **超值赠送，资源丰富，更划算**

本书随书免费赠送了大量实用的资源，不仅包含了与书中案例对应的素材和效果文件，方便读者随时上机操作。另外还赠送了大量商务领域中的实用 Excel 模板，读者简单修改即可应用。此外还赠送有近 200 分钟的 Excel 同类案例视频，配合书本学习可以得到更多锻炼，还有包含 400 余个 Excel 快捷键的文档、215 个 Excel 常用函数以及常用办公设备使用技巧，读者掌握后可以更快、更好地协助商务办公。

适用读者

职场中的 Excel 初中级用户；

希望快速掌握 Excel 技能并运用实战的用户；

不同年龄段的办公人员、文秘、财务人员以及国家公务员；

有一定基础的 Excel 爱好者；

高等院校的师生；

社会 Excel 及相关培训机构师生。

由于编者经验有限，加之时间仓促，书中难免会有疏漏和不足之处，恳请专家和读者不吝赐教。

编 者

2019 年 3 月

第8章
使用图表分析和展现数据

第9章
使用数据透视表分析数据

第10章
Excel 数据的高级运算与共享操作

第 11 章
数据筛选与排序技巧速查

第 12 章
公式与函数应用技巧速查

第 13 章
数据处理与分析技巧速查

第1章
Excel 商务办公快速入门

在日常商务或办公场合中，Excel 的作用越来越明显。它不仅可以帮助用户存储数据，还可以进行数据的计算、筛选、分析、统计等。在学习这些知识之前，用户需要对 Excel 的基础知识有一定的了解，主要包括 Excel 2016 的新特性、工作环境、基本操作以及三大元素的相关知识等。只有充分了解了这些功能，用户才能在后面的学习中更加熟练和快捷地进行相关操作。

|本|章|要|点|

· Excel 2016 新特性全接触
· 了解 Excel 工作环境与基本操作
· 认识 Excel 三大元素和帮助系统

1.1 Excel 2016 新特性全接触

Excel 2016 和 Excel 2013 相比功能更加完善，操作也更加智能，还添加了许多工作中所需要使用的功能，如以前版本需要手动经过繁琐的操作才能制作树状图表、旭日图表等，在 Excel 2016 中却有较大的改善，可以直接选择图表类型创建这类图表，从而节省了大量的操作和时间。不仅如此，为了更加兼顾移动设备的触屏和手写功能，Excel 2016 还推出了一些新功能，如墨迹公式等。下面我们就一起来了解一下 Excel 2016 中新增的一些新特性和新功能。

1.1.1 智能查找

用户在使用表格的过程中，对于一些不明白的术语或名称，在 Excel 2016 中可以运用智能查找来进行在线搜索。例如遇到不明白的词语，可以选择该单元格并右击，在弹出的快捷菜单中选择"智能查找"命令，在打开的窗格中即可查看结果，如图 1-1 所示。

图 1-1　使用智能查找功能查找词汇

1.1.2 强大的搜索工具

在 Excel 2016 的工作区的上方有一个"告诉我你想要做什么"的文本框，用户可以在其中输入想要执行的操作的相关字词或命令短语，系统就会自动进行搜索并提供相应的选项供用户选择使用，从而节省手动寻找按钮或命令的时间。

例如用户想要进行数据汇总，则可以在文本框中输入"汇总"关键字，系统会自动搜索汇总相关的操作，在弹出的下拉菜单中选择相应的命令即可，如图 1-2 所示。

图 1-2　使用搜索功能搜索

1.1.3 新增图表类型

在 Excel 2016 中新增了多种图表，如树状图、旭日图、直方图、箱形图、瀑布图，通过这些图表，可以帮助用户更方便地对财务或分层信息进行数据可视化展示，并清晰显示数据中的统计属性。如图 1-3 所示分别为树状图、旭日图、瀑布图和箱形图对同一数据源进行不同的效果展示。

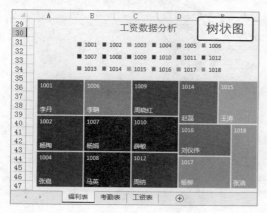
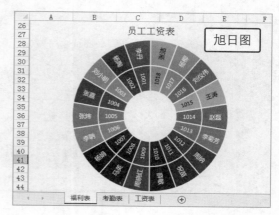
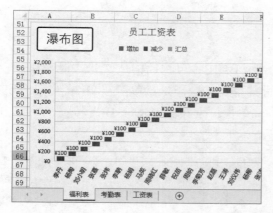
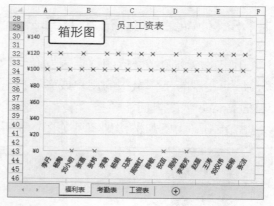

图 1-3　新增图表样式

用户在了解了新增图表大致的外观以后，在对不同数据的展示时可以选择合适的图表类型，以达到最佳的效果。

1.1.4 一键式预测

在 Excel 2016 中，对 FORECAST()函数进行了扩展，允许用户基于指数平滑进行预测，同时操作非常简单，只需一键单击预测按钮就能实现。如果用户有基于历史时间的数据，可以将其用于创建预测。

创建预测时，Excel 将创建一个新的工作表，其中包含历史值和预测值，以及表达此数据的图表。预测功能可以帮助用户预测将来的销售额、库存需求或者消费趋势之类的信息，首先需要选择数据，然后单击"数据"选项卡"预测"组中的"预测工作表"按钮即可实现一键预测，如图 1-4 所示。

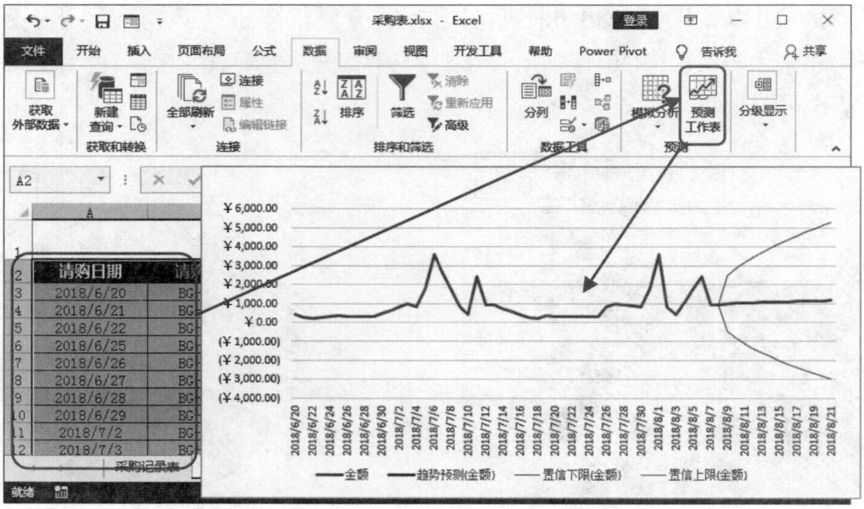

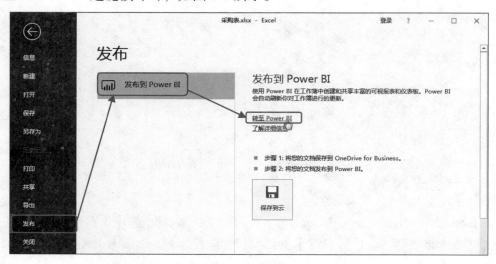

图 1-4　一键式预测

1.1.5　Power BI 发布和共享分析

用户可以将制作完成的数据表发布到 Power BI 中，可快速构造交互式报表和仪表板，从而实现与工作组中的用户或者客户进行共享。其操作是：单击"文件"选项卡进入 Backstage 视图界面，单击"发布"选项卡，单击"发布到 Power BI"按钮，再单击"转至 Power BI"超链接即可，如图 1-5 所示。

图 1-5　将数据表发布到 Power BI 中

1.1.6 改进后的透视表功能

Excel 凭借其灵活且功能强大的数据分析功能而闻名。在 Excel 2016 中，这种体验通过引入 Power Pivot 和数据模型得到了显著增强，用户能够跨数据轻松构建复杂的模型，通过度量值和 KPI 增强数据模型，然后对数百万行数据进行高速计算。

下面是 Excel 2016 中的数据透视图表中一些实用的增强功能介绍，这些功能大大降低了用户分析数据的难度。

◆ 可在工作簿数据模型的各个表之间发现并自动创建关系。

◆ 可直接在数据透视表字段列表中进行创建、编辑和删除自定义度量值，从而可在需要添加其他计算来进行分析时节省大量时间。

◆ 自动检测与时间相关的字段（年、季度、月）并进行分组，从而有助于以更强大的方式使用这些字段。

◆ 使用数据透视图向下钻取按钮，可以跨时间分组和数据中的其他层次结构进行放大和缩小。

如图 1-6 所示为创建的数据透视图表样式。

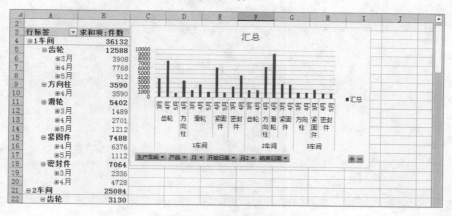

图 1-6 数据透视图表

1.1.7 3D 地图的介绍

3D 地图是一款三维（3D）数据可视化工具。它是一种查看信息的新方式，使用 3D 地图可让你发现一些无法通过传统的二维（2D）表格和图表得出的见解。通过 3D 地图可以将地理时空数据绘制成三维地球或自定义地图，显示数据随着时间推移而发生的变化，并创建可视化演示与他人共享。使用 3D 地图功能可以进行以下操作。

◆ **映射数据**：根据 Excel 表格或 Excel 中的"数据模型"，将数万行数据以可视化方式以三维格式绘制在必应地图上。

◆ **激发见解**：以地理空间角度查看数据，并了解带有时间戳的数据随着时间推移而发生的变化，从而获得新的见解。

◆ **分享故事**：捕获屏幕截图并生成影视化的指导式视频演示，可与他人广泛分享，以前所未有的方式吸引观众。或者可以将演示导出为视频，并以同样方式进行共享。

在了解了 3D 地图的功能及能够完成的操作以后，就需要知道如何启用 3D 地图。只需单击"插入"选项卡"演示"组中的"三维地图"按钮即可启用 3D 地图，如图 1-7 所示。

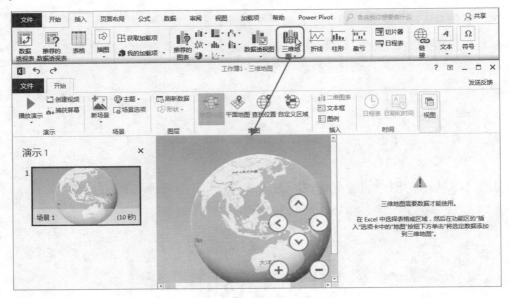

图 1-7　启用 3D 地图

1.1.8　墨迹公式

墨迹公式类似于手写公式，程序会根据用户书写的公式转换为文本格式，从而实现公式的快速输入，其具体操作是：单击"插入"选项卡"符号"组中的"公式"下拉按钮，选择"墨迹公式"命令，在打开的"数学输入控件"对话框中输入公式即可，如图 1-8 所示。

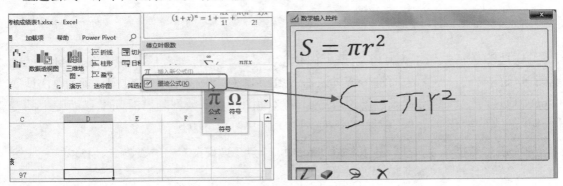

图 1-8　墨迹公式操作示意

在使用墨迹公式进行公式的书写时，如果出现书写错误，可以单击"擦除"按钮，按住鼠标左键将错误部分清理，如图 1-9 所示；也可以单击"选择和更正"按钮选择要修改的部分进行修改，如图 1-10 所示。

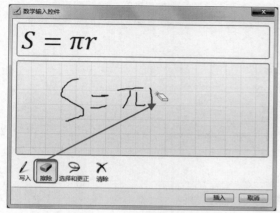
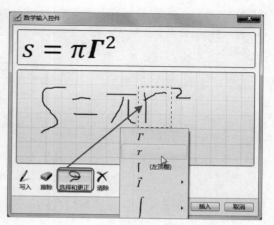

图 1-9　擦除操作　　　　　　　　　　　图 1-10　选择和更正操作

1.1.9 更多的 Office 主题

Office 2016 中新增了"彩色"新主题，也是系统默认的主题，同时将之前版本的"浅灰色"主题去除了，给用户更好的视觉效果。

用户如果需要更换 Excel 主题颜色，可以单击"文件"选项卡，在打开的 Backstage 视图界面单击"选项"按钮打开"Excel 选项"对话框，单击"常规"选项卡下的"Office 主题"下拉列表框右侧的下拉按钮，即可选择所需要的主题，单击右下角的"确定"按钮确认并应用选择的主题，如图 1-11 所示。

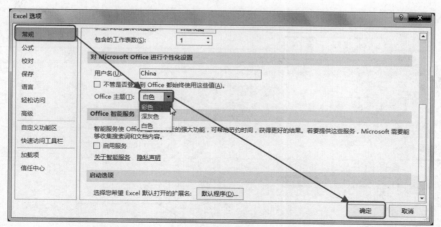

图 1-11　更换 Excel 主题

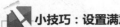

小技巧：设置满意的 Office 背景效果

用户在 Excel 2016 中登录了 Microsoft 账号以后就可以用上述方法进入"Excel 选项"对话框中，单击"常规"选项卡下"Excel 背景"下拉按钮，选择合适的背景后单击"确定"按钮即可完成。返回到 Excel 主界面即可查看到效果，如图 1-12 所示为设置"涂鸦圆形"背景效果后的程序主界面样式。

图 1-12　　"涂鸦圆形"背景效果

1.2　了解 Excel 工作环境与基本操作

每个用户都有自己不同的软件使用习惯，对软件的操作环境进行自定义设置，可以使软件使用起来更加方便快捷、得心应手。除此之外，用户还需要了解 Excel 中的一些基本操作，快速学会该软件的使用方法。

1.2.1　认识 Excel 2016 的工作界面

Excel 2016 的工作界面主要由"文件"选项卡、快速访问工具栏、标题栏、功能区、工作表编辑区、状态栏和视图栏组成，如图 1-13 所示，下面将详细介绍这几个组成部分。

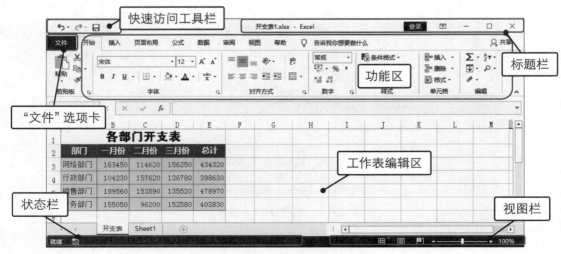

图 1-13　Excel 2016 工作界面

（1）"文件"选项卡

"文件"选项卡位于工作界面左侧，它将常用的各种菜单项整合在一起，单击该选项卡，进入 Backstage 视图即可查看到新建、打开、保存、关闭等常用功能，如图 1-14 所示。单击左上角的左向箭头按钮可以返回工作界面。

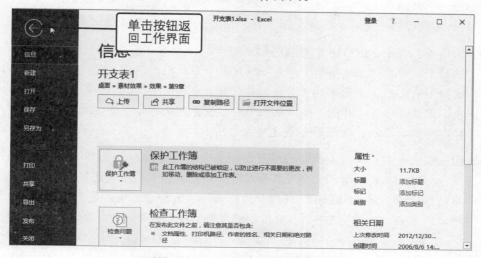

图 1-14　Backstage 视图界面

（2）快速访问工具栏

快速访问工具栏位于工作界面的左上方，它将常用的命令工具以按钮的形式整合在一起。在默认情况下，快速访问工具栏只包含 3 个按钮，分别是"保存"按钮、"撤销"按钮和"恢复"按钮，用户可以将常用的工具添加到快速访问工具栏，方便使用，相关操作将在后文将会进行具体介绍。

（3）标题栏

标题栏位于工作界面的顶端，它主要由文件名称、应用程序名称和窗口按钮组成，如图 1-15 所示，当前的文件名为"员工考核成绩表 1.xlsx"，应用程序名称为"Excel"。

在标题栏中，窗口按钮有 5 个，分别是"登录"按钮、"功能区显示选项"按钮、"最小化"按钮、"向下还原"按钮（"最大化"按钮）和"关闭"按钮，它们分别用于打开登录界面、控制功能区的显示方式、最小化窗口、向下还原窗口（最大化窗口）和关闭窗口。

图 1-15　标题栏

（4）功能区

Excel 2016 的功能区与 Excel 2013 的功能区结构相似，也是由选项卡、组和按钮 3

部分组成，具体结构如图 1-16 所示。

图 1-16　功能区

◆ **选项卡**：在 Excel 2016 中存在两种选项卡，一种是一直存在的选项卡，如"开始"选项卡，称为"主选项卡"；另一种是只有在使用时才出现的选项卡，例如只有在选择图表之后才会出现的"图表工具"选项卡，称为"工具选项卡"。在 Excel 2016 中，默认显示了"开始"、"插入"、"页面布局"等 8 个主选项卡，用户可以根据实际需要添加、删除和隐藏这些主选项卡。

◆ **组**：组主要用于将同类操作的所有命令整合到一起，如图 1-17 所示为"插入"选项卡中的"图表"组，主要用来插入需要的图表。某些组中还提供了一个"对话框启动器"按钮，单击该按钮，在打开的对话框或窗格中可进行更多的操作。如图 1-18 所示为单击"图表"组中的"对话框启动器"按钮打开的"更改图标类型"对话框。

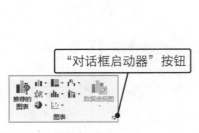

图 1-17　"图表"组

图 1-18　"更改图标类型"对话框

◆ **按钮**：每一个按钮都具有特定的功能。在 Excel 2016 中，有 3 种按钮，第一种是普通按钮，单击该按钮直接执行操作，如加粗按钮；第二种是下拉按钮，单击该按钮会弹出下拉列表或下拉菜单，如图 1-19 所示的"插图"按钮；第三种按钮是由前两种按钮组合构成的按钮，如图 1-20 所示的"数据透视图"按钮。

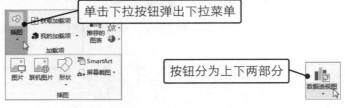

图 1-19　下拉按钮

图 1-20　组合按钮

（5）工作表编辑区

工作表编辑区是用户执行表格编辑操作的主要场所，它是由名称框、编辑栏、工作表标签组以及行号和列标组成，如图 1-21 所示。

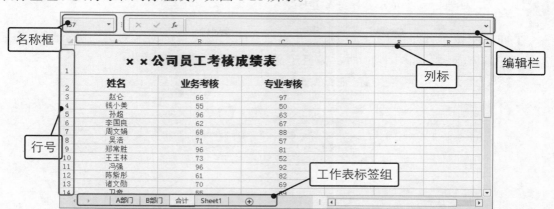

图 1-21　工作表编辑区

各组成部分的具体介绍如下。

◆ **名称框**：名称框也称地址栏，主要用于显示当前用户选择的单元格地址，或者单元格中使用的函数名称。

◆ **编辑栏**：编辑栏用于显示当前活动的单元格中的数据，或者编辑活动单元格中的数据、公式和函数。在默认情况下，编辑栏中只激活了"插入函数"按钮，当文本插入点定位到编辑栏时，将激活"取消"按钮和"输入"按钮。

◆ **工作表标签组**：工作表标签组中的每一个工作表标签都唯一标识一张工作表，在工作表标签组的右侧，还有一个"新工作表"按钮。

◆ **行号和列标**：编辑栏下方的一行英文字母是列标，工作表中最左端的一列数字是行号。Excel 中单元格的地址就是通过列标和行号来表示的，比如工作表的第一个单元格的地址为"A1"。

（6）状态栏和视图栏

状态栏和视图栏位于操作界面的最下方，用于显示当前数据的编辑状态、选定数据统计区、页面显示方式以及调整页面显示比例等，如图 1-22 所示。

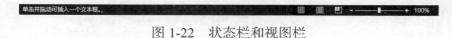

图 1-22　状态栏和视图栏

1.2.2 自定义选项卡

在 Excel 2016 中，选项卡是实现各种功能的重要途径。自定义适合自己使用的选项卡，可以用户在使用 Excel 办公的过程中更加便捷，下面主要介绍自定义主选项卡的相关操作。

[分析实例]——显示和隐藏选项卡

下面以隐藏"页面布局"选项卡，并添加"图表设计"选项卡为例，讲解自定义主选项卡的具体方法，如图 1-30 所示为自定义选项卡前后的对比效果。

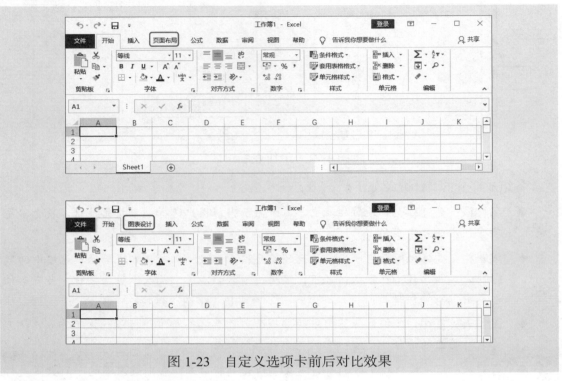

图 1-23　自定义选项卡前后对比效果

其具体操作步骤如下。

Step01 ❶在工作界面的任意功能区右击，❷在弹出的快捷菜单中选择"自定义功能区"命令，❸在打开的"Excel 选项"对话框"主选项卡"列表框中取消选中"页面布局"复选框，如图 1-24 所示。

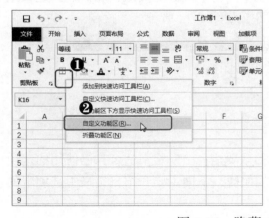
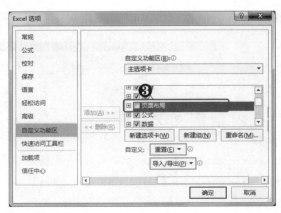

图 1-24　隐藏"页面布局"选项卡

Step02 ❶在中间的下拉列表框中选择"工具选项卡"选项，❷在下方的列表框中选择"设计"选项，❸单击右侧的"添加"按钮即可将其添加到"主选项卡"列表框中，❹选择"设计"选项，单击"重命名"按钮，❺将其命名为"图表设计"，依次单击"确定"按钮即可完成设置，如图 1-25 所示。

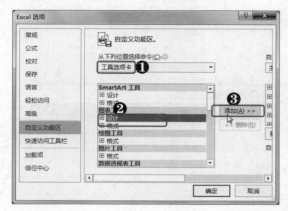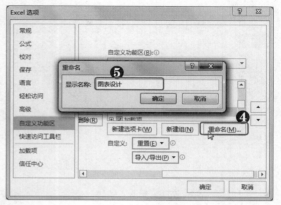

图 1-25　新建选项卡

> **小技巧：创建自定义选项卡**
>
> 　　不同的用户使用 Excel 的侧重点不同也有所不同，对于大部分用户来说，可能只会用到部分选项卡中的小部分命令，还有一些用户可能会用到一些外部插件命令、VBA 命令等。用户可以将常用的命令，包括 Excel 命令、插件命令或者 VBA 命令整合到自定义的选项卡中，这样就可以避免不断切换选项卡的麻烦，轻松找到所需的命令。创建自定义选项卡的方式和创建主选项卡的操作基本相同，用户可以自行设置。

1.2.3　显示与隐藏选项卡

　　在 Excel 2016 中，功能区的显示方式有 3 种，分别为自动隐藏功能区、显示选项卡以及显示选项卡和命令。这 3 种功能区显示方式的设置和效果如下所示。

（1）自动隐藏功能区

　　单击 Excel 2016 标题栏中的"功能区显示选项"按钮，选择"自动隐藏功能区"选项，Excel 进入全屏状态，功能区完全隐藏，如图 1-26 所示。

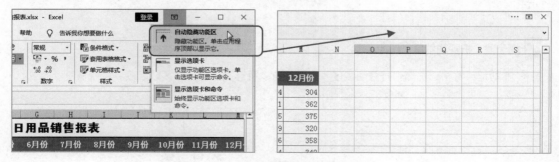

图 1-26　自动隐藏功能及其效果

功能区完全隐藏之后，若要其显示出来，可以单击该界面顶部，被隐藏的选项卡就会显示出来，如图 1-27 所示。

图 1-27　显示自动隐藏的功能区

（2）显示选项卡

单击 Excel 标题栏的"功能区显示选项"按钮，选择"显示选项卡"选项，Excel 会将选项卡的具体内容隐藏，只显示选项卡标签，如图 1-28 所示。

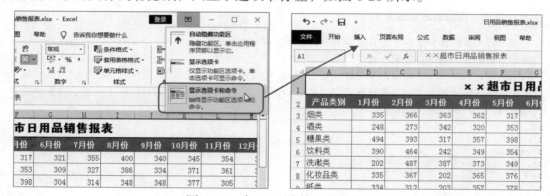

图 1-28　仅显示功能区选项卡

（3）显示选项卡和命令

在执行了"自动隐藏功能区"或者"显示选项卡"命令之后，功能区全部或部分命令被隐藏，单击"功能区显示选项"按钮，选择"显示选项卡和命令"选项，可完全显示功能区。

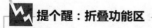

提个醒：折叠功能区

在功能区右击，选择"折叠功能区"命令，可以将选项卡的命令区域隐藏。执行该命令的效果与执行"显示选项卡"命令的效果相同。

1.2.4 自定义快速访问工具栏

Excel 的快速访问工具栏非常方便，用户可以将自己常用的命令按钮放置在快速访问工具栏中，这样需要使用的时候就可以通过单击快速访问栏中的按钮执行操作命令，而不必到选项卡、对话框中寻找所需的命令。

对快速访问工具栏进行自定义，包括添加和删除快速访问工具栏中的按钮、更改快速访问工具栏的显示位置。

（1）在快速访问工具栏中添加/删除命令

快速访问工具栏主要是将常用的操作命令以按钮的形式集合在一起，用户可以根据自己的使用习惯在快速访问工具栏中添加或删除按钮。

[分析实例]——添加"记录单"按钮并删除"保存"按钮

下面以在快速访问工具栏中添加"记录单"按钮并且删除"保存"按钮为例，讲解在快速访问工具栏中添加和删除命令按钮的具体方法，如图 1-29 所示为添加和删除前后的对比效果。

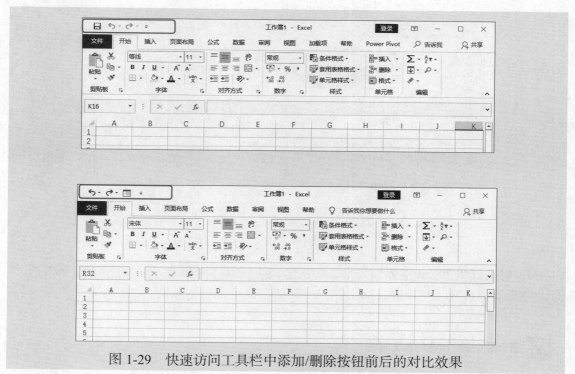

图 1-29　快速访问工具栏中添加/删除按钮前后的对比效果

其具体的操作步骤如下。

DAILY OFFICE APPLICATIONS
Excel 2016 商务技能训练应用大全

Step01 ❶在工作界面中单击快速访问工具栏右侧的下拉按钮，❷在弹出的下拉菜单中选择"其他命令"命令即可快速打开"Excel 选项"对话框，如图 1-30 所示。

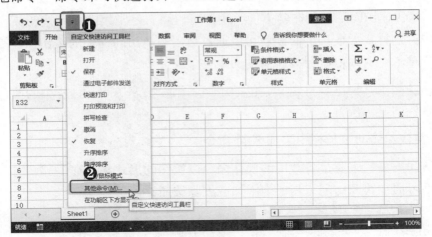

图 1-30　选择"其他命令"命令

Step02 ❶在打开的"Excel 选项"对话框中的"从下列位置选择命令"下拉列表框中选择"不在功能区中的命令"选项，❷在列表框中选择"记录单"选项，❸单击"添加"按钮，❹单击"确定"按钮即可完成添加操作，如图 1-31 所示。

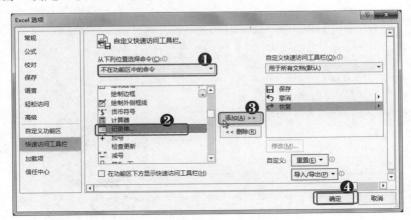

图 1-31　添加操作

Step03 ❶返回到 Excel 主界面以后，在快速访问工具栏中右击"保存"按钮，❷在弹出的快捷菜单中选择"从快速访问工具栏中删除"命令即可，如图 1-32 所示。

> **提个醒：删除按钮的其他方法**
>
> 在"Excel 选项"对话框中选择要删除的按钮，单击"删除"按钮可以将其从快速访问工具栏中删除。

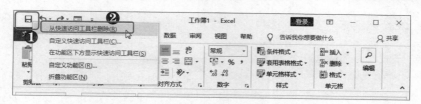

图 1-32 从快速访问工具栏删除"保存"按钮

小技巧：更改快速访问工具栏中按钮的顺序

在如果需要调整快速访问栏中的按钮顺序，可以在 Step02 中打开的"Excel 选项"对话框中选择按钮名称，单击"上移"或"下移"按钮调整，如图 1-33 所示。

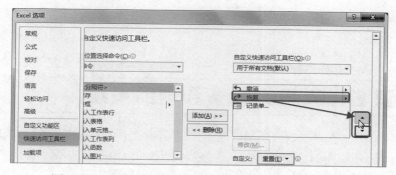

图 1-33 调整快速访问工具栏中按钮的相对位置

（2）更改快速访问工具栏的位置

在默认情况下，Excel 的快速访问工具栏位于标题栏的左侧，用户也可以自定义快速访问工具栏的位置，将其固定到功能区的下方。具体方法有 3 种，分别是通过快捷菜单更改、通过"Excel 选项"对话框更改和通过下拉菜单更改，具体介绍如下。

◆ 通过快捷菜单栏更改：在快速访问工具栏中右击，在弹出的快捷菜单中选择"在功能区下方显示快速访问工具栏"命令即可，如图 1-34 所示，最终显示效果如图 1-35 所示。

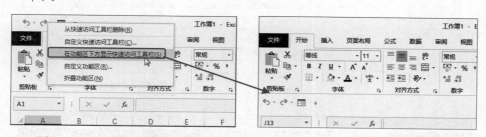

图 1-34 通过快捷菜单更改　　　　图 1-35 效果展示

◆ 通过对话框更改：打开"Excel 对选项"对话框，选中"在功能区下方显示快速访问工具栏"复选框，单击"确定"按钮即可，如图 1-36 所示。

◆ 通过下拉菜单更改：单击快速访问工具栏右侧的下拉按钮，在弹出的下拉菜单中选择"在功能区下方显示"选项，如图 1-37 所示。

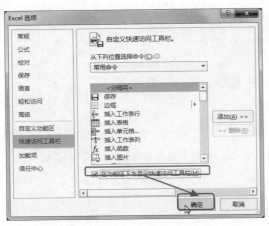

图 1-36　通过对话框更改

图 1-37　通过下拉菜单更改

1.3　认识 Excel 三大元素和帮助系统

Excel 中包含三大基本元素，了解了它们的基本概念和关系是熟练使用 Excel 进行数据管理和分析的前提。除此之外，用户还应当对 Excel 中的帮助系统有一定的了解，才能更加快捷高效地办公。

1.3.1　Excel 的三大基本元素

Excel 中的三大基本元素分别指的是工作簿、工作表和单元格，它们是构成 Excel 文件的重要组成部分，如图 1-38 所示。

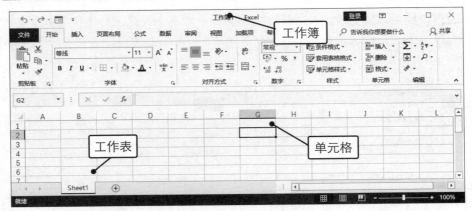

图 1-38　Excel 三大基本元素

在了解了三大基本元素分别是什么之后，就需要知道工作簿、工作表、单元格的具体含义，具体介绍如下。

◆ **工作簿**：在 Excel 中，工作簿是一个 Excel 文件，是所有工作表的集合体，它主要用于存储和处理数据。每个工作簿中都至少要包含一张工作表，最多可包含 225 张工作表。

◆ **工作表**：工作表是显示在工作簿窗口中的表格，是工作簿的基本组成单位。一张工作表可以由 1 048 576 行和 16 384 列构成，但是在实际使用中很少完全用上这么多的行和列。

◆ **单元格**：单元格是工作表中最小的单位，用行号和列标来标识它的地址，如第 2 行第 2 列的单元格地址为 B2，连续的单元格区域需要使用冒号来表示，如第 1 行第 1 列单元格和第 2 行第 2 列单元格之间的单元格表示为 A1:B2。

在了解了三大基本元素后，从工作簿、工作表和单元格的基本概念可以看出三者的关系是包含与被包含的关系，即工作簿中包含工作表，工作表中包含单元格，其关系如图 1-39 所示。

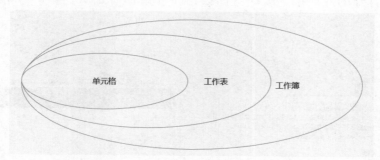

图 1-39　Excel 三大基本元素的关系

1.3.2 使用 Excel 的帮助系统

在使用 Excel 时，难免会遇到一些不了解的命令和操作，这时我们就可以借助 Excel 的帮助功能快速找到需要的命令。

用户在使用 Excel 的帮助系统之前，需要先打开 "Excel 帮助" 窗口，最直接的方式就是按【F1】键或是通过单击 "帮助" 按钮打开，然后在帮助窗口的搜索文本框中输入需要帮助查询的关键字即可。（注，在 Excel 2016 中，提供的帮助信息系统只能通过在线搜索，没有以前的本地帮助系统。）

[分析实例]——通过帮助系统查找 Excel 中的快捷键

下面以在 Excel 2016 中通过帮助系统查找所有的快捷键为例，讲解如何使用 Excel 中的帮助系统，其具体的操作步骤如下。

Step01 ❶单击 "帮助" 选项卡 "帮助" 组中的 "帮助" 按钮（或是直接按【F1】键可快速启动）即可打开 "帮助" 任务窗格，❷在搜索框中输入要搜索的内容，如 "Excel 快捷键"，❸单击 "搜索" 按钮系统将自动开始搜索，如图 1-40 所示。

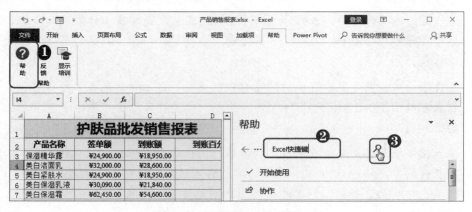

图 1-40 搜索 Excel 快捷键

Step02 查看搜索结果，❶单击搜索结果中的 "Excel for Windows 中的键盘快捷方式"
超链接，❷在打开的界面中，滚动鼠标滚轮即可查看到 Excel 操作对应的快捷键，如
图 1-41 所示。

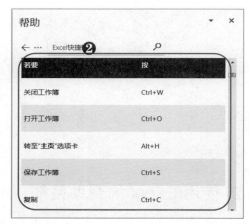

图 1-41 查找结果展示

第 2 章
电子表格基本操作全掌握

在对 Excel 2016 有了初步的认识以后，就可以正式开始
使用 Excel 完成需要的操作。在这之前，用户还需要了解电
子表格的一些基本操作，只有学会了这些操作，才能继续更
好地学习后面的其他高级操作。需要掌握的电子表格基本操
作主要包括工作簿、工作表和单元格的基本操作以及视图控
制方面的基本操作。

|本|章|要|点|

· 工作簿的基本操作
· 工作表的基本操作
· 单元格的基本操作
· 工作窗口的视图控制

2.1 工作簿的基本操作

工作簿是主要用来管理和存储数据的文件，用户可以在一个工作簿中建立多张数据表，从而实现运用工作簿对不同类型的数据进行分类管理。因此，用户需要掌握工作簿的基本操作。

2.1.1 新建工作簿

在使用工作簿处理数据之前，首先要新建符合要求的工作簿，常用的新建工作簿方式主要有以下 3 种。

（1）在桌面或者资源管理器中新建

用户在安装了 Excel 之后，即可在系统桌面或目标文件夹中需要新建工作簿的位置右击，在弹出的快捷菜单中选择"新建"命令，在其子菜单中选择"Microsoft Excel 工作表"选项即可完成新建，如图 2-1 所示。完成新建操作后，还可以对新建的工作簿进行命名，例如将其命名为"第一个工作簿"，如图 2-2 所示。

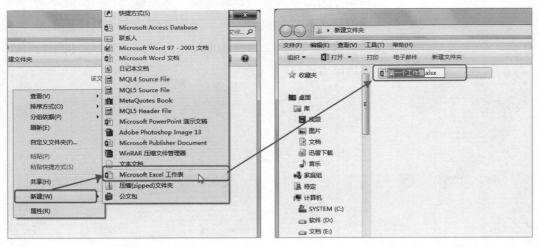

图 2-1　新建工作簿　　　　　图 2-2　命名工作簿

（2）在 Excel 程序中新建工作簿

在 Excel 中新建空白工作簿一般有两种方式：第一种启动程序时新建工作簿；第二种是在打开工作簿的情况下通过"新建"选项卡新建。下面分别对两种新建工作簿的方式进行介绍。

◆ **启动程序时新建**：启动 Excel 2016，在开始界面中选择"空白工作簿"选项，系统会自动新建一个工作簿，如图 2-3 所示。

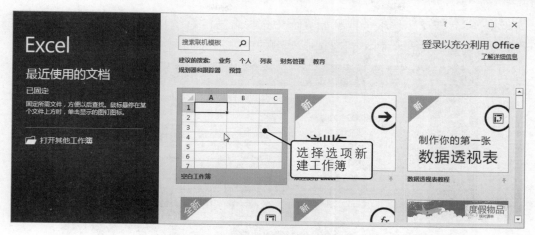

图 2-3　启动程序时新建工作簿

◆ 通过"新建"选项卡新建：在已经有一个工作簿打开的情况下，可以单击"文件"选项卡，在打开的 Backstage 视图界面单击"新建"选项卡，再选择其中的"空白工作簿"选项即可新建一个工作簿，如图 2-4 所示。

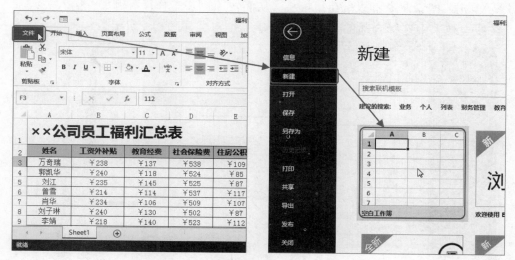

图 2-4　通过"新建"选项卡新建工作簿

小技巧：利用快捷键快速新建工作簿

　　除了在启动界面新建空白工作簿和通过"文件"选项卡中的"新建"选项卡进行新建工作簿外，还可以在打开已有工作簿的情况下按【Ctrl+N】组合键快速新建空白工作簿。

（3）根据模板新建工作簿

　　在 Excel 2016 中新增了许多既精美又实用的模板，包括系统自带的模板和在线模板。用户可以根据系统自带的模板快速新建符合自己需要的工作簿，如果自带的模板不能满足使用需求，还可以使用在线模板创建工作簿。

例如，在"新建"选项卡或开始界面中选择合适的系统自带的模板，在打开的对话框中单击"创建"按钮，即可新建选中类型的工作簿，如图 2-5 所示。

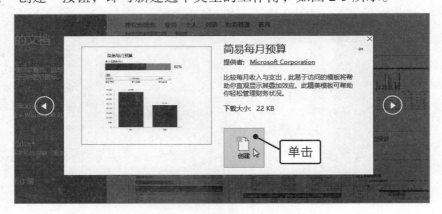

图 2-5　通过模板新建工作簿

除此之外，用户还可以在页面顶部的"搜索联机模板"搜索框中输入要搜索的关键字，然后单击"搜索"按钮搜索在线模板，从而快速创建工作簿。例如，输入关键字"日程"，在搜索结果中选择合适的模板即可新建工作簿，如图 2-6 所示。

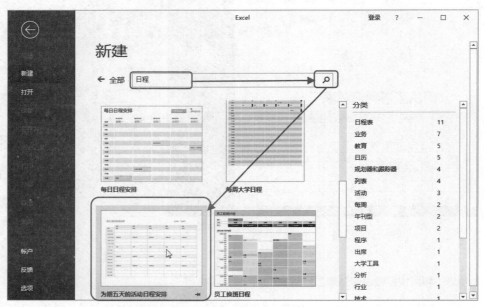

图 2-6　通过在线模板新建工作簿

2.1.2　保存工作簿

用户在对工作簿中的对象进行编辑操作之后，一定要养成及时保存文件的习惯，以避免由于操作失误、断电、电脑故障等各种原因导致数据损坏或者资料丢失的情况发生。

保存工作簿可分为快速保存工作簿、定时自动保存工作簿，以及将工作簿另存为其他名称或格式。

◆ **快速保存工作簿**：对打开的工作簿进行编辑以后，可以直接按【Ctrl+S】组合键进行保存，还可以单击快速访问工具栏中的"保存"按钮进行保存。

◆ **定时自动保存工作簿**：在 Excel 中，使用定时自动保存功能后，系统会根据设置的时间间隔自动对工作簿进行保存，而且如果 Excel 发生错误或系统崩溃，它还将保存一个副本，帮助用户恢复之前的工作。设置方法是在"Excel 选项"对话框中单击"保存"选项卡，选中"保存自动恢复信息时间间隔"复选框，并在数值框中设置时间间隔，单击"确定"按钮保存即可，如图 2-7 所示。

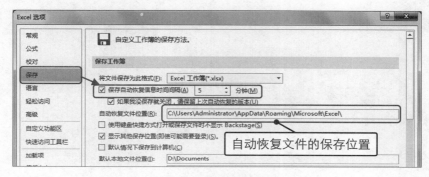

图 2-7　设置自动保存

◆ **另存工作簿**：该操作不仅可以改变工作簿原有的名称和存储路径，还可以改变工作簿的格式。单击"文件"选项卡，在"另存为"选项卡中单击"浏览"按钮，在打开的对话框中可重新设置文件的名称、地址和格式，如图 2-8 所示。

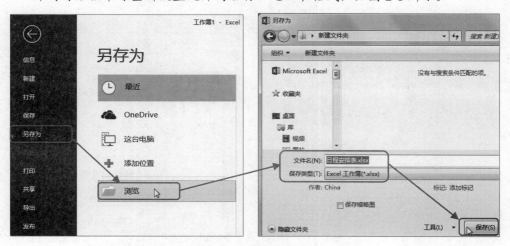

图 2-8　另存工作簿

2.1.3　打开现有工作簿

在 Excel 中打开现有工作簿的方法主要有 3 种，分别是通过 Excel 文件打开、通过"打开"选项卡打开以及通过将文件拖动至 Excel 程序窗口中打开，下面分别对 3 种方法进行介绍。

◆ 通过 Excel 文件打开：双击 Excel 文件，或在其应用程序上右击，在弹出的快捷菜单中选择"打开"命令，即可打开工作簿。

◆ 通过"打开"选项卡打开：单击"文件"选项卡，单击"打开"选项卡，双击"这台电脑"按钮，在打开的"打开"对话框中选择目标文件，单击"打开"按钮即可，如图 2-9 所示。

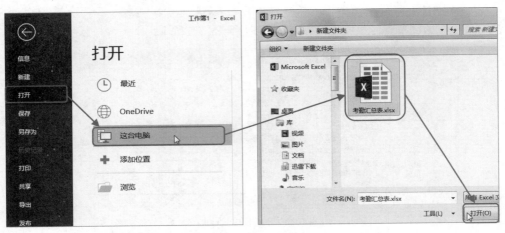

图 2-9　通过"打开"选项卡打开文件

◆ 通过拖动 Excel 文件打开：除了前面介绍的常规打开文件的方式外，还可以选择 Excel 文件，按住鼠标左键不放，将其拖动至已经打开的 Excel 程序窗口中，实现打开现有工作簿的操作，如图 2-10 所示。

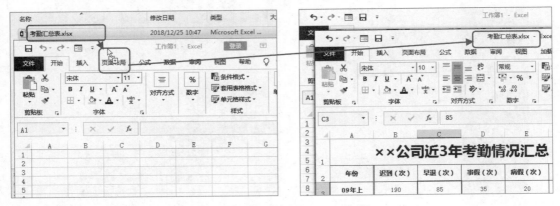

图 2-10　拖动打开 Excel 文件

 小技巧：使用快捷键打开工作簿

　　除了以上 3 种方法外，用户还可以通过快捷键快速打开工作簿，具体方法为：在欢迎界面中按【Ctrl+O】组合键，切换到"打开"选项卡，然后根据实际需要，选择电脑中的 Excel 文件或最近使用过的工作簿进行打开。

2.1.4 关闭工作簿和 Excel

退出当前 Excel 的方法有很多，主要包括通过"文件"选项卡的"关闭"按钮退出、单击标题栏的"关闭"按钮退出、使用菜单命令退出以及使用快捷键退出这 4 种，下面分别对这几种方法进行介绍。

◆ 通过"文件"选项卡的"关闭"按钮退出：在 Excel 的工作界面中单击"文件"选项卡，在 Backstage 视图界面中单击"关闭"按钮即可，如图 2-11 所示。

◆ 单击标题栏的"关闭"按钮退出：单击标题栏的"关闭"按钮（窗口右上角）可以退出 Excel 应用程序，如图 2-12 所示。

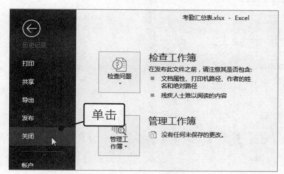 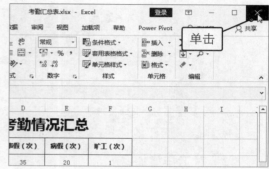

图 2-11 通过"文件"选项卡的"关闭"按钮退出　　图 2-12 通过标题栏的"关闭"按钮退出

◆ 使用菜单命令关闭：在标题栏中上右击，在弹出的快捷菜单中选择"关闭"命令关闭当前 Excel 文件，如图 2-13 所示。

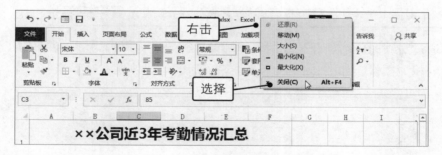

图 2-13 使用菜单命令关闭

◆ 使用快捷键关闭：如果要快速关闭打开的工作簿，则可以选择要关闭的工作簿，直接按【Alt+F4】组合键即可关闭。

2.1.5 保护工作簿

保护工作簿的方法有很多，常用的主要有两种，分别是保护工作簿结构和对工作簿加密两种，下面分别对两种方法进行介绍。

（1）保护工作簿结构

用户可以单击"审阅"选项卡"保护"组中的"保护工作簿"按钮，在打开的"保护结构和窗口"对话框中输入密码，单击"确定"按钮，在打开的"确认密码"对话框中再次输入密码，单击"确定"按钮即可实现保护工作表的结构，如图 2-14 所示。

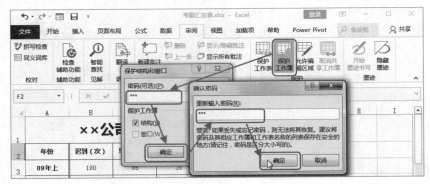

图 2-14　保护工作簿结构

【注意】保护工作簿结构只能对工作表的窗口或结构进行保护，例如工作簿中的工作表无法被删除，而不能保护工作表中的信息是否完整或被修改。

（2）对工作簿加密

为避免他人恶意修改、破坏信息或盗取数据，可为工作簿设置密码保护，只有知道密码用户才能进入该工作簿。

[分析实例]——对"岗位培训登记表"工作簿设置密码保护

下面通过对"岗位培训登记表"工作簿设置密码进行保护为例，讲解对工作簿设置密码保护的相关操作，如图 2-15 所示为加密前后的对比效果。

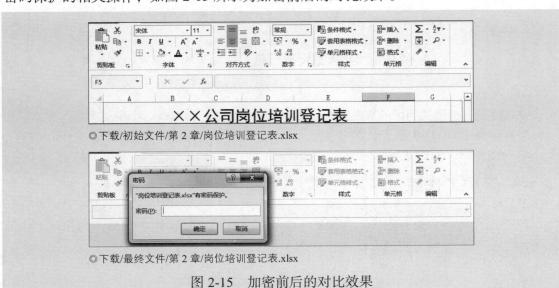

◎下载/初始文件/第 2 章/岗位培训登记表.xlsx

◎下载/最终文件/第 2 章/岗位培训登记表.xlsx

图 2-15　加密前后的对比效果

其具体的操作步骤如下。

Step01 打开素材文件，❶单击"文件"选项卡，❷单击左侧的"信息"选项卡，❸在 Backstage 视图界面单击"保护工作簿"下拉按钮，❹在弹出的下拉菜单中选择"用密码进行加密"命令，如图 2-16 所示。

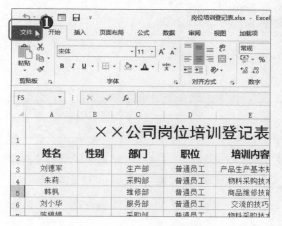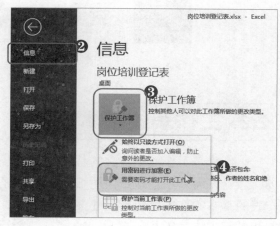

图 2-16 选择"用密码进行加密"命令

Step02 ❶在打开的"加密文档"对话框中的文本框中输入密码（本例中设置的密码为 123），❷单击"确定"按钮，❸在打开的"确认密码"对话框中再次输入密码，❹单击"确定"按钮即可完成对工作簿的密码保护设置，如图 2-17 所示。

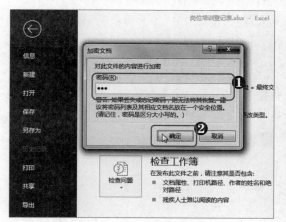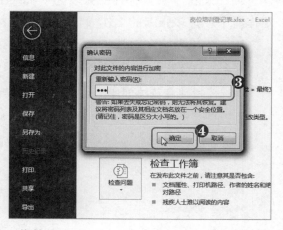

图 2-17 设置工作簿密码

> **提个醒：取消工作簿密码保护**
>
> 在 Excel 中，如果需要取消工作簿的密码保护，切换到"文件"选项卡，单击"信息"选项卡中的"保护工作簿"下拉按钮，选择"用密码进行加密"命令，在打开的对话框中清除原有密码，最后确认即可，如图 2-18 所示。

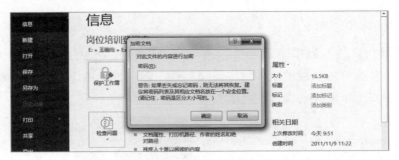

图 2-18　取消工作簿密码保护

2.2　工作表的基本操作

　　工作表是工作簿中包含的基础对象，也是进行数据录入、存储、整理和分析的主要场所。这就需要用户这是使用 Excel 进行商务办公时要熟练掌握工作表的基本操作，工作表的基本操作主要包括创建、删除、复制与移动、重命名、更改工作表标签颜色、保护和打印工作表等几个方面。

2.2.1　创建和删除工作表

　　在 Excel 中默认存在一张名为"Sheet1"的工作表，用户可以根据实际工作需要在工作簿中创建多张新的工作表，创建工作表的方法一般有 4 种，下面进行详细的介绍。

◆　**通过"新工作表"按钮创建**：在打开的工作簿中单击工作表标签组中的"新工作表"按钮即可创建新的工作表，如图 2-19 所示。

◆　**通过快捷菜单创建**：在已有工作表的表标签上右击，在弹出的快捷菜单中选择"插入"命令，则可根据提示插入符合要求的工作表，如图 2-20 所示。

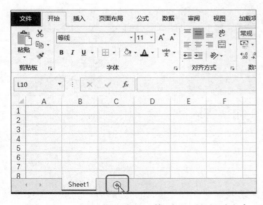

图 2-19　通过"新工作表"按钮创建

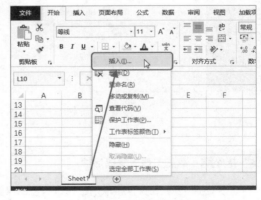

图 2-20　通过快捷菜单创建

　　【注意】除了这里介绍的创建工作表的方法外，用户还可以通过复制空白工作表的方式创建工作表，具体的复制操作将在后面进行讲解。

◆ 通过"开始"选项卡创建：单击"开始"选项卡"单元格"组中的"插入"按钮右侧的下拉按钮，在弹出的下拉菜单中选择"插入工作表"选项即可，如图 2-21 所示。

◆ 通过快捷键创建：在打开的工作表中直接按【Shift+F11】组合键即可在当前选择的工作表标签左侧创建一张新的工作表，如图 2-22 所示。

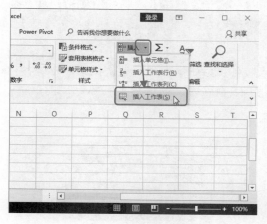

图 2-21   通过"开始"选项卡创建

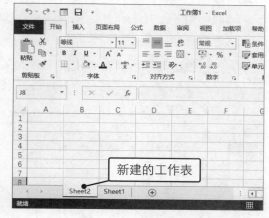

图 2-22   通过快捷键创建

当用户在工作簿中插入了多余的工作表或是某些工作表出现错误，需要将其进行删除时。那么可以通过"开始"选项卡和快捷菜单命令将其删除，下面分别对两种方法进行介绍。

◆ 通过"开始"选项卡删除：选择要删除的工作表，切换到"开始"选项卡，单击"单元格"组中的"删除"按钮右侧的下拉按钮，在弹出的下拉列表中选择"删除工作表"选项，如图 2-23 所示。

◆ 通过快捷菜单删除：右击要删除的工作表标签，在弹出的快捷菜单中选择"删除"命令即可删除当前选择的工作表，如图 2-24 所示。

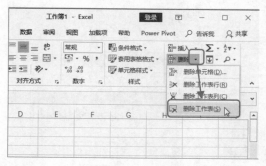

图 2-23   通过"开始"选项卡删除

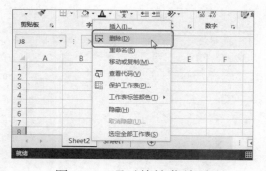

图 2-24   通过快捷菜单删除

2.2.2 移动和复制工作表

在 Excel 中，通过复制和移动工作表可以快速创建相同结构的工作表，在完成某些工作时，可以节省时间，从而提高工作效率。复制和移动工作表分为在同一工作簿中移动和复制工作表和在不同工作簿中移动和复制工作表两种情况。

（1）在同一工作簿中移动和复制工作表

在同一工作簿中复制和移动工作表的方法一般有 3 种方法，分别是直接拖动工作表标签、通过快捷菜单中的命令以及通过"开始"选项卡中的命令，下面进行具体介绍。

◆ **拖动工作表标签**：选择要目标工作表，按住鼠标左键不放，将标签拖动到目标位置即可完成工作表的移动操作，如图 2-25 所示。按下鼠标左键的同时按下【Ctrl】键进行拖动即可复制工作表。

◆ **通过快捷菜单中的命令**：在目标工作表标签上右击，在弹出的快捷菜单中选择"移动或复制"命令，在打开的对话框中选择目标位置，然后单击"确定"按钮即可，如图 2-26 所示。

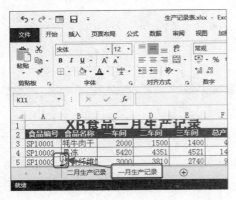

图 2-25　拖动标签移动或复制工作表　　　图 2-26　通过快捷菜单命令移动或复制工作表

◆ **通过"开始"选项卡中的命令**：切换到"开始"选项卡，单击"单元格"组中"格式"按钮右侧的下拉按钮，在弹出的下拉菜单中选择"移动或复制工作表"命令，根据提示移动或复制工作表，如 2-27 左图所示。如果此时选中"建立副本"复选框即可复制工作表，如 2-27 右图所示。

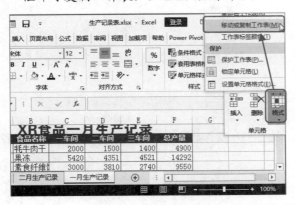

图 2-27　使用选项卡中的命令移动或复制工作表

（2）在不同工作簿中移动和复制工作表

在不同工作簿中移动和复制工作表与在同一工作簿中移动和复制工作表的操作相似，在不同工作簿中移动和复制工作表也可以通过选项卡中的命令或快捷菜单打开"移动或复制工作表"对话框，在该对话框中进行移动或复制操作。

 [分析实例]——在不同工作簿中移动工作表

下面以将"员工档案表"工作簿中的"员工档案"工作表复制到新建的"员工档案备份"工作簿中为例进行介绍，如图 2-28 所示为复制前后的对比效果。

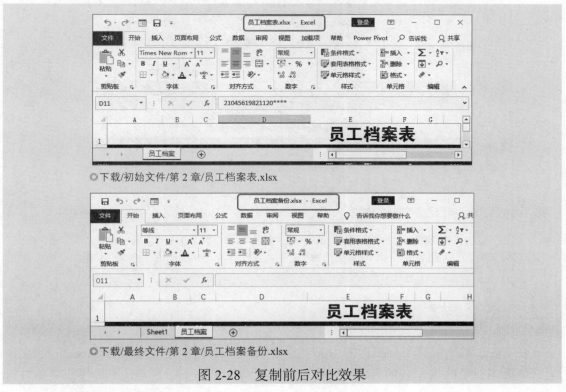

◎下载/初始文件/第 2 章/员工档案表.xlsx

◎下载/最终文件/第 2 章/员工档案备份.xlsx

图 2-28　复制前后对比效果

其具体的操作步骤如下。

Step01 打开素材文件，按【Ctrl+N】组合键新建一个空白工作簿，并将其命名为"员工档案备份"，如图 2-29 所示。

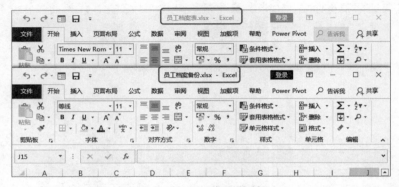

图 2-29　新建工作簿

Step02 切换到"员工档案"工作簿中，右击"员工档案表"表标签，选择"移动或复制工作表"命令，❶在打开的对话框中选择"员工档案备份"工作簿，❷在下方的列表框中选择"（移至最后）"选项，❸单击"确定"按钮，如图 2-30 所示。

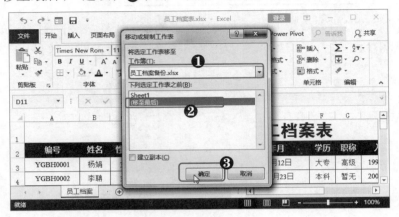

图 2-30　复制工作簿

 小技巧：使用组合键复制工作表

除了以上的方法外，用户还可以选择工作表中所有数据，按【Ctrl+C】组合键复制工作表，然后在要复制到的工作表中按【Ctrl+V】组合键即可粘贴工作表，从而完成工作表的复制。

2.2.3　重命名工作表

在 Excel 默认情况下，工作簿中的工作表以"Sheet1"、"Sheet2"、"Sheet3"依次命名，如果需要更改工作表的名称，用户可以通过双击工作表标签或是通过快捷菜单进行命名。

- **双击工作表标签**：双击要重命名的工作表标签，工作表标签变为可编辑状态，此时，即可重命名工作表，如图 2-31 所示。
- **通过快捷菜单重命名**：右击要重命名的工作表标签，在弹出的快捷菜单中选择"重命名"命令即可对工作表进行重命名，如图 2-32 所示。

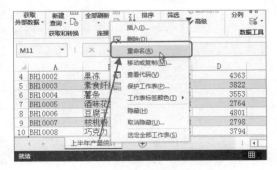

图 2-31　双击工作表标签重命名　　　2-32　通过快捷菜单重命名

2.2.4 更改工作表标签颜色

更改工作表标签的颜色可以帮助用户进行各种数据表的分类，用户可以根据不同的工作表标签颜色大概了解工作表的内容。初始情况下，工作表是没有颜色的，用户可以通过以下操作设置工作表颜色。

◆ **通过快捷菜单中的命令进行更改**：在目标工作表标签上右击，在弹出的快捷菜单中选择"工作表标签颜色"命令，在弹出的子菜单中选择需要的颜色即可，如图 2-33 所示。

◆ **通过"开始"选项卡中的命令**：切换到"开始"选项卡，在"单元格"组中单击"格式"按钮右侧的下拉按钮，在弹出的下拉菜单中选择"工作表标签颜色"命令，在其子菜单中选择需要的颜色即可，如图 2-34 所示。

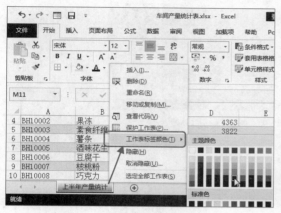

图 2-33　通过快捷菜单更改

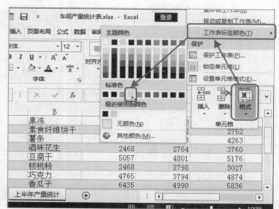

图 2-34　通过选项卡中的命令更改

2.2.5 保护工作表

在 Excel 中保护工作表是限制他人对工作表进行插入行、删除行以及设置单元格格式等操作，从而保护单元格数据和结构。

与保护工作簿不同，保护工作表后，其他用户可以打开工作簿，但是不能对工作表结构等进行修改，用户需要进行区别。

[分析实例]——为"财务数据输入"工作表设置密码保护

下面以在"年度财务报告"工作簿中对"财务数据输入"工作表设置"cwbb123"密码来保护工作表为例，介绍工作表的保护方法。如图 2-35 所示为设置密码保护工作表结构前后的对比效果。

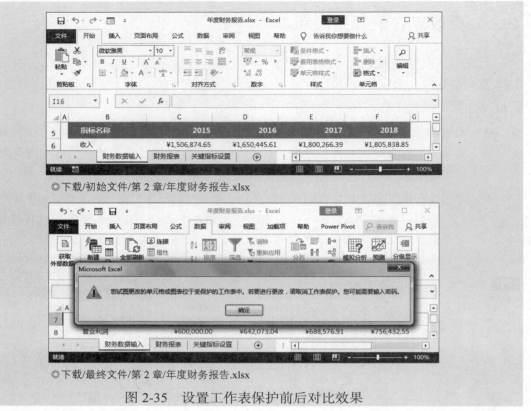

◎下载/初始文件/第 2 章/年度财务报告.xlsx

◎下载/最终文件/第 2 章/年度财务报告.xlsx

图 2-35　设置工作表保护前后对比效果

其具体的操作步骤如下。

Step01 打开素材文件，单击"审阅"选项卡中的"保护"组中的"保护工作表"按钮，如图 2-36 所示。

图 2-36　单击"保护工作表"按钮

提个醒：设置允许编辑的区域

除了为工作表设置密码外，用户还可以为工作表设置允许编辑的指定区域，这样也可以实现工作表的保护，只需要单击"保护"组中的"允许编辑区域"按钮即可。

Step02 ❶在打开的"保护工作表"对话框中的文本框中输入密码，❷单击"确定"按钮，❸在打开的"确认密码"对话框中再次输入密码，❹单击"确定"按钮，如图 2-37 所示，即可完成对工作表设置密码保护。

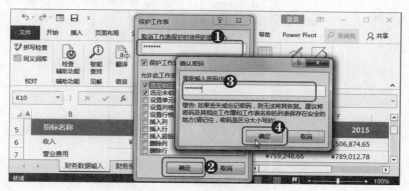

图 2-37　设置工作表密码

2.2.6　打印工作表

在打印工作表之前建议用户首先应当预览工作表的打印效果，当工作表的打印效果达到满意效果后，再按照正确的打印步骤进行打印。

（1）预览表格的打印效果

用户完成了表格的相关页面设置并进行了打印区域的制定后，还可以先对表格的打印效果进行预览。以便在预览过程中如果出现问题，可以及时纠正。

◆ **通过快捷按钮预览打印效果**：打开准备打印的工作表，单击快速访问工具栏中的"打印预览和打印"按钮，即可预览打印效果，如图 2-38 所示。

◆ **通过对话框预览打印效果**：单击"页面布局"选项卡的"页面设置"组中的"对话框启动器"按钮，在打开的对话框中单击"打印预览"按钮，如图 2-39 所示。

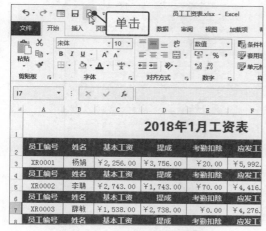

图 2-38　通过快捷按钮预览

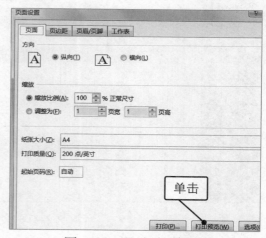

图 2-39　通过对话框预览

> **提个醒：** "打印预览"按钮的显示
>
> 需要注意的是，默认情况下快速访问工具栏中只有保存、恢复和撤销这 3 个快捷按钮。如果要将"打印预览和打印"按钮固定到快速访问工具栏，只需单击"自定义快速访问工具栏"下拉按钮，在弹出的下拉菜单中选择"打印预览和打印"命令即可，如图 2-40 所示。

图 2-40　添加"打印预览和打印"按钮

（2）打印工作表的一般方法

打印前的准备工作就绪以后，就可以开始打印工作表了。单击"文件"选项卡，切换到"打印"选项卡。在其中可以设置打印的属性，包括打印机的选择、打印份数的设置以及对打印文件的版式调整等，如图 2-41 所示。

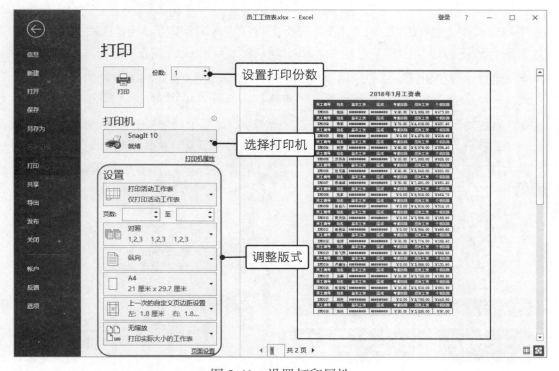

图 2-41　设置打印属性

在 Excel 中提供了 3 种打印方式，分别是打印活动工作表、打印整个工作簿以及打印选定区域，不同的方式有不同的特征，具体介绍如下所示。

表 2-1　3 种打印方式的介绍

打印方式	作用
打印活动工作表	打印活动工作表是指当前活动工作簿窗口中的活动工作表，可以是单张工作表，也可以是多张工作表
打印整个工作簿	打印整个工作簿是指打印当前活动工作簿窗口中所有的工作表
打印指定区域	打印指定区域是指打印当前活动工作簿窗口中活动工作表的指定区域

2.3　单元格的基本操作

单元格是工作表中最基本的单位，很多操作都是直接对单元格进行的，因此掌握其常规操作十分重要。在 Excel 中，单元格的基本操作主要包括选择单元格、插入和删除单元格、合并和拆分单元格以及调整单元格行高和列宽等。

2.3.1　选择单元格

在 Excel 中如果要对单元格中的数据进行处理，首先需要选择该单元格或单元格区域。选择单元格的方法有多种，下面分别对其进行介绍。

◆ **快速选取多个不连续的单元格**：编辑工作表时通常需要一次选中多个单元格进行同样的操作，要选择不连续的单元格，可配合【Ctrl】键来实现。先选择第一个要选取的单元格，接着按住【Ctrl】键选择下一个单元格，直到所有单元格选择完成再释放【Ctrl】键即可选取多个不连续单元格。

◆ **快速选取工作表中的所有单元格**：打开工作表，按【Ctrl+A】组合键即可选择当前工作表中的所有单元格。或是将鼠标光标移到当前工作表左上角行标与列标的交叉位置处，单击鼠标左键，即可选中当前工作表的所有单元格，如图 2-42 所示。

◆ **快速选择大范围块状单元格区域**：选择要选取的单元格区域的第一个单元格，按住【Shift】键，单击要选取的单元格区域中的最末一个单元格即可选中第一个与最末一个单元格之间的所有单元格，如图 2-43 所示。

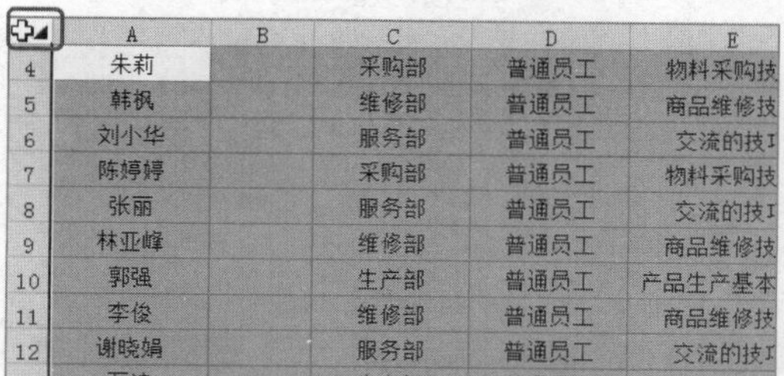

图 2-42　快速选择所有单元格

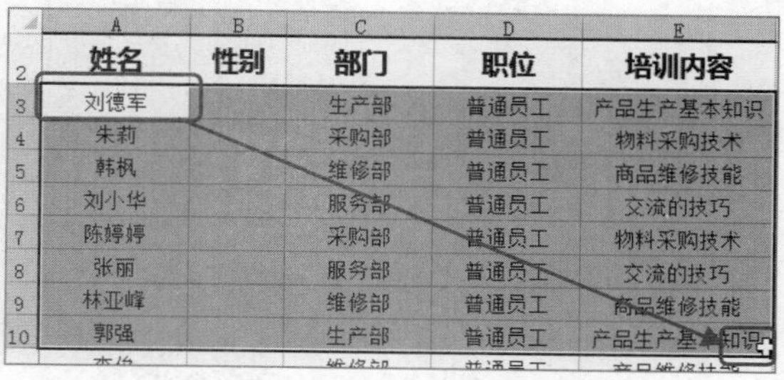

图 2-43　选择块状单元格区域

小技巧：按【F8】键选择块状单元格区域

用户可以选择目标单元格区域的初始单元格，按【F8】键，再选择目标单元格区域结束位置的单元格，即可选择相应的单元格区域。

◆ **快速选择整行（列）单元格**：要选择整行（列）单元格，只需要将鼠标光标移到目标行（列）的行（列）标位置，等待鼠标光标变为向右（下）的箭头时单击即可选择整行（列）单元格，如图 2-44 所示。

图 2-44　快速选择整行（列）单元格

2.3.2　插入和删除单元格

在 Excel 中，如果需要在某处添加其他数据，就需要在该位置插入单元格。插入单元格的方法主要有通过选项卡中的命令插入单元格和通过快捷菜单插入单元格两种方法，其具体的操作方法如下。

◆ **通过选项卡中的命令插入**：选择目标单元格，单击"开始"选项卡"单元格"组中的"插入"按钮右侧的下拉按钮，在弹出的下拉菜单中选择"插入单元格"命令，在打开的"插入"对话框中设置插入位置，单击"确定"按钮，如图 2-45 所示。

◆ **通过快捷菜单命令插入**：右击目标单元格，在弹出的快捷菜单中选择"插入"命令，在打开的"插入"对话框中进行相应的设置即可，如图 2-46 所示。

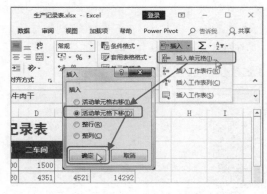

图 2-45　通过选项卡中的命令插入

图 2-46　通过快捷菜单命令插入

【注意】在"插入"对话框中，选中"整行"单选按钮表示在选择的单元格所在位置插入整行，原来的整行单元格下移；选中"整列"单元按钮表示在选择的单元格所在位置插入整列，原来的整列单元格右移。

删除单元格的方法与插入单元格的方法相似，下面介绍两种删除工作表中错误或多余单元格的方法。

◆ 通过选项卡中的命令删除：选择目标单元格，在"单元格"组中选择"删除/删除单元格"命令，并设置删除单元格的位置，单击"确定"按钮，如图 2-47 所示。

◆ 通过快捷菜单命令删除：选择目标单元格，右击，选择"删除"命令，在打开的"删除"对话框中设置删除后单元格的位置，如图 2-48 所示。

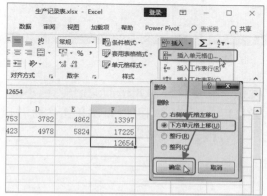

图 2-47　通过选项卡中的命令删除

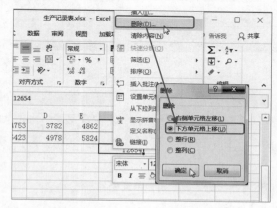

图 2-48　通过快捷菜单命令删除

2.3.3　合并与拆分单元格

在 Excel 中，用户可以根据实际需求将多个单元格合并为一个单元格，当不需要合并单元格时，可以将一个合并单元格拆分为多个单元格。

例如，在工作表的首行输入标题后，选择单元格区域，在"开始"选项卡中单击"合并后居中"下拉按钮，并选择"合并后居中"选项，如图 2-49 所示，这时标题将在该区域内跨单元格居中显示。

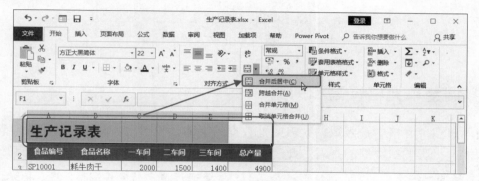

图 2-49　合并后居中

合并居中后的单元格效果更加美观，同时信息的现实也更加完整，合并单元格前后效果对比如图 2-50 所示。

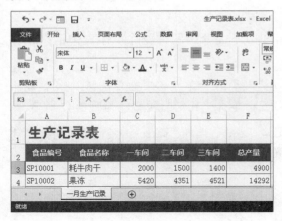 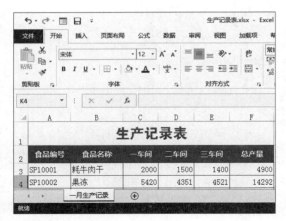

图 2-50　前后效果对比

在合并单元格以后，可能有时需要拆分单元格，它是合并单元格的逆向操作。如果多个单元格进行过合并，现在需要将合并的单元格拆分开来，则可以再次单击"合并后居中"下拉按钮，选择"取消单元格合并"选项即可拆分单元格。

> **小技巧：其他拆分单元格的方法**
>
> 用户还可以单击"对齐方式"栏中的"对话框启动器"按钮，在打开的"设置单元格格式"对话框中取消选中"合并单元格"复选框，从而实现单元格的拆分，如图 2-51 所示。

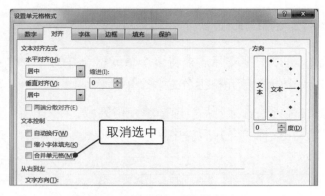

图 2-51　拆分单元格其他方法

2.3.4　调整单元格行高和列宽

当用户在单元格中输入数据太多或是数据的字体设置得太大时，容易出现信息显示不全的情况，影响对数据的查看。此时，就可以根据实际需要调整单元格行高和列宽。

◆ **快速调行高和列宽**：快速调整行高和列宽是通过拖动的方式调整，将鼠标光标移动到需要调整单元格行高的行号下边线上，当鼠标光标变为上下双向箭头时，按住鼠标左键不放进行拖动即可，如图 2-52 所示；列宽的调整方式相同，如图 2-53 所示。

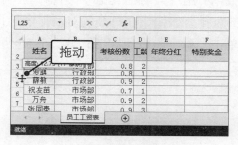

图 2-52　快速调整行高

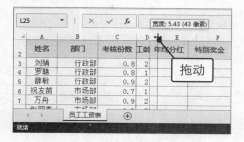

图 2-53　快速调整列宽

◆　**自动调整行高和列宽**：选择需要自动调整行高或者列宽的单元格区域，在"开始"选项卡"单元格"组中单击"格式"按钮，选择"自动调整行高"或"自动调整列宽"选项即可自动调整行高和列宽，如图 2-54 所示。

◆　**精确调整行高和列宽**：选择需要自动调整行高或者列宽的单元格区域，在"开始"选项卡"单元格"组中单击"格式"按钮，选择"行高（列宽）"命令，在打开的对话框中设置行高（列宽）的值，单击"确定"按钮即可，如图 2-55 所示。

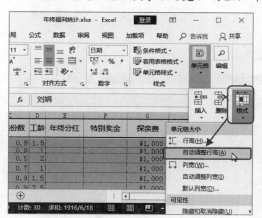

图 2-54　自动调整行高

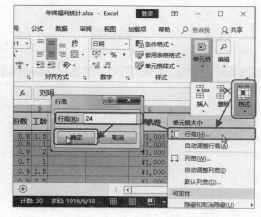

图 2-55　精确调整行高

2.4　工作窗口的视图控制

在实际工作中，常常会遇到需要对照查看多个工作簿或是要对工作表中的数据进行对比，这时就可以根据需要对工作窗口进行视图控制，以便于查看数据。

2.4.1　工作簿的并排比较

当需要对多个工作簿中的数据或是一个工作簿中的多张工作表中的数据进行比较时，可以使用 Excel 中的多窗口并排查看数据的功能，避免在打开的多张工作表或多个窗口中进行切换查看。

要实现并排查看两个或多个工作簿中的数据，用户只需在其中一个打开的工作簿中单击"视图"选项卡的"窗口"组中的"全部重排"按钮，在打开的对话框中选择排列的方式，例如选中"水平并排"单选按钮，单击"确定"按钮即可，如图 2-56 所示。

图 2-56　设置工作簿并排比较

完成上述的操作以后，所有打开的工作簿窗口都会进行水平并排显示，其效果如图 2-57 所示。

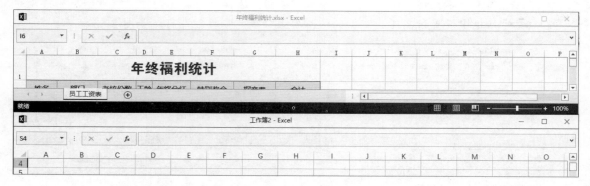

图 2-57　工作簿并排效果

2.4.2 拆分窗口

当一张工作表中包含的信息太多，前后查看不方便时，可以将工作表窗口拆分为独立的窗格，并排在工作簿中方便对比查看，下面进行具体介绍，如图 2-58 所示。

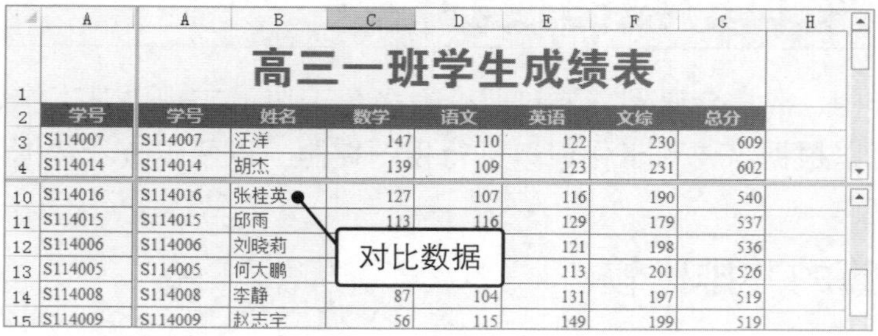

图 2-58　拆分窗口效果

◆ **通过拖动分割线任意拆分窗口**：切换到"视图"选项卡，单击"拆分"按钮，在工作表中将出现两条垂直相交的分割线，拖动分割线即可对窗口进行拆分，如图2-59所示。

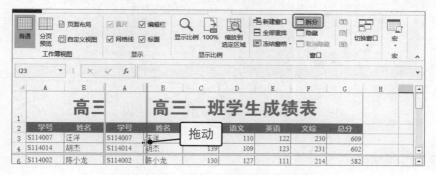

图2-59 拖动分割线拆分窗口

◆ **通过选定对象拆分窗口**：选择拆分边界的行或列，直接单击"拆分"按钮，即可从选定位置快速拆分工作表，如图2-60所示。

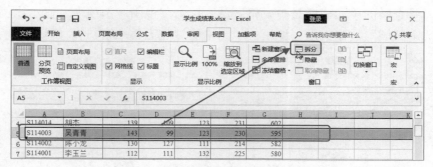

图2-60 选择对象拆分窗口

2.4.3 冻结窗口

当工作表的内容过多，长度太长时，查看尾部数据时会很容易忘记对应的表头信息，这时就可以借助冻结窗口功能冻结工作表表头，以便于查看后面的数据，如图2-61所示。

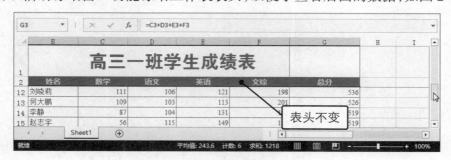

图2-61 冻结表头效果

冻结工作表的方法为：在"视图"选项卡中单击"冻结窗格"下拉按钮，选择"冻结窗格"、"冻结首行"或"冻结首列"选项即可，如图2-62所示。

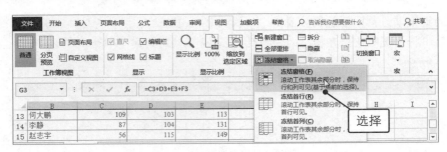

图 2-62　冻结工作表操作

2.4.4　窗口缩放

用户如果需要查看某一特定部分的内容，可以使用 Excel 的缩放功能，快速对目标位置进行放大显示，方便用户查看，其具体操作如下。

选择需要查看的单元格或是单元格区域，单击"视图"选项卡"显示比例"组中的"缩放到选定区域"按钮，即可使所选单元格区域充满整个窗口，如图 2-63 所示。

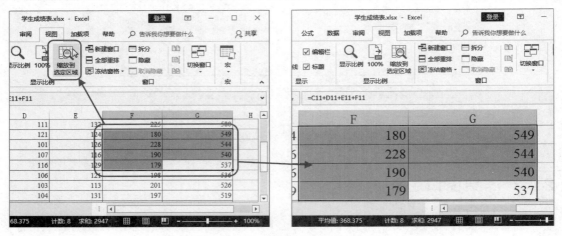

图 2-63　窗口缩放的操作及效果

第3章
商务数据的输入和编辑操作

Excel 中包含多种数据输入的方法及形式，只有充分了解了数据输入的方法，才能快捷高效地在工作表中录入数据。除此之外，用户还需要了解一些特殊的数据录入方法，例如数据填充、导入外部数据等。通常情况下，用户还需要知道如何对表格数据进行编辑。掌握本章的内容，可以帮助用户更加高效地处理数据。

|本|章|要|点|

· 在工作表中录入数据
· 约束单元格中的数据
· 复制与填充数据
· 数据编辑操作有哪些
· 怎么导入外部数据

3.1 在工作表中录入数据

在 Excel 2016 中，用户不仅可以输入文本、数值、百分数等普通数据，还可以输入各种运算公式和特殊符号。不仅如此，数据输入的方式也是多种多样。

3.1.1 普通数据的录入

普通数据主要指的是数字、货币、会计专用、短日期、长日期、时间、百分比、分数和科学记数这 9 种。这类数据的输入方法相似，可以通过单元格输入，也可以通过编辑栏输入，具体介绍如下。

◆ **在编辑栏中输入数据**：选择要输入的单元格，单击编辑栏将文本插入点定位到其中，输入数据后按【Enter】键确定（或是单击空白单元格确定）即可，如图 3-1 所示。

◆ **在单元格中输入数据**：选择需要输入数据的单元格，直接在其中输入数据，并按【Enter】键确定输入即可，如图 3-2 所示。

图 3-1 在编辑栏中输入数据　　　图 3-2 在单元格中输入数据

用户在录入数据之前，首先需要定义数据的类型属性，不同类型数据的显示形式也有所不同，下面介绍几种常见数据类型属性的设置方法。

◆ **数字的显示格式**：在默认情况下，当用户选择数值型数据时，其小数点后自动保留两位。单击"开始"选项卡"数字"组中的"对话框启动器"按钮，在打开的"设置单元格格式"对话框的"数值"分类中设置数值数据的属性，如图 3-3 所示，其他类型的数据同样是在该对话框中进行设置。

图 3-3 设置数字显示格式

◆ **货币的显示格式**：当需要在工作表中输入金额时，可以选择货币型的数据，并且打开"设置单元格格式"对话框，在"货币"分类中选择货币种类，设置小数位数。

◆ **日期的显示格式**：日期有多种显示的形式，例如"2018/3/14"、"2018 年 3 月 14 日"等形式。这些都可以事先在"日期"分类中设置，然后输入时间，系统将自动显示为所设置的日期形式，如图 3-4 所示。

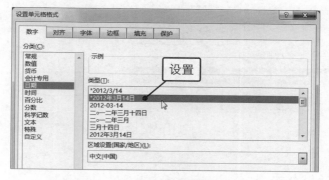

图 3-4　设置日期数据输入格式

◆ **时间的显示格式**：与日期相同，时间也有多种显示方法，可以显示为"13:30:55"的形式，也可以显示为"13 时 30 分 55 秒"的形式，只需在"时间"分类中根据需求选择对应的形式即可。

3.1.2 数据的记忆录入

记忆录入数据是 Excel 为用户提供的一种智能输入数据的功能。在输入数据时，如果要在同列相邻的单元格中输入相同的数据，这时系统会自动出现与上一个单元格相同的数据提示，直接按【Enter】键便可快速录入数据。

利用记忆功能输入数据时，首先需要确认系统是否开启了记忆录入的功能。在"文件"选项卡中单击"选项"按钮，打开"Excel 选项"对话框，在"高级"选项卡中确认已选中"为单元格值启用记忆式键入"复选框即可启动记忆功能，如图 3-5 所示。

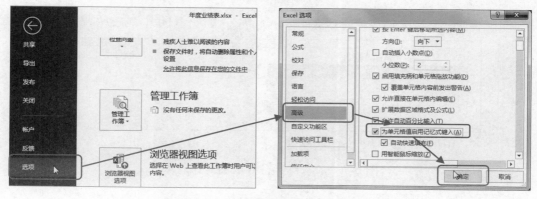

图 3-5　开启数据记忆输入功能

开启数据记忆录入功能以后，用户就可以使用该功能，如图 3-6 所示为使用记忆录入功能录入评定结果。

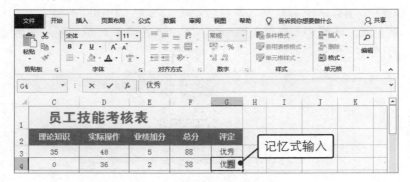

图 3-6　使用记忆输入功能

3.1.3　特殊符号的录入

除了了解普通数据的录入方法外，用户还应当了解特殊符号的录入方法，例如小结符号、注册符号、段落符号等。一般情况下，这些符号很难直接输入，这时就可以使用程序中的插入符号实现。

[分析实例]——用★符号评价客户

下面通过在"产品评估"工作簿中录入特殊符号为例，介绍在 Excel 中输入特殊字符的具体方法，如图 3-7 所示为录入符号前后的对比效果。

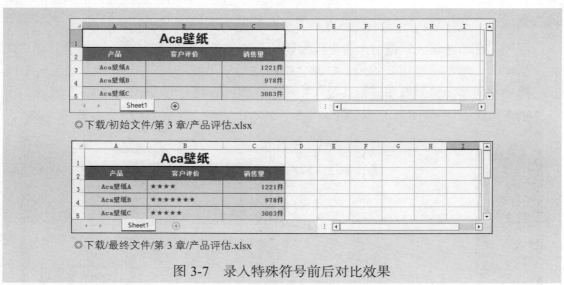

◎下载/初始文件/第 3 章/产品评估.xlsx

◎下载/最终文件/第 3 章/产品评估.xlsx

图 3-7　录入特殊符号前后对比效果

其具体的操作步骤如下。

Step01 打开素材文件，❶选择"客户评价"栏中的单元格，❷在"插入"选项卡的"符号"组中单击"符号"按钮，打开"符号"对话框，如图 3-8 所示。

图 3-8 打开"符号"对话框

Step03 ❶在打开的对话框中单击"符号"选项卡，❷选择"五角星"符号，❸单击"插入"按钮即可，如图 3-9 所示，继续插入所需的"五角星"符号。

图 3-9 插入"五角星"符号

小技巧：特殊字符的插入

在"插入"对话框中还可以插入特殊字符，直接单击"插入"对话框中的"特殊字符"选项卡，选择需要的字符选项，单击"插入"按钮即可，如图 3-10 所示。

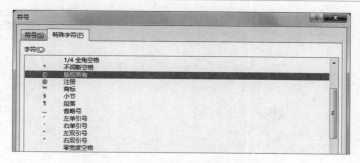

图 3-10 插入特殊字符

3.1.4 记录单录入数据

记录单是 Excel 中的一种数据录入功能，它可以避免用户在制作数据量较大的工作表时将时间浪费在切换行和列的过程中。记录单会为用户提供一个小窗口，便于较大数据量的录入。

▶ [分析实例]——在年度企业业绩表中添加记录

下面将以在"年度企业业绩表"工作簿中输入数据为例，介绍记录单的作用，以及使用记录单录入数据的具体方法，如图 3-11 所示为使用记录单前后的对比效果。

◎下载/初始文件/第 3 章/年度企业业绩表.xlsx

◎下载/最终文件/第 3 章/年度企业业绩表.xlsx

图 3-11　使用记录单录入数据前后对比效果

其具体的操作步骤如下。

Step01 打开素材文件，❶选择工作表中任意单元格，❷单击快速访问工具栏中的"记录单"按钮即可，如图 3-12 所示。

图 3-12　单击"记录单"按钮

Step02 ❶在打开的对话框中单击"新建"按钮，❷添加员工姓名和业绩情况，然后再次单击"新建"按钮添加下一条数据，如图 3-13 所示。完成所有数据的录入后关闭该对话框即可。

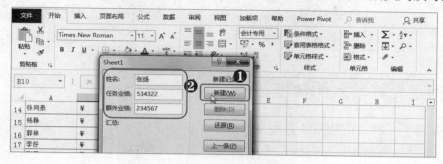

图 3-13　添加数据

 小技巧：启用记录单功能

如果用户的快速访问工具栏中没有"记录单"按钮，那么用户可以通过"Excel 选项"对话框的"快速访问工具栏"选项卡进行添加，该操作在第 1 章中有过讲解，如图 3-14 所示。

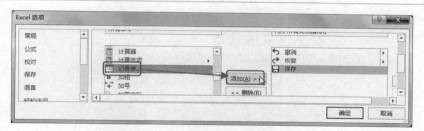

图 3-14　添加"记录单"按钮

3.2　约束单元格中的数据

如果需要将已经制定好的表格发送给他人进行填写，为了避免输入有误或是输入格式错误，用户可以事先对表格中的单元格数据进行约束，从而降低错误发生的可能性。

【注意】约束单元格中的数据有以下 3 种方式，分别是只允许输入指定的数值、只允许输入指定的序列以及根据具体情况自定义约束条件，如表 3-1 所示。

表 3-1　3 种数据约束方式介绍

约束方式	具体介绍
输入指定数值	输入指定数值是指将数值、文本、日期和时间等数据限制在指定的数据范围内，当用户输入许可范围之外的数据就打开警告对话框
输入指定序列	当在单元格中输入的数据是特定的字符或文本时，可以将这些数据定义成一个序列，并为指定的单元格区域设置序列有效性，当输入了序列以外的数据，系统会打开一个警告对话框

续表

约束方式	具体介绍
自定义条件	当用户在单元格中输入某些特殊的数据时，则可以通过自定义有效性的方式来进行约束，例如通过公式控制对应单元格中不同的数值范围

3.2.1 指定允许输入的数值范围

前面介绍了 3 种约束数据的方法，这里主要讲解指定输入数据范围的相关知识。在 Excel 中，通过"数据验证"对话框即可实现数据有效性的验证。

 [分析实例]——将年龄限定在 20 岁~60 岁之间

下面将以在"员工信息表"工作簿中指定可以输入的员工年龄范围是 20 岁~60 岁为例，介绍指定允许输入的数值范围的具体方法，如图 3-15 所示为指定输入数值范围前后的对比效果。

◎下载/初始文件/第 3 章/员工信息表.xlsx

◎下载/最终文件/第 3 章/员工信息表.xlsx

图 3-15 指定输入范围前后的对比效果

其具体的操作步骤如下。

Step01 打开素材文件，❶选择 B4:B15 单元格区域，❷单击"数据"选项卡"数据工具"组中的"数据验证"按钮打开"数据验证"对话框，如图 3-16 所示。

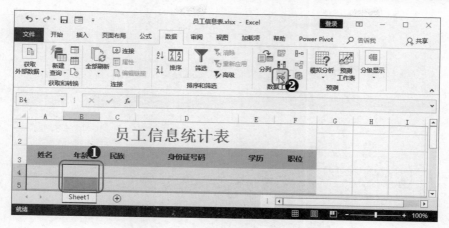

图 3-16　单击"数据验证"按钮

Step02 ❶在打开的对话框中的"允许"下拉列表框中选择"整数"选项，❷将数据范围设置在 20~60 的范围，❸单击"确定"按钮即可完成将年龄限制在 20 岁~60 岁的操作，如图 3-17 所示。

图 3-17　设置数据验证条件

3.2.2　指定允许输入的序列

　　当用户需要在工作表中填写规范的序列数据时，可以为单元格数据设置指定序列的有效性，设置之后则只能输入指定的序列。

📉 [分析实例]——通过数据验证限定输入的学历

　　下面将以在"员工信息表 1"工作簿中设置学历为"大专"、"本科"、"硕士"、"博士"序列为例，介绍设置指定序列有效性的方法，如图 3-18 所示为设置指定序列前后的对比效果。

◎下载/初始文件/第 3 章/员工信息表 1.xlsx

◎下载/最终文件/第 3 章/员工信息表 1.xlsx

图 3-18　指定允许序列前后的对比效果

其具体的操作步骤如下。

Step01 打开素材文件，❶选择 E4:E15 单元格区域，❷单击"数据"选项卡"数据工具"组中的"数据验证"按钮，如图 3-19 所示。

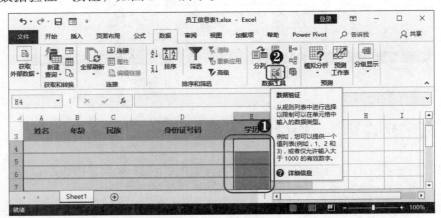

图 3-19　单击"数据验证"按钮

Step02 ❶在打开的"数据验证"对话框中单击"设置"选项卡，在"允许"下拉列表框中选择"序列"选项，❷单击"来源"文本框中输入"博士,硕士,本科,专科"，❸单击"确定"按钮即可，如图 3-20 所示。

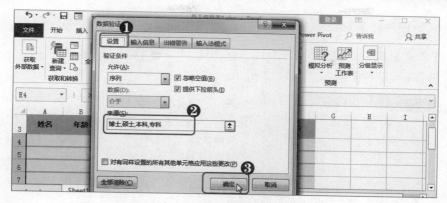

图 3-20　指定序列操作

3.2.3　自定义单元格有效性规则

在"数据验证"对话框的"允许"下拉列表框中有整数、小数、序列、日期、时间、文本长度 6 种系统内置的有效性类型，如果无法满足用户的需要，则可以在该下拉列表框中选择"自定义"选项，通过自定义公式来设置数据的有效性规则。

[分析实例]——验证输入的抽样型号的正确性

下面将以在"抽样检验单"工作表中限制产品抽样型号数据为例，介绍自定义有效性数据的具体方法，如图 3-21 所示为限制抽样型号前后的对比效果。

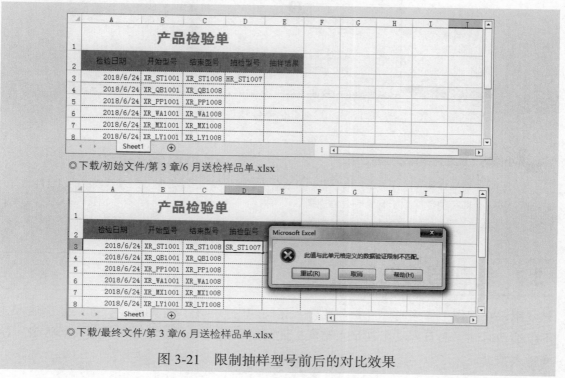

◎下载/初始文件/第 3 章/6 月送检样品单.xlsx

◎下载/最终文件/第 3 章/6 月送检品单.xlsx

图 3-21　限制抽样型号前后的对比效果

其具体的操作步骤如下。

Step01 打开素材文件，❶选择 D3:D13 单元格区域，❷单击"数据"选项卡"数据工具"组中的"数据验证"按钮，如图 3-22 所示。

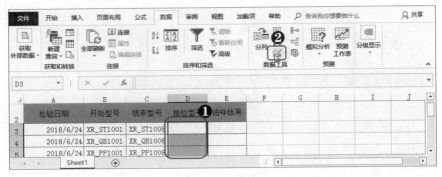

图 3-22　打开"数据验证"对话框

Step02 ❶在打开的"数据验证"对话框中的"允许"下拉列表框中选择"自定义"选项，❷在"公式"文本框输入有效性公式"=AND(D3>=B3,D3<=C3)"，❸单击"确定"按钮即可，如图 3-23 所示。

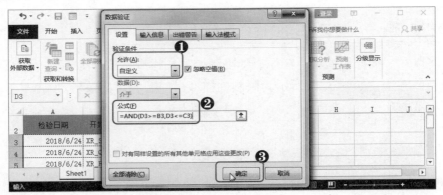

图 3-23　自定义有效性条件

 小技巧：删除数据有效性的方法

　　如果需要快速删除工作表中所有的数据的有效性，可以单击"数据验证"对话框中的"全部清除"按钮，即可快速删除所有的有效性规则。

3.3　复制与填充数据

　　用户在制作工作表时，经常需要输入相同的内容或有规律的序列，如果逐个输入，不仅浪费时间，而且容易出现录入错误。此时可以借助 Excel 复制和填充数据功能，智能输入数据。

3.3.1 使用填充柄填充数据

填充柄是 Excel 中智能复制数据的工具，当用户需要在同一列连续相邻的单元格中输入同样的数据或公式或者快速填充有规律的序号或时间时，可以使用填充柄。

不同类型的数据在填充时需要设置填充的类型，只需要在填充数据后单击"自动填充选项"按钮选择合适的填充方式即可完成设置。

[分析实例]——完善值班安排表

下面将以在"值班安排表"工作簿中对 B~E 列的数据进行填充为例，向用户介绍利用填充柄快速填充字符、序号、日期与星期的方法，如图 3-24 所示为填充数据前后的对比效果。

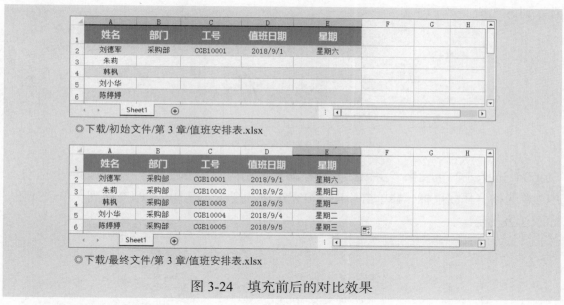

◎下载/初始文件/第 3 章/值班安排表.xlsx

◎下载/最终文件/第 3 章/值班安排表.xlsx

图 3-24　填充前后的对比效果

其具体的操作步骤如下。

Step01 打开素材文件，选择 C2 单元格，将鼠标光标移动到单元格的右下角，当鼠标光标变为十字形时，按住鼠标左键不放向下拖动到 C12 单元格，释放鼠标左键，❶单击"自动填充选项"按钮，❷选中"填充序列"单选按钮，如图 3-25 所示。

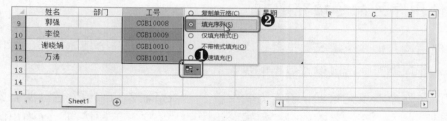

图 3-25　填充序列

Step02 选择 B2 单元格，将鼠标光标移动到填充柄上，按住鼠标左键不放向下拖动到 B7 单元格，释放鼠标左键直接复制字符，❶在 B8 单元格中输入"行政部"，❷用同样的方式向下拖动到 B12 单元格复制字符，如图 3-26 所示。

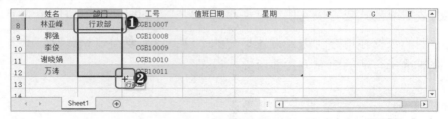

图 3-26　填充相同字符

Step03 选择 D2 单元格，将鼠标光标移动到填充柄上，按住鼠标左键不放向下拖动到 D12 单元格，释放鼠标左键，❶单击"自动填充选项"按钮，❷选中"以天数填充"单选按钮，如图 3-27 所示。

图 3-27　填充日期

Step04 选择 E2 单元格，将鼠标光标移动到填充柄上，按住鼠标左键不放向下拖动到 E12 单元格，释放鼠标，❶单击"自动填充选项"按钮，❷选中"填充序列"单选按钮，如图 3-28 所示。

图 3-28　填充星期数据

3.3.2 使用序列命令填充数据

　　除了使用填充柄快速填充数据外，用户还可以使用序列命令填充等差、等比序列等特殊序列，并根据实际情况设置数据的步长值。

　　要使用序列命令填充数据，首先需要给首个单元格输入初始值，选择所有要填充的单元格区域，单击"开始"选项卡"编辑"组中的"填充"下拉按钮，在弹出的下拉菜单中选择"序列"命令。在打开的"序列"对话框中选中"列"单选按钮，选中"自动填充"单选按钮，单击"确定"按钮即可，如图 3-29 所示。

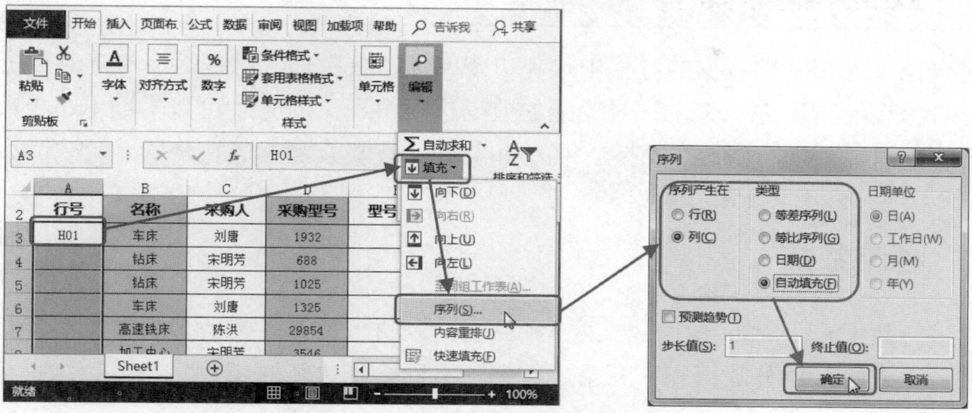

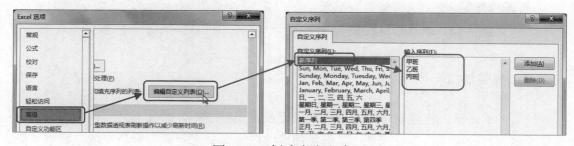

图 3-29　使用序列命令填充数据

3.3.3　自定义填充序列

如果 Excel 中内置的序列填充方式不能满足需要，用户可以自定义填充序列，并根据自定义的填充方式填充数据。

在使用自定义方式填充之前，首先需要创建自定义序列。只需打开"Excel 选项"对话框，单击"高级"选项卡，单击"编辑自定义列表"按钮打开"自定义序列"对话框，选择"新序列"选项，输入自定义序列，单击"确定"按钮即可，如图 3-30 所示。

图 3-30　创建自定义序列

自定义序列设置完成以后，就可以使用该序列进行数据填充，首先需要输入一个起始值，如"甲班"，再进行填充，如图 3-31 所示为使用该序列进行填充的效果。

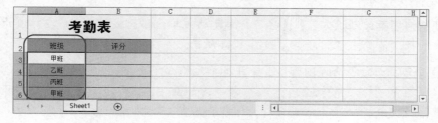

图 3-31　填充序列效果

3.4 数据编辑操作有哪些

用户在录入和处理数据的过程中难免出现错误，首次输入数据后，应当对数据进行复查，对出现的错误进行修正，对凌乱的数据进行整理。此时，可以借助 Excel 数据编辑的功能，对数据进行修改、清除、移动和复制、查找及替换等操作。

3.4.1 修改数据

在进行数据录入时如果出现错误，则需要对其进行修改。修改数据包括两种情况，分别是补充或修改部分数据和重新录入数据，下面分别进行介绍。

◆ **补充或修改部分数据**：选择目标单元格，将文本插入点定位到需要补充内容的数据之后输入数据，或者在编辑栏选择需要修改的部分数据重新输入，如图 3-32 所示。

◆ **重新录入数据**：如果需要修改单元格中所有的数据，则只需要选择该单元格重新输入数据即可，如图 3-33 所示。

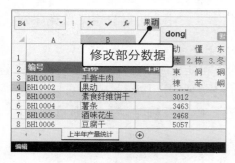

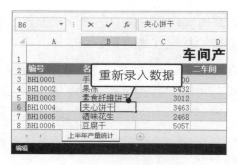

图 3-32　修改部分数据　　　　　　图 3-33　重新录入数据

3.4.2 清除内容

当某一单元格、行或列中的数据出现错误或多余需要删除时，通常有两种方法，一是直接删除目标单元格、行或列；二是使用清除内容命令来删除目标位置的数据，从而实现内容的清除。

在 Excel 中，清除内容不仅仅能清除数据和格式，还可以清除超链接以及批注，清除方法主要有以下两种。

◆ **使用快捷菜单清除内容**：选择目标单元格或单元格区域并右击，在弹出的快捷菜单中选择"清除内容"命令，如图 3-34 所示。

◆ **通过选项卡命令清除内容**：选择目标单元格或单元格区域，在"开始"选项卡"编辑"组中选择"清除/全部清除"命令，如图 3-35 所示。除此之外，用户还可以根据情况选择"清除格式"、"清除内容"、"清除批注"以及"清除超链接"等命令。

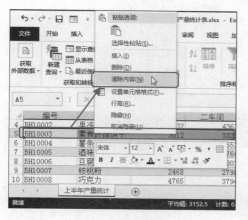 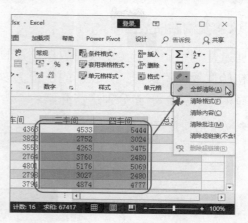

图 3-34　使用快捷菜单清除内容　　　　图 3-35　通过选项卡命令清除内容

3.4.3　移动和复制数据

当工作表中的数据出现位置错误，需要移动或复制不相邻的数据时，可以使用移动或复制数据的方式快速完成，下面分别进行介绍。

（1）移动数据

移动数据是指将初始位置的数据移动到另外的单元格中，而不保留初始位置的数据，在 Excel 中移动数据的方法一般有以下两种。

◆ **鼠标拖动移动数据**：例如在"客户档案汇总表"工作表中要将错填在"地址"栏中的姓名移动到"联系人"栏中，则可选择该单元格，将鼠标光标移动到单元格边缘，待鼠标光标变为十字箭头时，按住鼠标左键拖动到目标位置释放鼠标即可，如图 3-36 所示。

◆ **通过剪切移动数据**：选择初始数据单元格中的数据并右击，选择"剪切"命令，选择目标单元格并右击，选择"粘贴"命令，即可完成数据的移动，如图 3-37 所示。

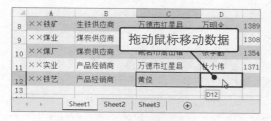 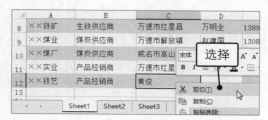

图 3-36　鼠标拖动移动数据　　　　图 3-37　通过剪切移动数据

小技巧：利用快捷键移动复制数据

在 Excel 中，还可以使用快捷键实现数据的复制移动，按【Ctrl+X】组合键剪切数据，按【Ctrl+C】组合键可以复制数据，按【Ctrl+V】组合键可以粘贴数据。用户可以使用组合键快速完成数据的移动与复制操作。

（2）复制粘贴数据

通过复制粘贴也能实现改变数据位置的效果，与移动数据不同的是，复制粘贴数据会在初始位置保留数据，并在新的位置上创建数据的副本。在 Excel 中，复制粘贴数据一般有两种方式，下面分别进行介绍。

◆ **使用快捷菜单复制粘贴数据：** 如果只需要复制指定单元格中的数据，则选中单元格数据并右击，选择"复制"命令，然后选中目标单元格并右击，选择"只保留文本"命令即可，如图 3-38 所示。

图 3-38　使用快捷菜单复制粘贴数据

◆ **使用选项卡命令复制粘贴数据：** 选择单元格中的数据，在"开始"选项卡"剪贴板"组中单击"复制"下拉按钮，选择"复制"选项。选中目标单元格，单击"开始"选项卡中的"粘贴"下拉按钮，选择"粘贴"选项即可，如图 3-39 所示。

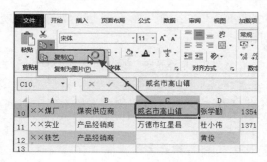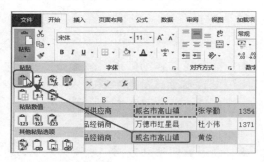

图 3-39　使用选项卡命令复制粘贴数据

提个醒：选择性粘贴

选择性粘贴是复制数据的一种方式，在 Excel 中，选择性粘贴可以对数值、公式、文本、格式等进行复制粘贴，这对设置了单元格格式的数据粘贴有着十分重要的意义，更能体现 Excel 人性化的一面。

选择带有公式或格式的单元格之后，单击"开始"选项卡"剪贴板"组中的"粘贴"下拉按钮，在弹出的下拉菜单中选择"选择性粘贴"命令，或者使用快捷菜单命令，打开"选择性粘贴"对话框，在其中可选择需要粘贴的内容格式或粘贴链接，如图 3-40 所示。

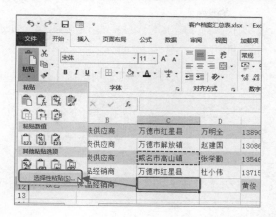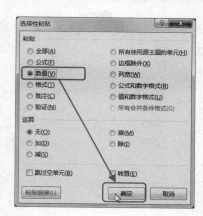

图 3-40　选择性粘贴

在"选择性粘贴"对话框中，用户可以将粘贴的方式设置为全部、公式、数值、格式、批注、验证、边框除外、值和数字格式等多种样式。

3.4.4 查找和替换数据

在一些数据量较大的工作表中，如果需要快速查找或者修改多处相同内容，抑或是包含某些信息的数据，此时可以使用 Excel 中的查找和替换功能减少多次重复操作。

 [分析实例]——修订错误的拜访内容

下面通过快速查找"客户拜访计划表"工作簿中的错误拜访内容，并替换错误内容为例，介绍使用查找与替换功能的具体方法，如图 3-41 所示为替换前后对比效果。

◎下载/初始文件/第 3 章/客户拜访计划表.xlsx

◎下载/最终文件/第 3 章/客户拜访计划表.xlsx

图 3-41　查找替换数据前后对比效果

其具体的操作步骤如下。

Step01 打开素材文件，❶单击"开始"选项卡"编辑"组中的"查找和选择"下拉按钮，❷在弹出的下拉菜单中选择"查找"命令即可，如图 3-42 所示。

图 3-42　选择"查找"命令

Step02 ❶在打开的"查找和替换"对话框中"查找内容"文本框中输入"客情维护"，❷单击"查找全部"按钮，❸可在下方的列表框中查看到查找结果，如图 3-43 所示。

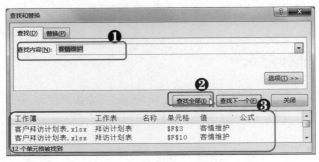

图 3-43　查找数据

Step03 ❶在打开的"查找和替换"对话框中单击"替换"选项卡，❷在"替换为"文本框中输入要替换的内容"客情了解"，❸单击"确定"按钮即可完成错误替换，如图 3-44 所示。

图 3-44　替换数据

> **提个醒：利用快捷键打开"查找和替换"对话框**
>
> 　　利用 Excel 中提供的查找与替换功能可快速查找到指定的数据，并对多个相同的数据进行一次性的修改。除了使用选项卡中的命令外，还可以使用快捷键打开"查找和替换"对话框，按【Ctrl+F】组合键可打开"查找和替换"对话框，并自动切换到"查找"选项卡；按【Ctrl+H】组合键自动打开"查找和替换"对话框，并切换到"替换"选项卡。

3.5 怎么导入外部数据

用户在实际办公过程中，很多数据并非来自于 Excel 中，数据源可能是网页中的数据，还可能是文本数据或是 Access 数据，需要用户整理到 Excel 表格中。这时候就可以使用 Excel 提供的导入其他文件中数据的功能，实现快速转移。下面分别介绍将网页中的数据、文本类的数据以及网站类的数据导入到 Excel 中的具体操作。

3.5.1 导入文本数据

如果用户记录的数据不是直接使用的 Excel 文件格式，或是因为特殊情况而使用的记事本记录的数据，也可以将其导入到 Excel 中进行保存和编辑。

 [分析实例]——快速导入记事本文件中的产量数据

下面将以记事本保存的公司产量数据导入到 Excel 中为例，介绍导入文本数据的具体方法，如图 3-45 所示为文本文档和表格文档对比效果。

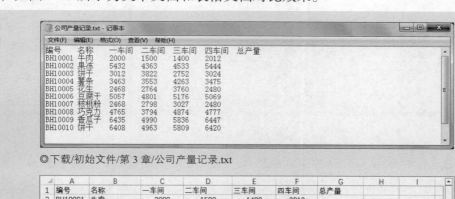

◎下载/初始文件/第 3 章/公司产量记录.txt

◎下载/最终文件/第 3 章/公司产量表.xlsx

图 3-45　文本文档和表格文档对比效果

其具体的操作步骤如下。

Step01 打开一个空白 Excel 文件，❶单击"数据"选项卡"获取外部数据"组中的"自文本"按钮，❷在打开的"导入文本文件"对话框中选择"公司产量记录"文本文档，❸单击"导入"按钮，如图 3-46 所示。

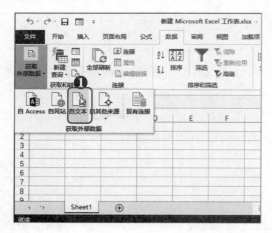

图 3-46　导入外部文本数据

Step02 ❶在打开的对话框中直接单击"完成"按钮，❷在打开的"导入数据"对话框中单击⬆按钮，准备选择单元格，如图 3-47 所示。

图 3-47　设置导入

Step03 ❶选择存放导入数据的单元格区域，❷单击⬆按钮返回到"导入数据"对话框，❸单击"确定"按钮即可，完成后将工作簿命名为"公司产量表"，如图 3-48 所示。

图 3-48　设置保存数据的单元格区域

3.5.2 导入 Access 中的数据

Access 是 Microsoft 公司开发的一款数据库软件，可以用于记录和存放数据信息。这里将介绍将 Access 文件中的数据导入 Excel 的操作。

[分析实例]——快速导入"客户名单"数据库中的数据

下面将以导入"客户名单"为例，介绍将 Access 中的数据导入到 Excel 工作簿中的具体方法，如图 3-49 所示为导入前后的对比效果。

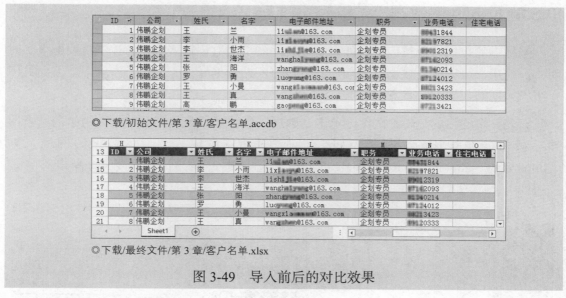

◎下载/初始文件/第 3 章/客户名单.accdb

◎下载/最终文件/第 3 章/客户名单.xlsx

图 3-49　导入前后的对比效果

其具体的操作步骤如下。

Step01 打开一个空白 Excel 文件，❶单击"数据"选项卡"获取外部数据"组中的"自 Access"按钮，❷在打开的"选取数据源"对话框中选择"客户名单"数据库文件，单击"打开"按钮即可，如图 3-50 所示。

图 3-50　导入数据库文件

Step02 ❶在打开的"选择表格"对话框中选择"联系人"选项，❷单击"确定"按钮，在打开的"导入数据"对话框中单击"确定"按钮即可，如图 3-51 所示。

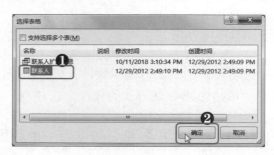

图 3-51　选择导入的数据表

3.5.3 导入网站数据

网站上的数据来源较广泛，如果直接将网站上的数据输入到 Excel 中将浪费很多时间，这时用户可以借助数据导入功能，直接将网站数据导入 Excel 工作簿中。下面具体介绍导入网站数据的基本方法。

新建一个空白的 Excel 文件，单击"数据"选项卡"获取外部数据"组中的"自网站"按钮，在打开的"新建 Web 查询"对话框中输入要导入数据的网址，如"http://data.eastmoney.com/dzjy/default.html"，选中要导入的网站上的数据，单击"导入"按钮即可，如图 3-52 所示。

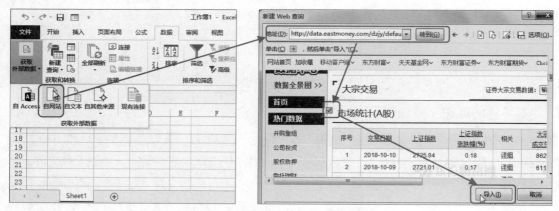

图 3-52　导入网站数据的操作

以同样的方法设置数据的存放位置后即可将网页中的数据导入 Excel 中，其效果如图 3-53 所示。

序号	交易日期	上证指数	上证指数涨跌幅(%)	相关	大宗交易成交总额(万)	溢价成交总额(万)	溢价成交总额占比	折价成交总额(万)	折价成交总额占比
1	2018/10/10	2725.84	0.18	详细	86223.33	539	0.63%	78170.64	90.66%
2	2018/10/9	2721.01	0.17	详细	61123.73	792.41	1.30%	43654.82	71.42%
3	2018/10/8	2716.51	-3.72	详细	63229.39	975	1.54%	42124.87	66.62%
4	2018/9/28	2821.35	1.06	详细	118390.11	14166.79	11.97%	89070.32	75.23%
5	2018/9/27	2791.77	-0.54	详细	140030.66	27788.88	19.84%	111718.3	79.78%

图 3-53　效果展示

第4章
表格外观的设置操作

默认情况下，工作表中的数据没有任何效果，表格中的文本数据也都是千篇一律的样式。为了让制作出的工作表更加美观，适合特定的工作场景，用户可以对工作表的外观进行设置。表格外观的设置主要包括数据格式的设置、单元格格式的设置以及表格样式的设置。本章主要从这 3 个方面展开具体介绍，让更多的商务用户学会设置表格外观的方法。

|本|章|要|点|

· 设置数据格式
· 设置单元格格式
· 设置表格样式

4.1 设置数据格式

在对单元格或工作表设置样式之前，还需要了解对工作表中的数据设置不同格式的方法。设置数据的格式包括数据的字体格式、对齐方式等。本节将向用户介绍如何设置单元格中的数据格式。

4.1.1 设置数据的字体格式

在安装了 Excel 2016 以后，系统默认情况下是以黑色、等线、11 号的字体格式来显示，且表头数据与内容数据的字体格式无任何差别。为了让表头和内容数据之前区别更明显，字体与单元格背景更融合，用户有必要对默认的字体格式进行一系列修改。

（1）选择合适的字体

宋体、黑体、楷书、行书、隶书和幼圆是 Office 软件中最常见的中文字体，它们简洁、大方，中规中矩，适用的场合较广，如图 4-1 所示。

图 4-1　常见的字体

当然，还有一些特殊的字体，具有较强的时尚感或设计感，比上面的字体更个性化，但是在应用的时候一定要分清楚场合，如图 4-2 所示。

图 4-2　特殊的字体

小技巧：下载、安装喜欢的字体

用户可以在网上搜索自己喜欢的字体进行下载安装，常见的字体下载网站有：字体下载网（http://www.ztxz.org/）以及求字体（http://www.qiuziti.com/）等网站。下载完成后，双击文件扩展名为"ttc"的文件，在打开对话框中单击"安装"按钮即可完成安装，如图 4-3 所示。

图 4-3　字体安装操作

（2）选择字号

在 Excel 中，不同类型的文本应当有所区分，例如表标题、表头和表内容应当有所区别。区别文本最简单的方式为不同类型、层级的文本设置不同的字号。

一般情况下，表头的字号应该比内容的字号略大。例如，表头为小三号字，内容可以为小四号字；表头为 24 磅字号时，内容可以为 16 磅字号。设置字号的方法也很简单，选择要设置字号的文本，单击"开始"选项卡"字体"组中的"字号"下拉按钮，然后选择合适的字号或直接在"字号"下拉列表框中输入磅值即可。

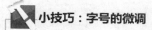

小技巧：字号的微调

当用户不知道设置什么样磅值的字号合适，只是希望在原有的基础上增大或减小字号时，可以选择文本或数据，单击"开始"选项卡"字体"组中的"增大字号"按钮或"减小字号"按钮进行调整。另外，用户还可以按【Ctrl+[】或【Ctrl+] 】组合键来微调字号。

（3）设置字体颜色

面对不同的使用场景，用户可以选择不同的字体颜色，使制作出的工作表不再单调乏味，字体颜色的设置方法如下。

保持字体的选中状态，单击"开始"选项卡"字体"组中的"字体颜色"按钮右侧的下拉按钮，在弹出的下拉菜单中可以选择系统提供的颜色。另外，选择"其他颜色"命令，还可以打开"颜色"对话框，此时用户既可以在标准色板上选择颜色，又可以自定义字体颜色，如图 4-4 所示。

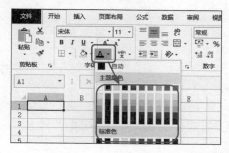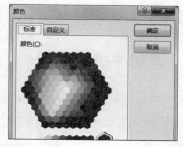

图 4-4　设置字体颜色

（4）设置字体的特殊样式

常见的字体格式有加粗、下画线、倾斜、删除线、上标和下标等，具体效果如图 4-5 所示。

图 4-5　字体的特殊样式

设置字体格式的方法有 3 种，分别是在"字体"组中设置、在迷你工具栏中设置以及在"设置单元格格式"对话框中进行设置，下面分进行介绍。

◆ **在"字体"组中设置**：选择要设置字体格式的文本，直接在"开始"选项卡的"字体"组中单击按钮或在下拉列表中选择选项就可以对相应的字体格式进行设置，如图 4-6 所示。

◆ **在迷你工具栏中设置**：选择要设置字体格式的单元格，右击，即可显示迷你工具栏，在迷你工具栏中就可以进行相应的字体格式设置，如图 4-7 所示。

图 4-6　在"字体"组中设置　　　　图 4-7　在迷你工具栏中设置

◆ **在对话框中设置**：单击"开始"选项卡"字体"组右下角的"对话框启动器"按钮，在打开的"设置单元格格式"对话框中即可对字体格式进行相应的设置，如图 4-8 所示。

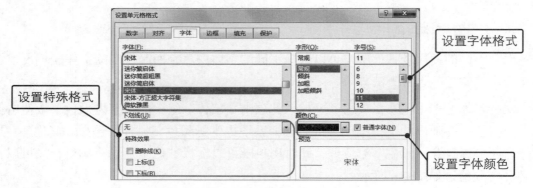

图 4-8　在对话框中设置字体格式

4.1.2　设置对齐方式

在 Excel 中，数据的对齐方式有多种，默认情况下文本内容自动左对齐，数字为自动右对齐。用户可以改变文本的对齐方式，使版式更加美观。在一般情况下，应当保持数字右对齐，这样使文档更专业。

当用户调整了单元格高度或宽度时，可能出现单元格中的数据的对齐方式发生改变的情况，那么用户就可以通过"开始"选项卡"对齐方式"组中的快捷按钮实现对齐方式的调整。如表 4-1 所示为"对齐方式"组中各按钮的介绍。

表 4-1　"对齐方式"组中各按钮的介绍

按钮	具体作用
≡ ≡ ≡	用于设置数据在单元格中垂直方向上的位置，各按钮的作用依次为顶端对齐、垂直居中和底端对齐，默认为垂直居中对齐
≡ ≡ ≡	用于设置数据在单元格中水平方向上的位置，各按钮的作用依次为左对齐、居中和右对齐
←≡ →≡	单击左侧按钮将减少单元格中内容的缩进量，单击右侧按钮将增加单元格中内容的缩进量
自动换行	当单元格中的内容过长，超过单元格的显示宽度时，单击该按钮可以使单元格中的内容自动换行显示，默认情况下单元格中的内容不会换行显示

> **提个醒："对齐方式"组中其他按钮介绍**
>
> 在"对齐方式"组中还有一个"方向"按钮 ≫· 和一个"合并后居中"按钮 ⊞合并后居中 · （在第 2 章中有过介绍），下面介绍"方向"按钮，单击"方向"按钮可选择数据在单元格中的方向，如逆时针角度排放、顺时针角度排放、竖排、向上旋转文字和向下旋转文字。不过使用方向按钮时需仔细考虑数据的含义和整个版面的排版方式。

除了使用"对齐方式"组中的快捷按钮调整数据的对齐方式外，还可以打开"设置单元格格式"对话框，在"对齐"选项卡中进行设置，如图 4-9 所示。

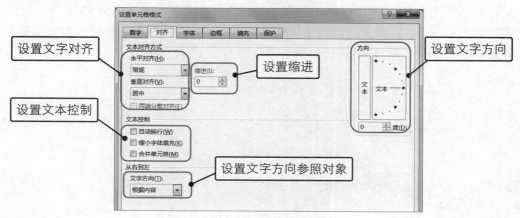

图 4-9　在对话框中设置对齐方式

4.1.3　自定义数据类型

在上一章中已经介绍了 Excel 中数据的基本类型，如果基本的数据类型不能满足用户的使用，则可以利用自定义数据类型的功能设置新的数据类型。

例如，现在需要设置一种新的数据类型，当数据大于某个数值时呈红色显示，小于某个数值时呈白色显示。打开"设置单元格格式"对话框，在"数字"选项卡的"自定义"分类中输入新的数据类型即可，如图 4-10 所示。

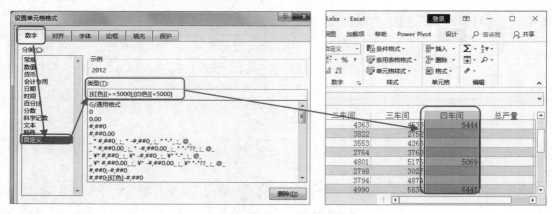

图 4-10　自定义数据类型

提个醒：自定义数据类型的设置方法

从 4-10 左图中可以看出，在自定义数据类型文本框中输入了"[红色][>=5000];[白色][<5000]"这样的文本内容，其中[]中的内容代表数据需要满足的条件和应该呈现出来的属性，如果用户不会自定义数据，可以在下拉列表中选择参考类型并加以修改。

[分析实例]——设置"会议日程表"的数据格式

通过本节所介绍的设置数据格式的方法，综合对"会议日程表"工作簿中的数据设置相应的数据格式，包括设置适当的字体格式、对齐方式以及自定义数据类型。如图 4-11 所示为数据格式前后的对比效果。

	A	B	C	D	E	F	G
1	2018年10月份会议安排表						
2							
3	会议内容或名称	会议时间	会议地点	主办部门	参会部门	会议人数	
4	工作交流会	10月8日	十楼会议室	总务部	相关人员	30	
5	固定资产投资汇审会	10月15日	十楼会议室	财务部	企业财务负责人	50	
6	宣传工作座谈会	10月18日	十楼会议室	广告策划部	各部门的负责人	20	
7	中心组学习	10月22日	十楼会议室	销售部	中心组学习成员	25	

Sheet1　Sheet2　Sheet3

◎下载/初始文件/第 4 章/会议日程表.xlsx

	A	B	C	D	E	F	G
1	**2018年10月份会议安排表**						
2							
3	**会议内容或名称**	**会议时间**	**会议地点**	**主办部门**	**参会部门**	**会议人数**	
4	工作交流会	10月8日	十楼会议室	总务部	相关人员	30	
5	固定资产投资汇审会	10月15日	十楼会议室	财务部	企业财务负责人	50	
6	宣传工作座谈会	10月18日	十楼会议室	广告策划部	各部门的负责人		
7	中心组学习	10月22日	十楼会议室	销售部	中心组学习成员	25	

Sheet1

◎下载/最终文件/第 4 章/会议日程表.xlsx

图 4-11　设置格式的前后对比效果

其具体的操作步骤如下。

Step01 打开素材文件，❶选择标题单元格中的文本，❷在"字体"组中设置字体为方正大标宋简体，❸将字号设置为22，❹单击"颜色"按钮右侧的下拉按钮，❺在弹出的下拉菜单中选择合适的字体颜色，如图4-12所示。

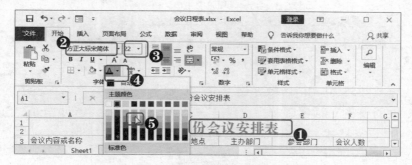

图 4-12　设置标题文本的字体格式

Step02 ❶选择A3:F3单元格区域，❷右击，在迷你工具栏中将字体设置为"微软雅黑"，字号设置为12，设置字体加粗，如图4-13所示。

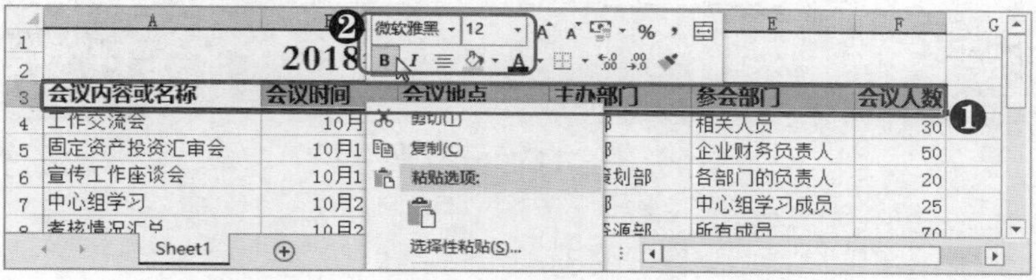

图 4-13　设置表头文本的字体格式

Step03 保持A3:F3单元格区域的选择状态在迷你工具栏中单击"居中"按钮为表头设置居中对齐格式，如图4-14所示。

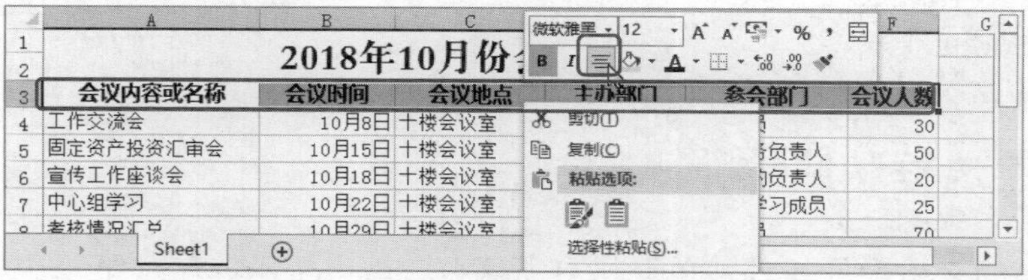

图 4-14　设置表头文本的对齐方式

Step04 选择A4:F8单元格区域，将字体设置为"宋体"，字号设置为12，❶选择A4:A8、C4:C8、D4:D8和E4:E8单元格区域，❷单击"垂直居中"按钮，❸单击"左对齐"按钮，如图4-15所示。

图 4-15　设置内容的数据格式

Step05 ❶选择 G4:G8 单元格区域，❷单击"开始"选项卡"数据"组中的"对话框启动器"按钮，在打开的对话框中选择"数据"选项卡中的"自定义"分类，❸在"类型:"文本框中输入自定义格式，单击"确定"按钮即可，如图 4-16 所示。

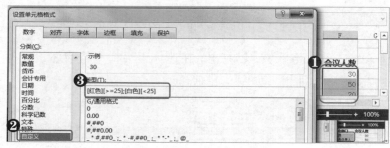

图 4-16　自定义数据类型

4.2　设置单元格格式

在默认情况下，Excel 中的表格都是没有任何底纹、背景等样式，且单元格的行高列宽等都是固定的。为了让制作出的表格更具有可读性，给读者留下好的印象，可以为单元格设置相应的效果。

4.2.1　设置边框和底纹

要让制作的表格数据与其他单元格有所区分，最直接的办法就是给表格数据加上边框或底纹，下面将分别介绍边框和底纹的设置方法。

（1）单元格的边框设置

4-17 左图所示为默认情况下工作表在编辑状态下的效果，4-17 右图所示为在打印预览状态下的效果。可以发现，在编辑状态下，工作表中的每一个单元格都有统一格式的边框，这是为了方便用户进行编辑，在打印预览中就会发现，其实工作表是没有边框的。

食品编号	食品名称	一车间	二车间	三车间
SP10001	耗牛肉干	1800	1750	1956
SP10002	果冻			3548
SP10003	素食纤维饼干			1896
SP10004	薯条	3546	3875	3241
SP10005	酒味花生	2795	3589	2987
SP10006	豆腐干	5412	5792	3987
SP10007	核桃粉	1789	2875	3410
SP10008	巧克力	4587	4980	4024

图 4-17　编辑状态和预览状态下的效果对比

为单元格设置边框不仅可以方便在打印出的工作表中区分行和列，还可以突显工作表中重要的数据或信息，使表格结构更加清晰，其操作步骤如下。

选择需要添加边框的工作表区域，然后右击，选择"设置单元格格式"命令，或单击"开始"选项卡"单元格"组中的"格式"按钮，选择"设置单元格格式"命令，在打开的对话框中切换到"边框"选项卡，如图 4-18 所示，在其中可以设置单元格边框的线条样式、颜色和位置。

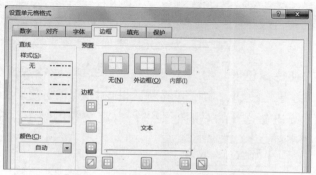

图 4-18　在对话框中设置边框样式

例如，在"样式"列表框中选择一种线条样式，单击"颜色"下拉按钮并选择想要的颜色，然后单击"内部"按钮，再单击"确定"按钮即可，如图 4-19 所示。

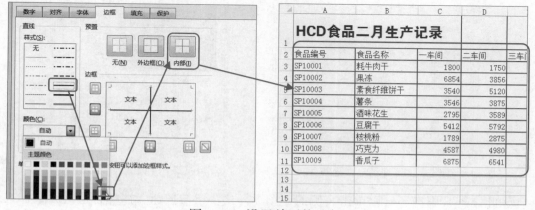

图 4-19　设置单元格边框

（2）单元格底纹设置

在默认情况下，单元格是没有底纹的，为了让单元格更加美观或是要突出显示某一部分单元格内容，除了给单元格添加边框，还可以给单元格添加底纹样式。与设置单元格边框相似，设置单元格底纹同样在"设置单元格格式"对话框中进行，具体操作如图 4-20 所示。

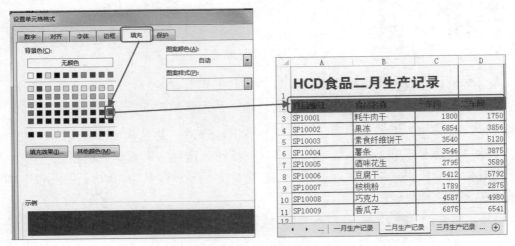

图 4-20　为单元格添加底纹

除了填充单一的纯色颜色外，用户还可以在"设置单元格格式"对话框中的"填充"选项卡中单击"填充效果"按钮，在打开的对话框中设置渐变效果，如图 4-21 所示；或者单击"其他颜色"按钮在打开的对话框中进行自定义颜色操作，如图 4-22 所示。

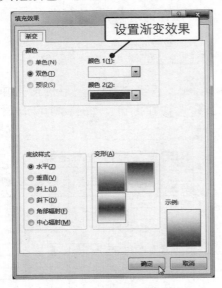
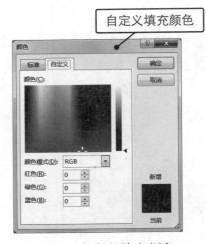

图 4-21　设置渐变效果　　　　图 4-22　自定义填充颜色

除此之外，用户还可以单击右侧的"图案样式"下拉按钮，选择合适的图案样式进行填充，如图 4-23 所示。

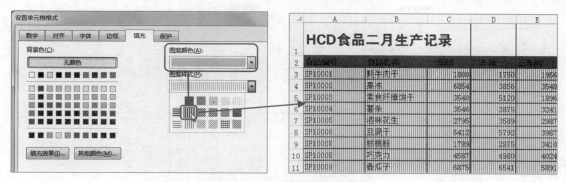

图 4-23　填充图案样式

> **提个醒：使用图案和渐变填充的注意事项**
>
> 为单元格设置底纹效果的时候，一般情况下请选择纯色填充。如果要使用图案或渐变填充，那么图案的颜色不能太深，渐变的颜色不能太多，否则可能影响数据的阅读。

4.2.2　套用单元格样式

除了手动设置单元格格式，在 Excel 中还提供了快速设置单元格格式的方法，即套用单元格样式。Excel 中内置了多种单元格样式，用户只需选择要使用样式的单元格，选择合适的单元格样式即可。

[分析实例]——为联系人名单套用单元格样式

下面通过对"联系人名单"素材文件套用单元格样式，从而快速实现更改单元格格式的目的。如图 4-24 所示为套用单元格样式前后的对比效果。

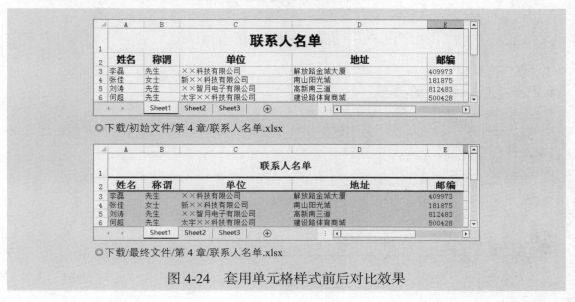

◎下载/初始文件/第 4 章/联系人名单.xlsx

◎下载/最终文件/第 4 章/联系人名单.xlsx

图 4-24　套用单元格样式前后对比效果

其具体的操作步骤如下。

Step01 打开素材文件，❶选择 A1:E2 单元格区域，❷单击"开始"选项卡"样式"组中的"单元格样式"下拉按钮，❸在弹出的下拉菜单中选择合适的单元格样式，如"标题 1"选项，如图 4-25 所示。

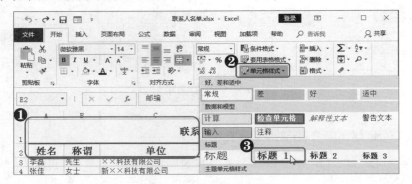

图 4-25　套用单元格样式

Step02 ❶选择 A3:E20 单元格区域，❷单击"开始"选项卡"样式"组中的"单元格样式"下拉按钮，❸在弹出的下拉菜单中选择 "冰蓝，20%-着色 1"选项即可，如图 4-26 所示。

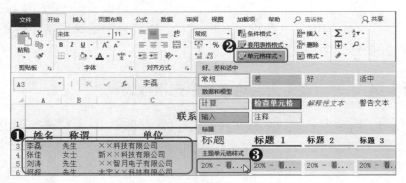

图 4-26　给表格内容套用单元格样式

4.2.3　创建自定义样式

在 Excel 中不仅可以使用其内置的单元格样式，如果对其中的样式不满意，还可以自定义符合自己需求的单元格样式。

自定义单元格样式首先需要通过单击"单元格样式"下拉按钮，在下拉菜单中选择"新建单元格样式"命令打开"样式"对话框进行设置。

 [分析实例]——创建并使用自定义单元格样式

下面通过在"联系人名单 1"素材文件中创建自定义单元格样式并对表格应用该单

元格样式为例进行讲解。如图 4-27 所示为套用自定义单元格样式前后的对比效果。

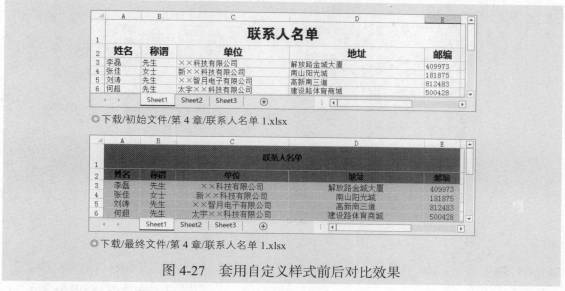

◎下载/初始文件/第 4 章/联系人名单 1.xlsx

◎下载/最终文件/第 4 章/联系人名单 1.xlsx

图 4-27　套用自定义样式前后对比效果

其具体的操作步骤如下。

Step01 打开素材文件，❶单击"开始"选项卡"样式"组中的"单元格样式"下拉按钮，❷在弹出的下拉菜单中选择"新建单元格样式"命令打开"样式"对话框，如图 4-28 所示。

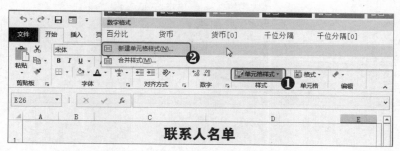

图 4-28　打开"样式"对话框

Step02 ❶在打开的对话框中设置样式名，❷单击"格式"按钮打开"设置单元格格式"对话框，❸在其中分别设置需要的数据格式，如图 4-29 所示。

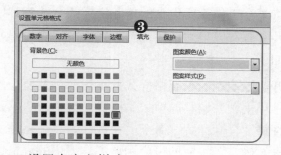

图 4-29　设置自定义样式

Step03 ❶返回到"样式"对话框中，单击"确定"按钮，❷以同样的方式创建"内容"样式，如图 4-30 所示。

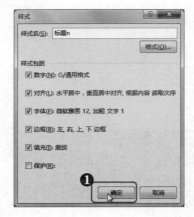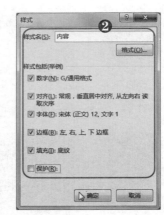

图 4-30　创建"内容"样式

Step04 ❶选择 A1:E4 单元格，❷单击"开始"选项卡"样式"组中的"单元格样式"下拉按钮，❸选择"标题 n"选项，如图 4-31 所示。以同样的方法选择 A3:E20 单元格区域，应用"内容"样式。

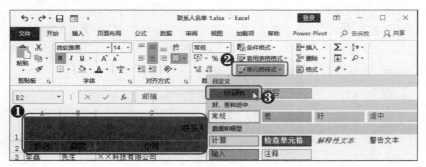

图 4-31　应用自定义样式

4.2.4　合并样式

在 Excel 中，用户除了可以套用已有的单元格样式及新建所需的单元格样式之外，还可以将某个工作簿所包含的单元格样式合并到其他工作簿中使用。实现合并样式前，需要打开含有对应单元格样式的工作簿及要应用单元格样式的目标工作簿，其具体的操作步骤如下。

打开需要使用的单元格样式的工作簿以及要应用单元格样式的目标工作簿，在目标工作簿中单击"开始"选项卡"样式"组中的"单元格样式"下拉按钮，在弹出的下拉菜单中选择"合并样式"命令。在打开的"合并样式"对话框中选择打开的目标工作簿名，单击"确定"按钮即可应用该工作簿中的表格样式，如图 4-32 所示。

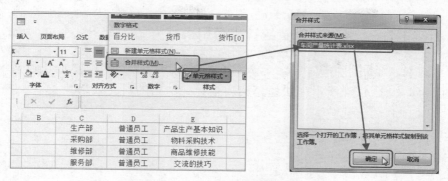

图 4-32　合并样式操作

提个醒：合并样式的注意事项

　　如果要合并的表格中包含套用单元格样式或表格样式，则有可能出现合并表格样式无效。所以用户最好选择没有套用单元格样式的表格进行合并。

4.3　设置表格样式

　　在 Excel 中为用户提供了多种内置的表格样式，用户还可以自定义需要的表格样式。除此之外，还可以通过设置主题效果以及工作表背景来设置表格样式，下面将具体介绍设置表格样式的相关操作。

4.3.1　自动套用表格样式

　　当用户套用单元格样式时，只对选择的单元格有效果，如果要快速设置整张工作表的样式，则可以套用表格样式。

　　在 Excel 中，系统为用户提供了浅色、中等色和深色三大类预设样式，如图 4-33 所示，只需要单击"开始"选项卡"样式"组中的"套用表格格式"下拉按钮，在弹出的下拉列表中选择需要的样式即可。

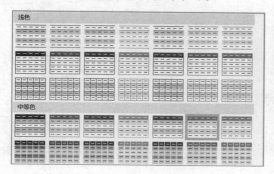
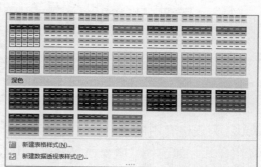

图 4-33　表格样式库

[分析实例]——为车间产量统计表套用表格样式

下面通过对"车间产量统计表"素材文件快速套用表格样式，从而快速实现更改表格样式的目的。如图 4-34 所示为快速套用表格样式前后的对比效果。

	A	B	C	D	E	F	G
2	编号	名称	一车间	二车间	三车间	四车间	总产量
3	BH10001	手撕牛肉	2000	1500	1400	2012	
4	BH10002	果冻	5432	4363	4533	5444	
5	BH10003	素食纤维饼干	3012	3822	2752	3024	
6	BH10004	薯条	3463	3553	4263	3475	
7	BH10005	酒味花生	2468	2764	3760	2480	
8	BH10006	豆腐干	5057	4801	5176	5069	
9	BH10007	核桃粉	2468	2798	3027	2480	
10	BH10008	巧克力	4765	3794	4874	4777	

上半年产量统计

◎下载/初始文件/第 4 章/车间产量统计表.xlsx

	A	B	C	D	E	F	G
2	编号	名称	一车间	二车间	三车间	四车间	总产量
3	BH10001	手撕牛肉	2000	1500	1400	2012	
4	BH10002	果冻	5432	4363	4533	5444	
5	BH10003	素食纤维饼干	3012	3822	2752	3024	
6	BH10004	薯条	3463	3553	4263	3475	
7	BH10005	酒味花生	2468	2764	3760	2480	
8	BH10006	豆腐干	5057	4801	5176	5069	
9	BH10007	核桃粉	2468	2798	3027	2480	
10	BH10008	巧克力	4765	3794	4874	4777	

上半年产量统计

◎下载/最终文件/第 4 章/车间产量统计表.xlsx

图 4-34　快速套用表格样式前后对比效果

其具体的操作步骤如下。

Step01 打开素材文件，❶选择 A2:G12 单元格区域，❷单击"开始"选项卡"样式"组中的"套用表格格式"下拉按钮，❸在弹出的下拉列表中选择合适的表格样式，如"红色，表样式中等深浅 3"选项，如图 4-35 所示。

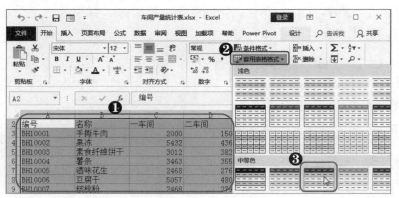

图 4-35　快速套用表格样式

Step02 为表格套用样式之后，在功能区中会出现"表格工具 设计"选项卡，❶重新选择套用样式，如选择"橄榄色，表样式中等深浅 4"选项，❷选中"表格样式选项"组中的"镶边列"复选框，如图 4-36 所示。

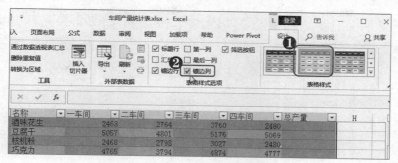

图 4-36 设计表格样式

提个醒：取消筛选状态

　　为表格套用表格样式以后，可以发现每一列标题的右侧都有一个筛选按钮，此时只需要取消选中"表格样式选项"组中的"筛选按钮"复选框即可。

　　在"表格工具 设计"选项卡中不仅可以调整区域的大小，重新选择套用样式，还可以在"表格样式选项"组中根据行和列调整表格的样式等，如图 4-37 所示。

图 4-37 "表格工具 设计"选项卡

4.3.2 自定义表格样式

　　如果 Excel 中自带的表格样式不能满足用户的使用，用户还可以通过自定义表格样式的方法创建新的表格样式。自定义表格样式的方法如下。

　　在"套用表格格式"下拉列表中选择"新建表格样式"命令，在打开的"新建表样式"对话框中对样式进行命名，选择"表元素"列表框中的"整个表"选项，然后单击"格式"按钮打开"设置单元格格式"对话框，如图 4-38 所示。

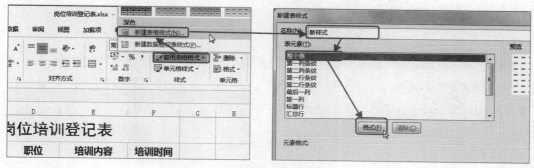

图 4-38 新建表样式

在打开的对话框中设置字体格式、填充效果和边框，如图 4-39 所示。以同样的方式设置想要设置的第一列条纹、第二列条纹等的样式，最后单击"确定"按钮即可。

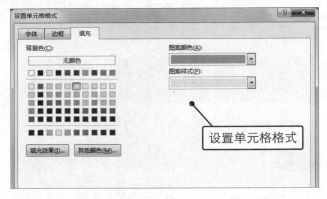

图 4-39　设置新建样式的具体效果

4.3.3　主题效果的应用

主题效果是系统预设的表格样式和字体样式，在 Excel 中，通过快速套用主题效果，也可以实现表格样式的设置，其操作步骤如下。

选择表格区域，切换到"页面布局"选项卡，然后单击"主题"组中的"主题"按钮，可以在其下拉菜单中选择系统预设的主题效果，如图 4-40 所示。

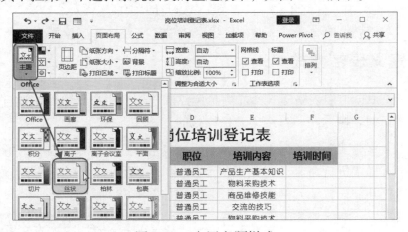

图 4-40　应用主题样式

整体效果是由颜色、字体、边框以及填充效果构成，分别单击"主题"组中的"颜色"下拉按钮、"字体"下拉按钮和"效果"下拉按钮，可弹出相应的下拉菜单，在其中可以对主题效果进行调整，如图 4-41 所示。

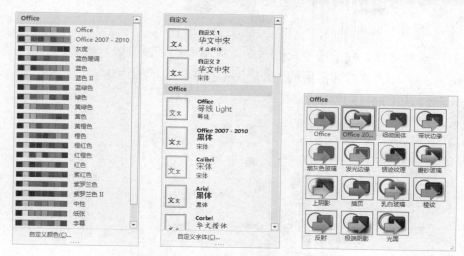

图 4-41　颜色、字体与效果选项

【注意】如果用户需要自定义主题效果，可以单击对应下拉菜单中的自定义命令，例如"自定义颜色"命令，如 4-41 左图所示，在打开的对话框中即可进行自定义操作。

4.3.4　设置工作表背景

除了为单元格添加边框和底纹的方法，用户还可以使用图片来填充工作表的背景。首先选择要添加背景的工作表，切换到"页面布局"选项卡，然后单击"页面设置"组中的"背景"按钮，选择合适的图片即可。

[分析实例]——为考勤周报表设置表格背景

下面通过对"考勤周报表"素材文件设置工作表背景，从而实现设置表格样式的效果，如图 4-42 所示为设置表格背景前后的对比效果。

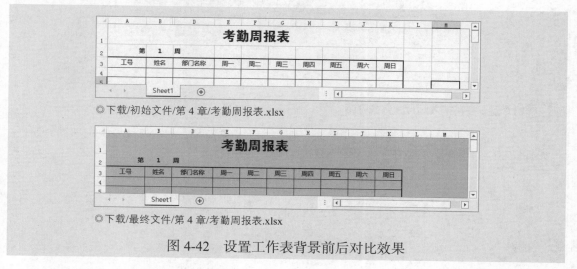

◎下载/初始文件/第 4 章/考勤周报表.xlsx

◎下载/最终文件/第 4 章/考勤周报表.xlsx

图 4-42　设置工作表背景前后对比效果

其具体的操作步骤如下。

Step01 打开素材文件，❶单击"页面布局"选项卡"页面设置"组中的"背景"按钮，❷在打开的"插入图片"对话框中的"必应图像搜索"搜索框中输入"简约"，❸单击"搜索"按钮即可，如图 4-43 所示。

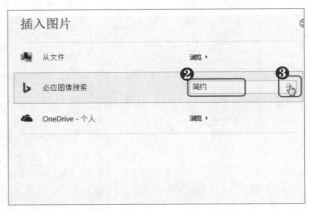

图 4-43　搜索背景图片

Step02 ❶在搜索结果中选择合适的背景图片，❷单击下方的"插入"按钮即可将其设置为表格背景，如图 4-44 所示。

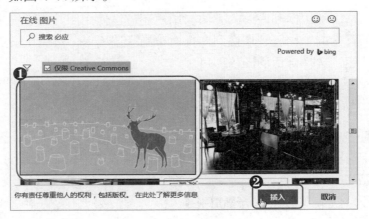

图 4-44　插入背景图片

提个醒：多种插入图片的方式介绍

如 4-43 右图所示，不仅可以搜索图片进行插入，还可以选择本地图片以及 OneDrive 云端的图片进行插入，仅需要单击对应的"浏览"按钮选择图片即可。

第5章
在表格中应用图形对象

在 Excel 中不是只能使用文字记录数据，有时也需要借助图形对象进行表达。图形传达的信息与文字传达的信息是不相同的，使用图形对象能让用户制作出的表格内容更加充实。本章主要从使用艺术的效果、插入图片、使用形状对象以及 SmartArt 图形的使用这几个方面进行介绍，旨在让用户快速掌握图形对象在商务中的用途。

|本|章|要|点|

· 制作艺术效果的标题
· 在表格中添加图片
· 形状对象的使用
· SmartArt 图形的使用

5.1 制作艺术效果的标题

对于 Excel 表格中较为突出的表标题而言，使用艺术字相较于普通文本而言更具艺术性，艺术字相当于字体与图形的结合效果。在表格中适当使用艺术字可增强表格的可读性。

5.1.1 插入艺术字

在 Excel 2016 中为用户提供了共 20 种默认艺术字效果，单击"插入"选项卡"文本"组中的"艺术字"下拉按钮，在弹出的下拉菜单中即可选择系统内置的艺术字效果，如图 5-1 所示为其中的两种艺术字效果。

一种艺术字效果　　一种艺术字效果

图 5-1　Excel 中的艺术字效果

[分析实例]——在"学员名单"工作簿中插入艺术字

以在"学生列表"工作表中为表格插入一个带有艺术字效果的表格标题"学员名单"为例，讲解插入艺术字的相关操作方法。如图 5-2 所示为插入艺术字前后的对比效果。

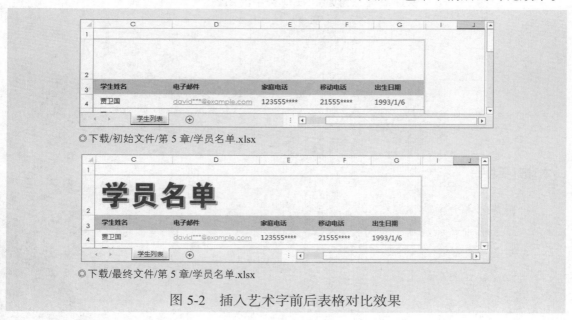

◎下载/初始文件/第 5 章/学员名单.xlsx

◎下载/最终文件/第 5 章/学员名单.xlsx

图 5-2　插入艺术字前后表格对比效果

其具体的操作步骤如下。

Step01 打开素材文件，❶单击"插入"选项卡"文本"组中的"艺术字"下拉按钮，❷在弹出的下拉列表中选择艺术字选项，如图 5-3 所示。

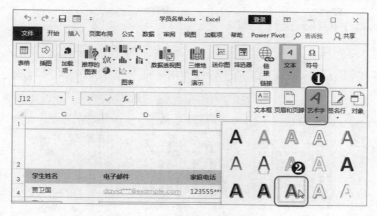

图 5-3　插入艺术字效果

Step02 ❶在打开的文本框中输入标题内容，如"学生名单"，❷并将字体设置为"方正大黑简体"，字号设置为"44"，并移动艺术字到相应的位置，如图 5-4 所示。

图 5-4　设置艺术字格式

5.1.2　设置艺术字样式

在 Excel 中插入艺术字之后，功能区中会出现"绘图工具 格式"选项卡，在该选项卡中可以完成艺术字的各种编辑操作，包括更改艺术字样式以及为艺术字添加边框或底纹，如图 5-5 所示。

图 5-5　"绘图工具 格式"选项卡

（1）更改艺术字的样式

Excel 中提供的艺术字样式效果较少，用户可以在插入艺术字以后，在"绘图工具 格式"选项卡中对数字的样式进行更改。

　　当用户单击"绘图工具 格式"选项卡"艺术字样式"组中的"文本填充"、"文本轮廓"或"文本效果"下拉按钮后，在弹出的相应的下拉菜单中即可设置艺术字的效果，如图 5-6 所示。

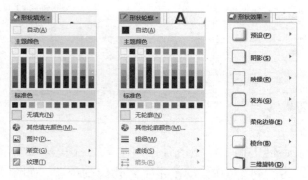

图 5-6　自定义艺术字效果的下拉菜单

　　例如，在 Excel 2016 中插入艺术字"公司年会安排表"艺术字，并将其移动到合适的位置，然后单击"文本效果"下拉按钮，选择"转换/拱形"选项，如图 5-7 所示。

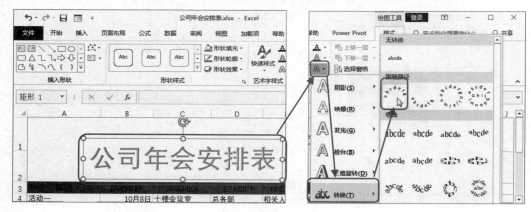

图 5-7　更改艺术字样式

　　完成操作后，就可以在表格中查看到艺术字效果在之前的基础上发生了改变，其效果如图 5-8 所示。

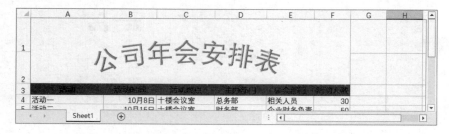

图 5-8　更改艺术字样式后的效果

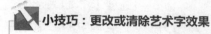

小技巧：更改或清除艺术字效果

　　用户如果需要更改或清除艺术字效果，则可以单击"绘图工具 格式"选项卡"艺术字样式"组中的"其他"按钮，在弹出的下拉列表中可以重设艺术字效果；或者选择"清除艺术字"命令即可清除所有的艺术字效果，如图5-9所示。

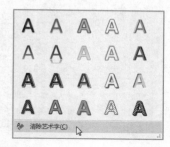

图 5-9　清除艺术字效果

（2）添加底纹或边框

　　在 Excel 中插入的艺术字是没有边框和底纹样式的，但是在插入艺术字后可以通过"绘图工具 格式"选项卡为艺术字设置边框和底纹效果。

[分析实例]——在"学员名单 1"工作簿中设置艺术字的边框和底纹

　　以在"学生列表"工作表中为插入的"学生名单"艺术字设置边框和底纹效果为例，讲解为艺术字添加边框和底纹的相关操作方法。如图 5-10 所示为添加边框和底纹前后的对比效果。

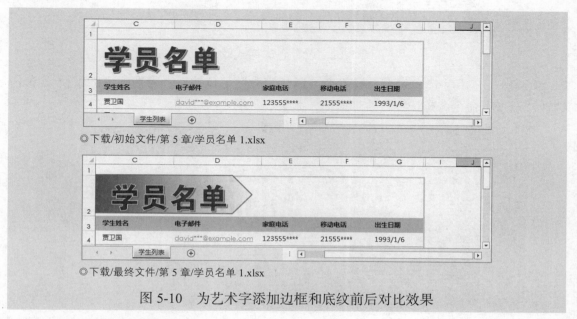

◎下载/初始文件/第 5 章/学员名单 1.xlsx

◎下载/最终文件/第 5 章/学员名单 1.xlsx

图 5-10　为艺术字添加边框和底纹前后对比效果

　　其具体的操作步骤如下。

Step01 打开素材文件，❶选择艺术字，❷单击"绘图工具 格式"选项卡"插入形状"组中的"编辑形状"下拉按钮，❸选择"更改形状"命令，❹在其子菜单中的"箭头总汇"栏中选择"箭头:五边形"选项，如图 5-11 所示。

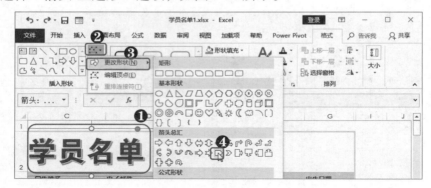

图 5-11　更改形状

Step02 保持艺术字的选中状态，❶在"形状样式"组中选择"彩色轮廓-酸橙色，强调颜色 2"样式，❷单击"形状轮廓"下拉按钮，❸选择"虚线/方点"选项，如图 5-12 所示。

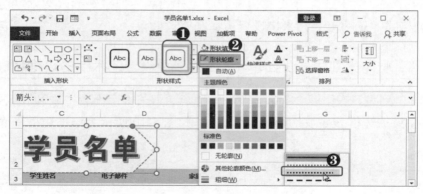

图 5-12　设置轮廓样式效果

Step03 保持艺术字选中状态，❶单击"形状轮廓"下拉按钮，❷在弹出的下拉菜单中选择"渐变"命令，❸选择"线性向右"效果，如图 5-13 所示。

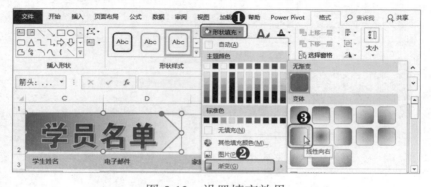

图 5-13　设置填充效果

5.2 在表格中添加图片

在 Excel 表格中不仅可以使用数据，还可以使用各种符号、图片和形状等，在表格的适当位置使用图片可以使表格效果更加生动形象，给用户带来数据展示的同时增强视觉效果。

插入图片与插入背景有所不同，插入背景是将图片应用于表格内容的下方，添加图片更倾向于用图片点缀单元格或表格区域，如图 5-14 所示为 Excel 日历。

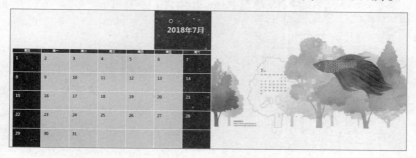

图 5-14　图片日历

除了可以在电子日历中插入图片外，在商务数据表格中同样可以使用，例如在公司活动安排表中使用动画效果图，如图 5-15 所示。

活动	活动时间	活动地点	主办部门	参会部门	活动人数
手拉手	10月8日	十楼会议室	总务部	相关人员	30
丢手绢	10月15日	十楼会议室	财务部	企业财务负责	50
吹气球	10月18日	十楼会议室	广告策划部	各部门的负责	20
猜谜语	10月22日	十楼会议室	销售部	中心组学习成	25
狼人杀	10月29日	十楼会议室	人力资源部	所有成员	70

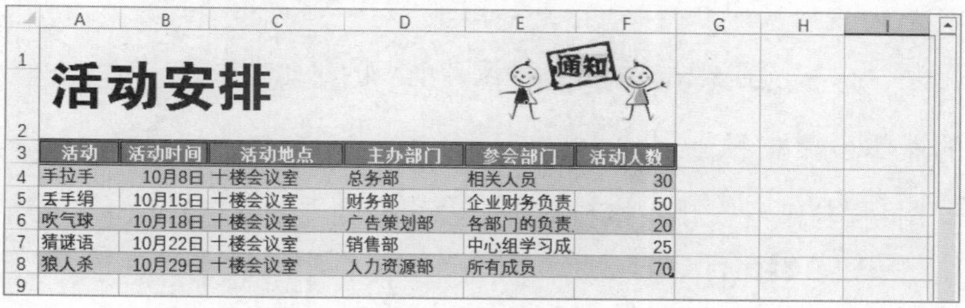

图 5-15　活动安排效果图

5.2.1 插入图片的途径

在 Excel 2016 中插入图片主要有 3 种途径，分别是插入本地图片、插入联机图片以及插入屏幕截图。

（1）插入本地图片

插入本地图片是指图片的来源是用户本地电脑中插入图片后激活“图片工具 格式”选项卡，通过该选项卡可以对图片进行设置。

[分析实例]——在“日程与健身安排表”工作簿中插入本地图片

以在“日程与健身安排表”工作簿中工作表中插入“运动”图片为例，介绍在 Excel 中插入本地图片的具体操作。如图 5-16 所示为插入本地图片前后的对比效果。

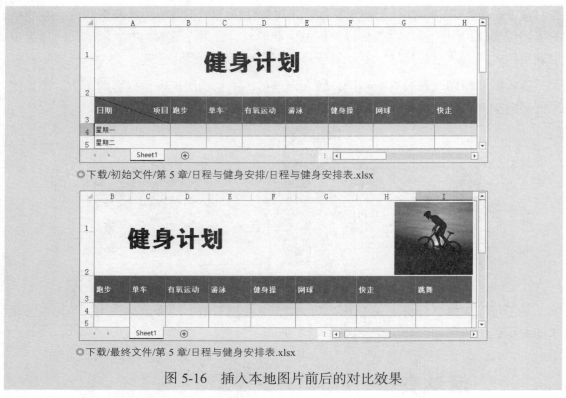

◎下载/初始文件/第 5 章/日程与健身安排/日程与健身安排表.xlsx

◎下载/最终文件/第 5 章/日程与健身安排表.xlsx

图 5-16 插入本地图片前后的对比效果

其具体的操作步骤如下。

Step01 打开"日程与健身安排"素材文件，❶切换到"插入"选项卡，❷单击"插图"组中的"图片"按钮，❸在打开的"插入图片"对话框中选择"运动.jpg"文件，❹单击"插入"按钮即可插入图片，如图 5-17 所示。

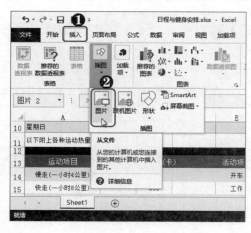

图 5-17 插入本地图片

Step02 ❶选择插入的图片，❷在"图片工具 格式"选项卡"大小"组中的"高度"数值框中输入"4 厘米",并将其移至表格的右边界,如图 5-18 所示。

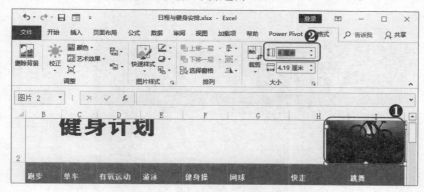

图 5-18　设置图片大小和位置

(2)插入联机图片

在 Excel 中插入联机图片主要包括插入来自网络中的图片和用户存储在 OneDrive 中的图片(需要用户注册登录),如图 5-19 所示为插入联机图片界面。

图 5-19　插入联机图片界面

下面将通过在 Excel 日历中插入联机图片为例介绍插入联机图片的方法。首先需要在打开的 Excel 日历中单击"插入"选项卡"插图"组中的"联机图片"按钮,在打开的"插入图片"对话框中的搜索框中输入"秋"并按【Enter】键,然后选择合适的图片,单击"插入"按钮即可插入图片,如图 5-20 所示。

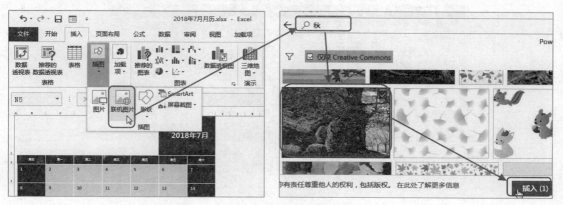

图 5-20　插入联机图片

调整插入图片的大小及位置，让其出现在日历左上角的空白区域，其最终效果如图 5-21 所示。

图 5-21　插入联机图片效果展示

（3）插入屏幕截图

插入屏幕截图是 Excel 2010 及以上版本拥有的新功能，使用该功能可以及时将屏幕截图插入工作表中。其具体的操作是：单击"插入"选项卡"插图"组中的"屏幕截图"下拉按钮，即可在"可用的视窗"栏中选择需要的屏幕截图，如图 5-22 所示。

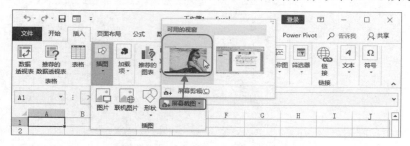

图 5-22　插入屏幕截图

除了选择屏幕截图外，用户还可以单击"屏幕截图"下拉按钮，选择"屏幕剪辑"选项，当鼠标光标变为十字形时，按住鼠标左键不放，拖动鼠标进行自定义截图，如图 5-23 所示为通过自定义截图的方式截取需要的表格内容。

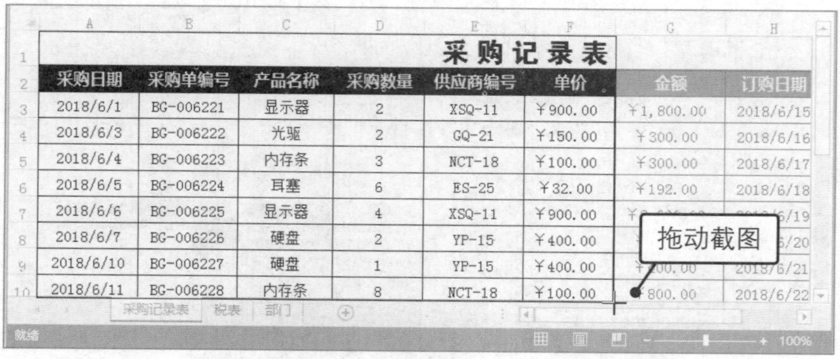

图 5-23　自定义截图

5.2.2 修改图片的大小和裁剪图片

在 Excel 中插入图片以后，一般情况下，是不含任何格式的，可能不符合用户的需求，此时就可以对图片的大小以及轮廓进行修改。

（1）修改图片的大小

在对图片大小进行调整之前，首先需要选择该图片，然后切换到"图片工具 格式"选项卡，单击"大小"组右下角的"对话框启动器"按钮，在打开的"设置图片格式"窗格中即可对图片的高度、宽度、旋转和缩放高度等进行设置，如图 5-24 所示。

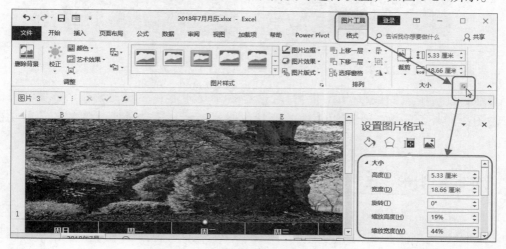

图 5-24　修改图片的大小及比例

小技巧：等比例缩放修改图片的大小

选择要缩放的图片，按【Shift】键的同时按住鼠标左键，拖动图片四角的控制点可以等比例缩放图片，防止图片的长宽比例发生改变，或者在设置图片的高度或宽度数值时，选中"锁定纵横比"复选框。

（2）裁剪图片

前面介绍了通过调整图片的宽和高或者比例调整图片大小，如果图片中有不需要的部分，或是需要删除的部分，则可以通过裁剪图片的方式处理图片，具体的裁剪操作步骤介绍如下。

选择表格中插入的图片，单击"图片工具 格式"选项卡"大小"组中的"裁剪"按钮，图片的周围会出现裁剪控制柄，将鼠标光标移动至控制柄上，按下鼠标左键不放，拖动鼠标即可裁剪图片，如图 5-25 所示。

【注意】如果单击"裁剪"按钮下方的下拉按钮，还可以选择裁剪的形状及横纵比，如图 5-26 所示为按照"3∶5"的横纵比进行裁剪图片。

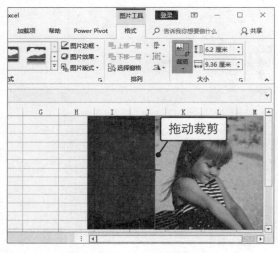

图 5-25　自由裁剪图片

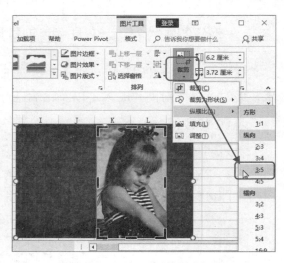

图 5-26　按比例裁剪图片

　　此外，日常中人们接触的图片外部轮廓基本都是矩形，有时为了表格需要，可以适当修改图片的外部轮廓，让其以其他的形状或样式展示，这也是通过图片的裁剪功能来完成的。

[分析实例]——在"化妆品销售"工作簿中插入并修改图片

　　以在"化妆品销售"工作簿的中工作表中插入名为"口红"的图片，并将其轮廓设置为"云形"，调整图片的大小为例，介绍在 Excel 中插入并修改图片大小和裁剪图片的具体操作。如图 5-27 所示为插入本地图片并进行设置前后的对比效果。

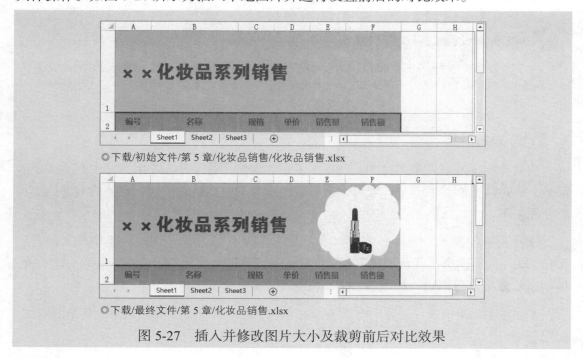

◎下载/初始文件/第 5 章/化妆品销售/化妆品销售.xlsx

◎下载/最终文件/第 5 章/化妆品销售.xlsx

图 5-27　插入并修改图片大小及裁剪前后对比效果

其具体的操作步骤如下。

Step01 打开"化妆品销售"素材文件，切换到"插入"选项卡，单击"插图"组中的"图片"按钮，❶在打开的"插入图片"对话框中选择"口红.jpg"文件，❷单击"插入"按钮即可插入图片，如图 5-28 所示。

Step02 保持图片的选择状态，按住【Shift】键拖动图片四周的控制柄，等比例缩小图片，并将图片移动到工作表的右侧，如图 5-29 所示。

图 5-28 插入图片

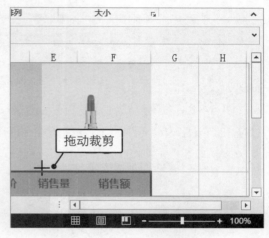

图 5-29 按比例缩小图片

Step03 保持图片的选择状态，❶单击"图片工具 格式"选项卡"大小"组中的"裁剪"按钮下方的下拉按钮，❷选择"裁剪为形状/云形"命令，如图 5-30 所示。程序自动完成图片的裁剪操作。

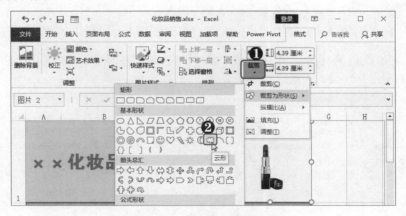

图 5-30 选择图形的裁剪形状

5.2.3 设置图片效果

Excel 2016 中内置了多种系统样式，选择不同的样式能够快速得到不同的图片效果。除了设置图片样式外，还可以根据需要调整图片的效果，包括删除背景以及设置艺术效果，下面将进行具体介绍。

（1）快速应用图片样式

选择需要应用图片样式的图片，单击"图片样式 工具"选项卡"图片样式"组中的"其他"按钮，在弹出的样式库中即可选择合适的图片样式，如图 5-31 所示。

图 5-31　Excel 2016 内置的图片样式

如 5-32 左图所示为应用"棱台透视"图片样式得到的图片效果；如 5-32 右图所示为应用"柔化边缘椭圆"图片样式得到的图片效果。

图 5-32　应用 Excel 内置图片样式效果展示

（2）删除图片背景

用户收集到的图片可能有很多种格式，例如 JPG、PNG 等，其中有些图片的背景为空，而有些图片是有实色背景的，如果要去除背景，可以使用 Excel 提供的删除背景功能来实现。

选择要删除背景的图片，单击"图片样式 工具"选项卡"调整"组中的"删除背景"按钮，然后在"背景消除"选项卡中单击"标记要保留的区域"按钮，在图片上标记出主体部分，再单击"保留更改"按钮即可，如图 5-33 所示。

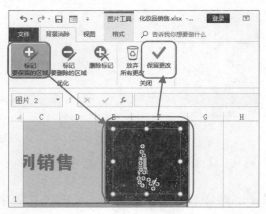

图 5-33　删除背景操作及效果展示

（3）设置艺术效果

利用 Excel 2016 的设置艺术效果功能可以将图片处理成画图刷、纹理化以及粉笔素描等 23 种艺术效果，其作用类似 Photoshop 图像处理工具中的滤镜功能，如图 5-34 所示为不同的艺术效果。

图 5-34　不同的艺术效果展示

[分析实例]——在"化妆品市场"工作簿中为图片设置艺术效果

以在"化妆品市场"工作簿中工作表中为图片应用"图样"效果并对图片进行调整为例，介绍在 Excel 中为图片设置艺术效果的具体操作。如图 5-35 所示为设置艺术效果前后的对比效果。

◎下载/初始文件/第 5 章/化妆品市场.xlsx

◎下载/最终文件/第 5 章/化妆品市场.xlsx

图 5-35　为图片设置艺术效果前后的对比效果

其具体的操作步骤如下。

Step01 打开素材文件，❶选择图片，❷单击"图片工具 格式"选项卡"调整"组中的"艺术效果"下拉按钮，❸在弹出的下拉列表中选择"图样"选项，如图 5-36 所示。

Step02 保持图片选中状态，❶单击"艺术效果"下拉按钮，❷在弹出的下拉列表中选择"艺术效果选项"命令，如图 5-37 所示。

图 5-36　设置艺术效果

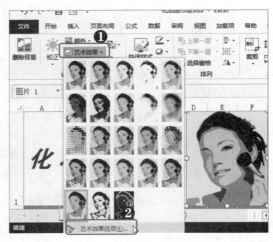

图 5-37　选择"艺术效果选项"命令

Step03 在打开的"设置图片样式"窗格中的"艺术效果"栏中将"底纹数量"设置为"4"如图 5-38 所示。

图 5-38　调整艺术效果

5.3　形状对象的使用

除了使用图片外，在 Excel 中形状也是常用的元素之一，使用形状可以使表格内容更加多元化。

5.3.1 插入形状

在表格中插入形状的方法一般有两种，分别是在表格中插入基本形状和通过任意多边形、曲线或基本图形自定义形状。

（1）快速插入图形

单击"插入"选项卡"插图"组中的"形状"下拉按钮，在弹出的下拉列表中选择合适的形状，此时鼠标光标将变为十字形，拖动鼠标即可绘制形状，如图 5-39 所示。

图 5-39　"形状"下拉列表

如图 5-39 所示，Excel 为用户提供了 8 种类型的形状，分别是线条、矩形、基本形状、箭头总汇、公式形状、流程图、星与旗帜以及标注。如图 5-40 所示为一些常见的形状。

图 5-40　常见的形状

（2）自定义绘制形状

除了插入常见的形状外，用户还可以选择"任意多边形：形状"和"任意多边形：自由曲线"绘制形状，如图 5-41 所示。

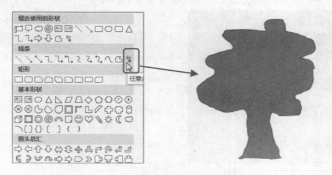

图 5-41　使用自由曲线绘制图形

> **提个醒：绘制形状的注意事项**
>
> 　　用户如果没有较为熟练的绘图能力，不建议使用自由曲线绘制形状，可以使用多个简单的图形拼合出需要的形状。

5.3.2 设置形状样式与在形状中添加文字

　　在表格中成功插入形状以后，功能区中会出现"绘图工具 格式"选项卡，在该选项卡中可以设置形状的样式。

　　如果有需要，还可以在形状的右键快捷菜单中选择"编辑文字"命令，可以在形状中添加文字。

[分析实例]——为电影日影片介绍添加形状说明

　　以在"电影日影片介绍"工作簿插入形状、文字，并为形状设置"无轮廓"的形状样式为例，介绍在对图形设置形状样式在图形中添加文字的具体操作。如图 5-42 所示为设置形状说明前后的对比效果。

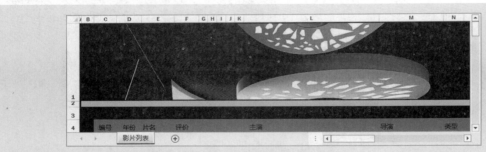

◎下载/初始文件/第 5 章/电影日影片介绍.xlsx

◎下载/最终文件/第 5 章/电影日影片介绍.xlsx

图 5-42　为图形设置形状说明的前后对比效果

　　其具体的操作步骤如下。

Step01 打开素材文件，❶单击"插入"选项卡的"插图"组中的"形状"下拉按钮，❷在弹出的下拉列表中选择"圆角矩形标注"选项，如图 5-43 所示。

Step02 ❶在表格中绘制需要形状，并在图形上右击，❷在弹出的快捷菜单中选择"编辑文字"命令，图形中将出现文本插入点，输入需要的文字，并设置文本的格式，如图5-44所示。

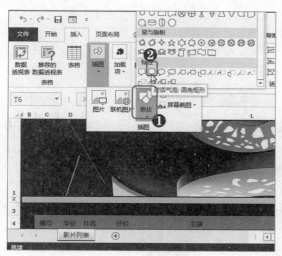

图 5-43　插入形状

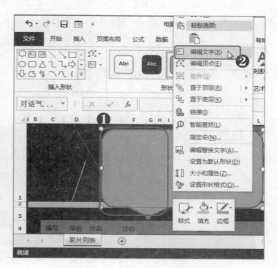

图 5-44　在形状中添加文本

> **提个醒：在图形中插入文字**
>
> 　　除了通过快捷菜单在图形中插入文字外，用户还可以直接双击插入的形状，直接在图形中插入文字；另外，还可以通过插入文本框的方式，在文本框中文字，然后再将文本框固定到需要的位置即可。

Step03 保持形状的选中状态，❶切换到"绘图工具 格式"选项卡，单击"形状样式"组中的"形状轮廓"下拉按钮，❷选择"无轮廓"选项，❸单击"形状填充"下拉按钮，❹选择"绿色"填充色，如图5-45所示。

图 5-45　设置形状样式

5.4 SmartArt 图形的使用

在 Excel 中，用户可以通过插入 SmartArt 图形来展示一些层级或逻辑关系，使用 SmartArt 图形可以极大地降低图形工作难度。

5.4.1 插入 SmartArt 图形

插入 SmartArt 图形主要是通过单击"插入"选项卡"插图"组中的"SmartArt"按钮，在打开的"选择 SmartArt 图形"对话框中即可选择要使用的图形。Excel 2016 中内置了 8 类 SmartArt 图形，选择对应的图形，单击"确定"按钮即可，如图 5-46 所示。

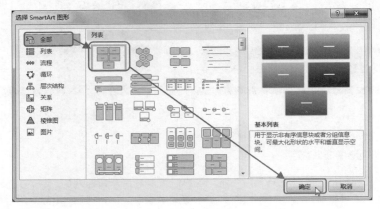

图 5-46　插入 SmartArt 图形

5.4.2 更改 SmartArt 图形的结构

通过图 5-46 所示的方式插入的 SmartArt 图形可能并不能符合用户的要求，那么就需要对插入的 SmartArt 图形的结构等进行调整，包括元素数量的增删以及图形结构的快速更换。

如果需要删除 SmartArt 图形中的某些组成元素，只需要选择该元素，按【Delete】键即可；如果需要添加某个元素，则可以单击"SmartArt 工具 设计"选项卡"创建图形"组中的"添加形状"下拉按钮，选择在前面或后面添加形状，如图 5-47 所示。

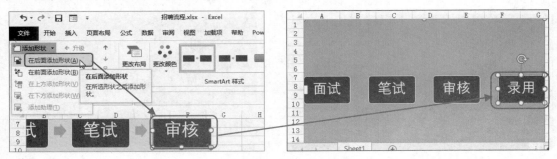

图 5-47　在 SmartArt 图形中插入形状

> **小技巧：增加元素数量的其他方法**
>
> 通过右击 SmartArt 图形中的元素，在弹出的快捷菜单中选择"添加形状/在后面（前面）添加形状"命令，即可在相应的位置添加图形。

通过"SmartArt 工具 设计"选项卡中的"SmartArt 样式"组中即可快速更改已经插入图形的样式，如图 5-48 所示。

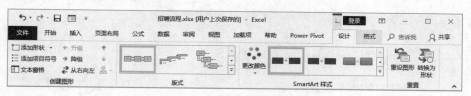

图 5-48　快速更改图形样式

5.4.3　美化 SmartArt 图形

用户插入的 SmartArt 图形，其格式相对单一，其中的数据格式也都类似，这时就需要对 SmartArt 图形进行美化，主要是在"SmartArt 工具 设计"选项卡以及"SmartArt 工具 格式"选项卡中进行设置，下面以具体的实例介绍相关操作。

[分析实例]——为"公司招聘安排"工作簿插入招聘安排流程图

以在"公司招聘安排"工作簿中插入 SmartArt 图形制作流程图并为其填充颜色进行美化为例进行介绍。如图 5-49 所示为插入并美化流程图前后的对比效果。

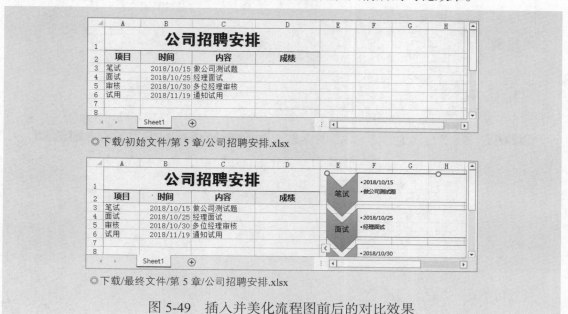

◎下载/初始文件/第 5 章/公司招聘安排.xlsx

◎下载/最终文件/第 5 章/公司招聘安排.xlsx

图 5-49　插入并美化流程图前后的对比效果

其具体的操作步骤如下。

Step01 打开素材文件，❶单击"插入"选项卡"插图"组中的"SmartArt"按钮，❷在打开的"选择 SmartArt 图形"对话框中选择"流程"选项卡下的"垂直 V 形列表"选项，单击"确定"按钮即可，如图 5-50 所示。

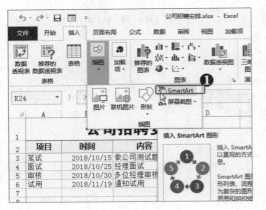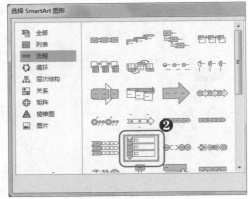

图 5-50　插入 SmartArt 图形

Step02 在插入的图形中录入数据，❶单击"SmartArt 样式"组中的"更改颜色"下拉按钮，❷在弹出的下拉菜单中选择"彩色范围-个性色 2 至 3"选项，❸应用"细微效果"SmartArt 样式，如图 5-51 所示。

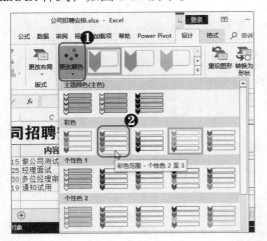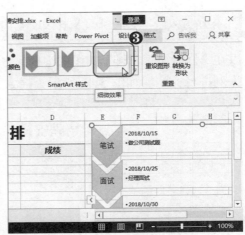

图 5-51　美化 SmartArt 图形

第6章
对商务数据进行统计与分析

数据的统计与分析是 Excel 中比较重要的功能，学会数据的统计与分析能帮助用户快速完成一些复杂的数据处理工作。数据统计与分析主要包括对数据的筛选、排序、分类汇总以及条件格式的使用。熟练掌握这些操作不仅可以提高工作效率，还可以减少在工作中手动操作而出现的错误，是商务办公中不可或缺的重要技能。

|本|章|要|点|

· 排序表格数据
· 筛选表格数据
· 使用条件格式分析数据
· 数据的分类汇总

6.1 排序表格数据

在表格制作完成时，其中的数据可能都是无规则排列的，不利于查看和分析数据，这时用户可以将数据按照一定的条件进行排序。排序方式也有多种，分别是单条件排序、多条件排序、使用内置序列排序和自定义序列排序，如表 6-1 所示。

表 6-1 排序方式简介

排序方式	简介
单条件排序	根据存储在表格中的数据种类，将其按照指定的依据或一定的规律重新排列，通常也称为简单排序
多条件排序	经过一个条件排序后，排列结果中还有相同数据，这时就需要按照多个条件或不同的分类依据进行再次排序
内置序列排序	使用系统内置的数据排序，如按年份、月份以及星期等
自定义序列排序	在进行数据排序时，前3种排序方式都不能满足实际需要时，则可以自定义排序规则进行排序

6.1.1 单条件排序

单条件排序一般是指对某一列除表头以外的数据进行升序或者降序排列。进行单条件排序之前，首先需要选择目标序列中的任意单元格，然后单击"数据"选项卡"排序和筛选"组中的"升序"按钮或"降序"按钮，如 6-1 左图所示。还可以直接单击"开始"选项卡"编辑"组中的"排序和筛选"下拉按钮，在弹出的下拉列表中选择"升序（降序）"选项即可，如 6-1 右图所示。

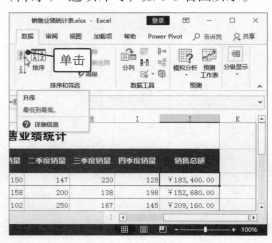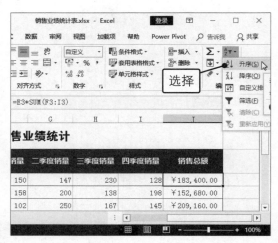

图 6-1 单条件排序操作

下面将通过在"管理员工工资表"中由高到低排序管理员工工资数据为例，介绍降序排列数的具体操作。

首先选择该列除表头外的数据，单击"数据"选项卡"排序和筛选"组中的"降序"按钮，即可将员工工资从高到低进行排序，操作与最终效果如图6-2所示。

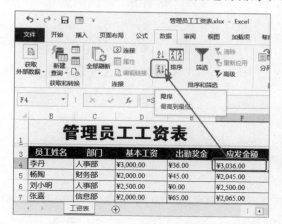 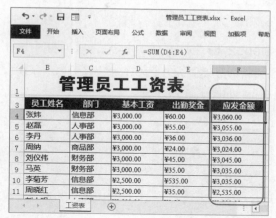

图6-2　单条件排序及结果展示

6.1.2　多条件排序

当使用单条件排序之后，依然出现结果相同的记录，不能确定其先后顺序，需要再次排序时，可以一次性使用多条件排序来完成。

 [分析实例]——按应发金额和出勤奖金进行多条件排序

下面以在"工资表"工作表中分别以"应发金额"字段作为主要关键字进行降序和以"出勤奖金"字段作为次要关键字进行降序为例，讲解多条件排序的操作方法。如图6-3所示为多条件排序前后的对比效果。

3	员工编号	员工姓名	部门	基本工资	出勤奖金	应发金额
4	1001	李丹	人事部	¥3,000.00	¥36.00	¥3,036.00
5	1002	杨陶	财务部	¥2,000.00	¥45.00	¥2,045.00
6	1003	刘小明	人事部	¥2,500.00	¥0.00	¥2,500.00
7	1004	张嘉	信息部	¥2,000.00	¥65.00	¥2,065.00
8	1005	张炜	信息部	¥3,000.00	¥60.00	¥3,060.00
9	1006	李聃	采购部	¥2,000.00	¥25.00	¥2,025.00
10	1007	杨娟	采购部	¥2,000.00	¥35.00	¥2,035.00

◎下载/初始文件/第6章/管理员工工资表.xlsx

3	员工编号	员工姓名	部门	基本工资	出勤奖金	应发金额
4	1005	张炜	信息部	¥3,000.00	¥60.00	¥3,060.00
5	1014	赵磊	人事部	¥3,000.00	¥55.00	¥3,055.00
6	1016	刘仪伟	财务部	¥3,000.00	¥45.00	¥3,045.00
7	1001	李丹	人事部	¥3,000.00	¥36.00	¥3,036.00
8	1013	李菊芳	信息部	¥2,500.00	¥535.00	¥3,035.00
9	1008	马英	财务部	¥3,000.00	¥35.00	¥3,035.00

◎下载/最终文件/第6章/管理员工工资表.xlsx

图6-3　多条件排序前后的对比效果

其具体的操作步骤如下。

Step01 打开素材文件，❶选择工作表中的任意一个单元格，❷单击"数据"选项卡"排序和筛选"组中的"排序"按钮，如图 6-4 所示。

Step02 ❶在打开的"排序"对话框中单击"列"下拉列表框，❷在弹出的下拉列表中选择"应发金额"选项，❸以同样的方式设置排序依据为"单元格值"，设置次序为"降序"，如图 6-5 所示。

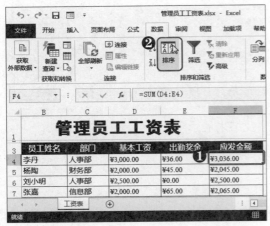

图 6-4 单击"排序"按钮

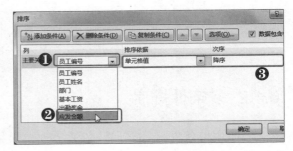

图 6-5 设置主要条件

Step03 ❶单击"排序"对话框左上角的"添加条件"按钮，程序将会自动添加一个次要关键字，❷以同样的方式将次要关键字中的"列"设置为"出勤奖金"，将次序设置为"降序"，❸单击"确定"按钮即可，如图 6-6 所示。

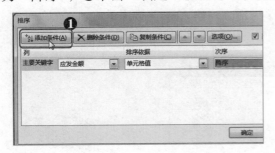

图 6-6 设置次要关键字

如果想要恢复最初的序列，或者希望修改排序方式，可以对数据的序列进行删除和复制操作，其相关操作如下所示。

◆ **删除条件**：单击"数据"选项卡"排序和筛选"组中的"排序"按钮，在打开的"排序"对话框中选择要删除的条件，然后单击"删除条件"按钮即可快速删除，如图 6-7 所示。

◆ **复制条件**：如果需要添加的排序规则与已有的规则相同，则可以对排序规则进行复制，在打开"排序"对话框中选中目标条件，单击"复制条件"按钮即可，如图 6-8 所示。

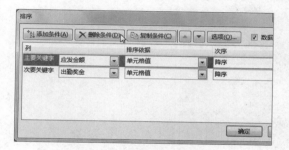 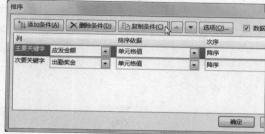

图 6-7　删除关键字　　　　　　　图 6-8　复制关键字

提个醒：其他排序依据

　　在打开的"排序"对话框中单击"选项"按钮，在打开的"排序选项"对话框中可以设置更多的排序依据，例如按行排序、按列排序、字母排序和笔画排序等，如图6-9所示。

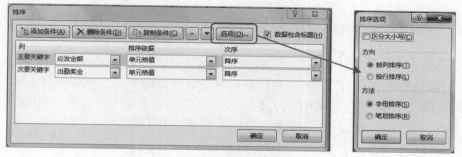

图 6-9　设置更多的排序依据

6.1.3　根据内置序列排序

　　使用系统内置的序列可以帮助用户快速完成一些排序工作，还可以减少人为操作的误差，从而实现快速排序。

　　按照系统内置的序列进行排序，可以单击"开始"选项卡"编辑"组中的"排序和筛选"下拉按钮，选择"自定义排序"命令；或是单击"数据"选项卡"排序和筛选"组中的"排序"按钮即可。

[分析实例]——对按总产量排序的序列重新按季度排序

　　下面以在"年产量统计"工作表中将已经按年度总产量进行降序排列的数据重新按照内置的季度序列进行排序为例，具体介绍使用内置序列排序的操作方法。如图 6-10 所示为使用内置序列排序前后的对比效果。

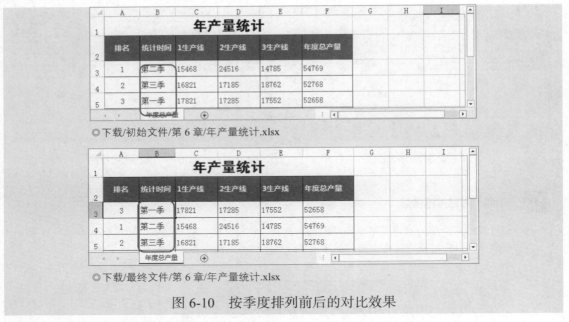

◎下载/初始文件/第 6 章/年产量统计.xlsx

◎下载/最终文件/第 6 章/年产量统计.xlsx

图 6-10　按季度排列前后的对比效果

其具体的操作步骤如下。

Step01 打开素材文件，❶选择 B2 列任意数据单元格，❷单击"数据"选项卡"排序和筛选"组中的"排序"按钮，❸在打开的"排序"对话框中单击"次序"下拉按钮，❹在弹出的下拉列表中选择"自定义序列"命令，如图 6-11 所示。

图 6-11　选择"自定义序列"命令

Step02 在打开的"自定义序列"对话框中的"自定义序列"列表框中选择"第一季，第二季，第三季，第四季"选项，单击"确定"按钮即可，如图 6-12 所示。在返回的"排序"对话框中单击"确定"按钮。

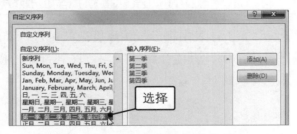

图 6-12　选择系统内置序列

6.1.4 自定义序列排序

如图 6-12 所示，系统内置的序列是有限的，如果系统内置的序列不能满足用户的使用，用户可以自定义序列。自定义序列有两种方式，分别是直接输入序列和导入序列法，下面分别进行介绍。

◆ **直接输入法**：直接输入序列也是在"自定义序列"对话框中进行，在"自定义序列"栏中选择"新序列"选项，在右侧的"输入序列"列表框中输入序列，单击右侧的"添加"按钮即可，如图 6-13 所示。

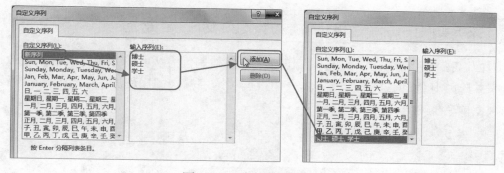

图 6-13　直接输入序列

◆ **导入序列法**：导入序列法是指将工作表中的某一组数据利用引用的方式导入到自定义序列中，其方法是：在"Excel 选项"对话框的"高级"选项卡中单击"编辑自定义列表"按钮，在打开的"自定义序列"对话框的"从单元格中导入序列"文本框中设置单元格引用地址，单击"导入"按钮即可，如图 6-14 所示。

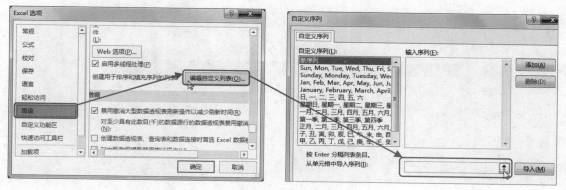

图 6-14　导入序列法

6.2　筛选表格数据

使用 Excel 的排序功能只是将数据按一定的顺序进行排序，方便用户查看排名，但无法从中快速挑选出符合某些条件的数据记录。而使用数据筛选功能，则可以筛选出满足条件的数据记录，且自动隐藏其他的数据。

筛选数据的方式有 3 种，分别是根据关键字筛选、自定义条件筛选和高级筛选，下面将分别进行介绍。

6.2.1 根据关键字筛选

通过关键字筛选是最简单、最常用的筛选方法，使用这种筛选方式可以满足大部分的用户使用。主要是通过单击"数据"选项卡中的"筛选"按钮，并设置筛选条件，从而实现筛选。

[分析实例]——筛选出获利差价为 200 的冰箱的数据

下面以在"电器销售分析表"工作簿中将获利差价为 200 的冰箱对应的销量数据筛选出来并隐藏其他的数据为例，具体介绍根据关键字筛选的操作方法。如图 6-15 所示为筛选数据前后的对比效果。

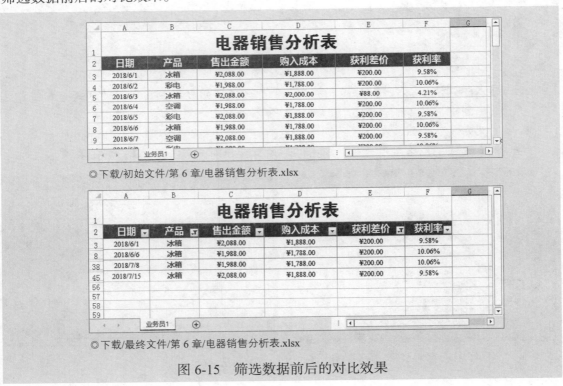

◎下载/初始文件/第 6 章/电器销售分析表.xlsx

◎下载/最终文件/第 6 章/电器销售分析表.xlsx

图 6-15　筛选数据前后的对比效果

其具体的操作步骤如下。

Step01 打开素材文件，❶选择任意数据单元格，❷单击"数据"选项卡"排序和筛选"组中的"筛选"按钮，❸单击 B2 单元格右侧的下拉按钮，❹在弹出的筛选器中仅选中"冰箱"复选框，❺单击"确定"按钮即可，如图 6-16 所示。

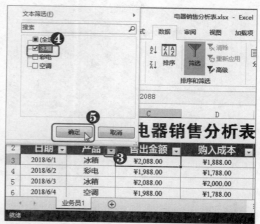

图 6-16　筛选出冰箱销售数据记录

Step02 ❶单击 E2 单元格右侧的下拉按钮，❷在弹出的筛选器中仅选中 "200" 复选框，❸单击 "确定" 按钮即可，如图 6-17 所示。

图 6-17　筛选出冰箱中获利差价为 200 的销售数据

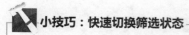 小技巧：快速切换筛选状态

　　在 Excel 2016 中，只要选择任意数据单元格，按【Ctrl+Shift+L】组合键即可快速进入到筛选状态，再次按【Ctrl+Shift+L】组合键可退出筛选状态。

6.2.2 自定义条件筛选

　　如果通过条件筛选不能筛选出目标数据，则可以通过自定义条件的方式进行筛选，自定义筛选不仅可以筛选数据，还可以筛选文本、颜色等。如图 6-18 所示为文本筛选器和数字筛选器。

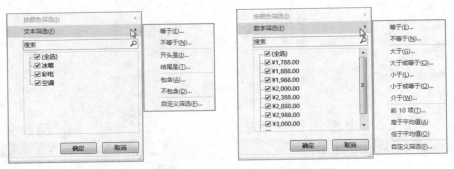

图 6-18　文本筛选器和数字筛选器

【注意】在使用自定义筛选对数据进行处理的时候，首先要弄清楚文本或数据内在的逻辑联系，是与、或的关系，等于或不等于的关系，还是包含或被包含的关系，不同的逻辑关系，其设置条件的方法略有不同。

[分析实例]——筛选 50 岁以下且一次性津贴在 10 万～15 万的教授

下面以在"特聘教授名单"工作簿中将年龄在 50 岁以下且一次性津贴在 10 万～15 万的教授筛选出来为例，介绍自定义筛选的操作方法。如图 6-19 所示为筛选数据前后的对比效果。

编号	姓名	年龄	性别	专业	一次性津贴
BH2016121001	杨娟	45	女	社会学	12万
BH2016121002	李棱	51	女	统计学	30万
BH2016121003	张嘉	52	男	情报学	10万
BH2016121004	谢晋	51	男	行政管理	16万
BH2016121005	曹密	46	男	情报学	12万
BH2016121006	康新如	50	男	人类学	10万
BH2016121007	马涛	46	女	社会保障	10万

◎下载/初始文件/第 6 章/特聘教授名单.xlsx

编号	姓名	年龄	性别	专业	一次性津贴
BH2016121001	杨娟	45	女	社会学	12万
BH2016121005	曹密	46	男	情报学	12万

◎下载/最终文件/第 6 章/特聘教授名单.xlsx

图 6-19　筛选数据前后的对比效果

其具体的操作步骤如下。

Step01 打开素材文件，❶选择任意数据单元格，按【Ctrl+Shift+L】组合键进入筛选状态，❷单击 B2 单元格右侧的下拉按钮，❸在弹出的筛选器中选择"数字筛选/小于"命令，如图 6-20 所示。

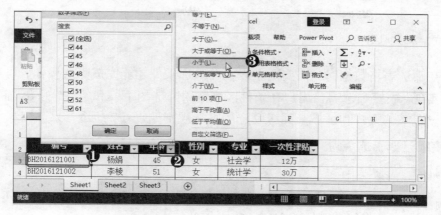

图 6-20   选择 "小于" 命令

Step02 ❶在打开的 "自定义自动筛选方式" 对话框中设置年龄小于 50 的筛选条件，❷单击 "确定" 按钮即可，如图 6-21 所示。

Step03 ❶单击 F2 单元格右侧的下拉按钮，❷在打开的筛选器中选择 "文本筛选/自定义筛选" 命令，如图 6-22 所示。

图 6-21   设置筛选条件

6-22   选择 "自定义筛选" 命令

Step04 ❶在打开的 "自定义自动筛选方式" 对话框的第一个下拉列表框中选择 "小于"，❷在其右侧的下拉列表框中选择 "15 万" 选项，❸选中 "与" 单选按钮，在第二个条件中设置为大于 10 万，❹最后单击 "确定" 按钮，如图 6-23 所示。

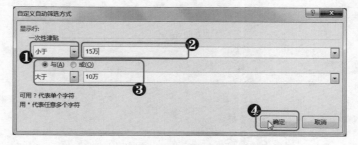

图 6-23   设置第二次筛选的条件

6.2.3 高级筛选

如果在筛选表格数据时，需要两个以上的筛选条件才能完成筛选操作，可以借助高级筛选来实现。高级筛选需要用户在条件区域输入筛选的字段和条件，并在"高级筛选"对话框中设置筛选方式和区域，高级筛选的筛选规则如表 6-2 所示。

表 6-2　高级筛选筛选规则

筛选规则	具体介绍
规则1	条件区域的第一行为条件的列标签行，其内容为数据表的各列标签名，条件标签行下至少有一行用来定义筛选条件
规则2	要筛选同时满足两个以上列标签条件的记录，可在条件区域的同一行中对应的列标签下输入各个条件，各条件之间的逻辑关系为"与"
规则3	如果某个字段具有两个以上筛选条件，可在条件区域中对应的列标签下的单元格中依次键入各个条件，各条件之间的逻辑关系为"或"
规则4	要筛选满足多组条件之一的记录，可将各组条件输入在条件区域中的不同行上

 [分析实例]——筛选出单科成绩和文综成绩都好的学生

在"学生成绩表"工作簿中将语文成绩高于 106 分、数学成绩高于 113 分、英语成绩高于 120 分和文综成绩高于 206 分的学生数据筛选出来，以此为例介绍高级筛选的操作方法。如图 6-24 所示为筛选数据前后的对比效果。

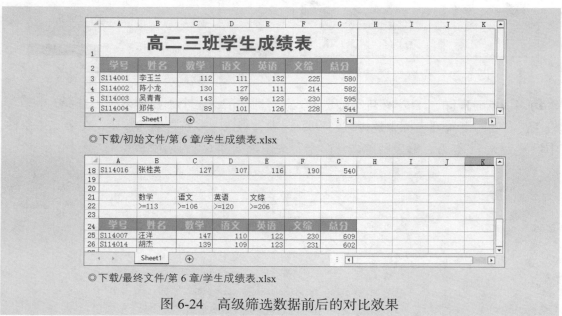

◎下载/初始文件/第 6 章/学生成绩表.xlsx

◎下载/最终文件/第 6 章/学生成绩表.xlsx

图 6-24　高级筛选数据前后的对比效果

其具体的操作步骤如下。

Step01 打开素材文件，❶在 B21:E21 单元格区域输入筛选的字段，在 B22:E22 单元格区域输入筛选数据需要满足的条件，❷选择数据表中任意数据单元格，❸在"数据"选项卡中单击"高级"按钮，如图 6-25 所示。

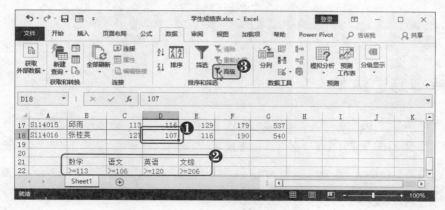

图 6-25　单击"高级"按钮

Step02 ❶在打开的"高级筛选"对话框中单击"条件格式"文本框右侧的▣按钮，❷在工作表中选择 B21:E22 单元格区域，❸单击对话框右侧的▣按钮，如图 6-26 所示。

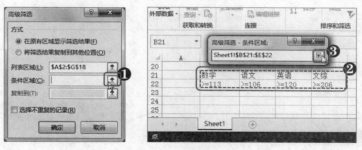

图 6-26　设置条件区域

Step03 ❶返回到"高级筛选"对话框中，选中"将筛选结果复制到其他位置"单选按钮，❷以同样的方式定位文本插入点到"复制到"文本框，❸选择 A24 单元格，❹单击"确定"按钮即可，如图 6-27 所示。

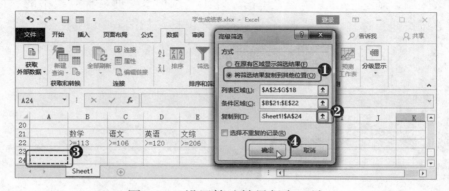

图 6-27　设置筛选结果保存区域

> **提个醒：关于列表区域的说明**
>
> 在打开"高级筛选"对话框之前，如果选择了需要筛选的数据区域的任意数据单元格，打开对话框后，程序自动将选择的单元格所在的数据区域添加到"列表区域"文本框中；如果选择数据区域以外的空白单元格，则打开该对话框后，"列表区域"文本框中为空白。

6.2.4 保存筛选结果

筛选数据只能暂时显示筛选结果，当退出筛选状态后，筛选结果就消失了，如果用户想单独将筛选出的数据保存下来时，就需要应用到保存筛选结果的操作方法。

下面以将 6.2.2 中实例"特聘教授名单"工作簿筛选结果保存在新的工作表中为例，介绍保存筛选结果的操作。

在打开的素材文件中，选择任意数据单元格区域，单击"开始"选项卡"编辑"组中的"查找和选择"下拉按钮，选择"定位条件"命令。在打开的"定位条件"对话框中选中"当前区域"单元按钮，单击"确定"按钮，如图 6-28 所示。

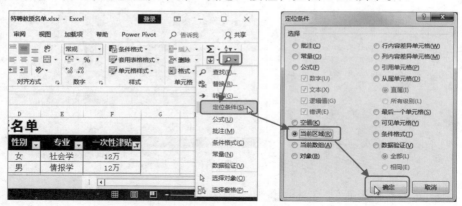

图 6-28　选择当前数据区域

复制该区域，新建空白工作表，单击"开始"选项卡"剪贴板"组中的"粘贴"按钮下方的下拉按钮，选择"保留源格式"选项即可粘贴如图 6-29 所示。

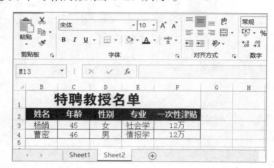

图 6-29　保存筛选结果

6.3 使用条件格式分析数据

在工作表中使用条件格式功能，可以突出显示满足条件的单元格或单元格区域，起到强调特殊值的作用，还可以使用颜色刻度、数据条和图标集来直观地显示数据之间的大小关系。

6.3.1 突出显示单元格数据

突出显示单元格数据是指根据用户预定的条件，突出显示符合条件的数据，常用的预定条件有大于、小于、等于、介于和文本包含等。

用户可以单击"开始"选项卡"样式"组中的"条件格式"下拉按钮，选择"突出显示单元格规则"命令，在其子菜单中即可查看预定条件。

[分析实例]——突出显示销售额超过百万的产品

下面以在"产品销量统计"工作簿中将销售额超过百万的单元格突出显示为例，具体介绍突出显示数据的操作方法。如图 6-30 所示为突出显示数据前后的对比效果。

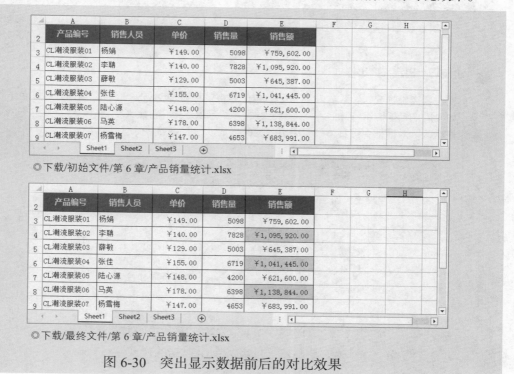

◎下载/初始文件/第 6 章/产品销量统计.xlsx

◎下载/最终文件/第 6 章/产品销量统计.xlsx

图 6-30 突出显示数据前后的对比效果

其具体的操作步骤如下。

Step01 打开素材文件，❶选择 E3:E9 单元格区域，❷单击"开始"选项卡"样式"组中的"条件格式"下拉按钮，❸在弹出的下拉菜单中选择"突出显示单元格规则/大于"命令，如图 6-31 所示。

Step02 ❶在打开的"大于"对话框中的"为大于以下值的单元格设置格式"文本框中输入"1000000"，❷单击"设置为"下拉列表框，设置填充色为"绿填充色深绿色文本"，❸单击"确定"按钮即可，如图 6-32 所示。

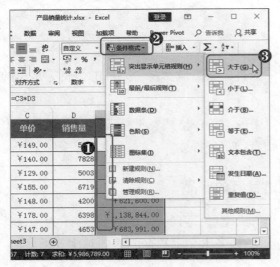

图 6-31 选择"大于"命令

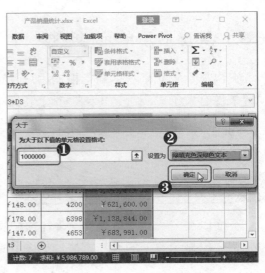

图 6-32 设置突出显示条件

小技巧：自定义突出样式

在设置突出样式时，系统内置了几种样式，如浅红色填充样式、红色文本样式和红色边框样式等。如果用户希望使用特殊的样式来突显数据，则可以选择"自定义格式"命令，在打开的"设置单元格格式"对话框中可具体设置突出数据的样式，如图 6-33 所示。

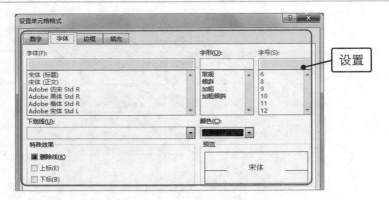

图 6-33 自定义突出数据的样式

6.3.2 使用数据条展示数据大小

所谓的数据条就是带有颜色的矩形，数据值越大，其对应的数据条也就越长。所以通过数据条的长度可以直观展示数据的大小情况。

下面在"地区销售统计"工作簿中使用数据条展示各地区销售情况，首先需要选择要使用数据条展示的表格区域，单击"开始"选项卡"样式"组中的"条件格式"下拉按钮，然后在弹出的下拉菜单中选择"数据条/其他规则"命令，在打开的"新建格式规则"对话框中单击"条形图外观"栏中的第一个"颜色"下拉列表框，选择合适的颜色，设置条形图的方向为"从右到左"，单击"确定"按钮即可，如图 6-34 所示。

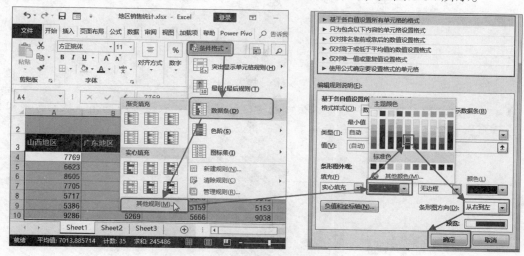

图 6-34　设置数据条展示数据

设置数据条显示后，所有选择的数据都会在其单元格中按数值的大小分别显示不同的数据条长短，如图 6-35 所示。

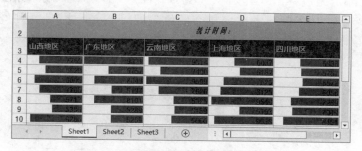

图 6-35　数据条展示数据的最终效果

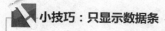
小技巧：只显示数据条

如果只需要显示数据条，并不希望将数据显示出来，则可以在"新建格式规则"对话框中选中"仅显示数据条"复选框即可。

6.3.3 使用色阶设置条件格式

Excel 2016 中提供的色阶条件格式可以直观地通过颜色来显示数据的大小，帮助用户了解数据的分布和变化。色阶又分为两种，一种是双色刻度，另一种是三色刻度。

◆ **双刻度突显数据**：使用双色刻度突显数据，能很好地突出数据中的极值，让用户方便观察数据间的程度差异，如图 6-36 所示的效果。

	A	B	C	D	E	F	G	H	I
2	学号	姓名	数学	语文	英语	文综	总分		
3	S114001	李玉兰	112	111	132	225	580		
4	S114002	陈小龙	130	127	111	214	582		
5	S114003	吴青青	143	99	123	230	595		
6	S114004	郑伟	89	101	126	228	544		
7	S114005	何大鹏	109	103	113	201	526		
8	S114006	刘晓莉	111	106	121	198	536		
9	S114007	汪洋	147	110	122	230	609		
10	S114008	李静	87	104	131	197	519		
11	S114009	赵志宇	56	115	149	199	519		

图 6-36　双色刻度突出数据

◆ **三刻度突显数据**：三色刻度不仅可以突显极值，还可以突显中间值，从而方便用户观察数据的程度倾向，如图 6-37 所示的效果。

	A	B	C	D	E	F	G	H	I
2	学号	姓名	数学	语文	英语	文综	总分		
3	S114001	李玉兰	112	111	132	225	580		
4	S114002	陈小龙	130	127	111	214	582		
5	S114003	吴青青	143	99	123	230	595		
6	S114004	郑伟	89	101	126	228	544		
7	S114005	何大鹏	109	103	113	201	526		
8	S114006	刘晓莉	111	106	121	198	536		
9	S114007	汪洋	147	110	122	230	609		
10	S114008	李静	87	104	131	197	519		
11	S114009	赵志宇		115	149	199	519		

图 6-37　三色刻度突出数据

其设置方式都是通过单击"开始"选项卡"样式"组中的"条件格式"下拉按钮，选择"色阶"命令，在其子菜单中选择相应的色阶即可。除此之外，用户也可以选择"其他规则"命令，在打开的"新建格式规则"对话框中自定义色阶规则，如图 6-38 所示。

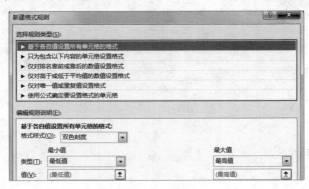

图 6-38　新建单元格的色阶规则

6.3.4 使用图标集设置条件格式

在条件格式中比较数据还有另一种方式，即使用图标集，通过图标的填充空间来展示数据的大小，如图 6-39 所示。

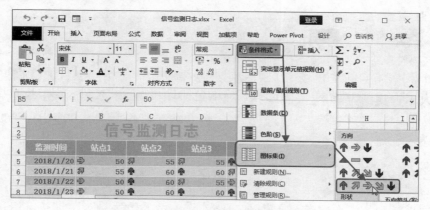

图 6-39　使用图标集展示数据

【注意】图标集与数据条相比，对比强度稍微弱一些，不过在某些工作表中使用图标集更加适合，如信号检测中展示数据的增减情况、销量的上升或下降等。

下面将以使用图标集显示"信号监测日志"工作簿中各监测点的信号强弱情况为例，介绍通过图标集表示数据大小的具体方法。

打开"信号监测日志"工作簿，选择 B5:E16 单元格区域，单击"开始"选项卡"条件格式"按钮。在"条件格式"下拉菜单中选择"图标集"命令，在其子菜单中选择一种图标集选项即可，如图 6-40 所示。

图 6-40　使用图标集展示数据的操作

其最终效果如图 6-41 所示，用户可以清晰地查看到站点数据的变化情况，方便对数据进行分析。在"图标集"子菜单中可以通过选择"其他规则"命令，在打开的对话框中自定义图标集规则。

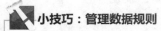

▲	A	B	C	D	E	F	G
4	监测时间	站点1	站点2	站点3	站点4		
5	2018/1/20	50	55	55	60		
6	2018/1/21	55	60	60	55		
7	2018/1/22	50	60	55	50		
8	2018/1/23	50	60	60	60		
9	2018/1/24	45	60	55	65		
10	2018/1/25	50	60	50	60		
11	2018/1/26	50	60	60	55		

图 6-41　使用图标集效果展示

小技巧：管理数据规则

在"条件格式"下拉菜单中选择"管理规则"命令，在打开的"条件格式规则管理器"对话框中的"显示其格式规则"下拉列表中选择"当前工作表"选项，即可对当前工作表中的规则进行管理，如图 6-42 所示。

图 6-42　管理条件格式规则

6.4　数据的分类汇总

在一个数据繁多的工作表中，如果用户需要对其中的相同项目的数据进行汇总处理，利用人工查找的方法是比较费时的。Excel 为用户提供了数据的分类汇总功能，该功能可以按照不同级别分类显示数据，并对数据进行汇总，更加方便用户管理数据。

6.4.1　创建分类汇总

对数据进行分类汇总之前，首先要确认工作表中的数据是否按汇总字段进行排序，如果没有，就需要根据汇总字段重新排序工作表，然后创建分类汇总。

[分析实例]——将各部门的工资数据进行分类汇总

下面将以在"员工工资表"工作簿中按部门汇总应发金额为例，介绍创建分类汇总的具体操作。如图 6-43 所示分类汇总前后的对比效果。

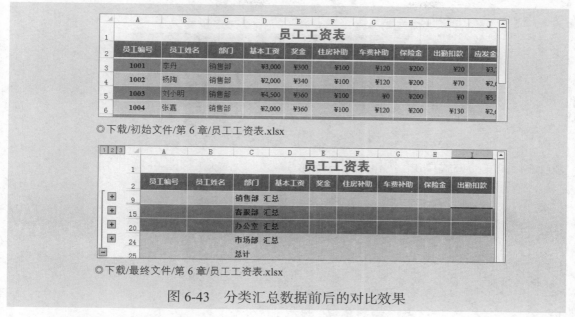

◎下载/初始文件/第 6 章/员工工资表.xlsx

◎下载/最终文件/第 6 章/员工工资表.xlsx

图 6-43　分类汇总数据前后的对比效果

其具体操作步骤如下。

Step01 打开素材文件，❶选择任意数据单元格，❷单击"数据"选项卡"分级显示"组中的"分类汇总"按钮，如图 6-44 所示。

Step02 ❶在打开的"分类汇总"对话框中的"分类字段"下拉列表框中选择"部门"选项，❷选中"应发金额"复选框，❸单击"确定"按钮即可，如图 6-45 所示。

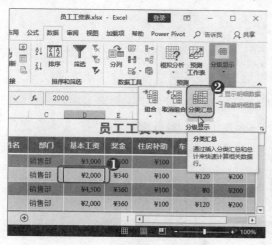

图 6-44　单击"分类汇总"按钮

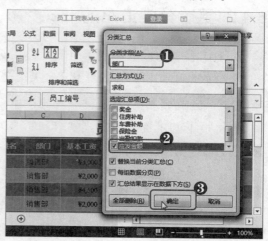

6-45　设置分类汇总

Step03 完成操作返回工作表中即可查看到工作区的左侧自动打开了一个任务窗格，并以级别 3 的方式显示分类汇总的数据，单击任务窗格中的☑按钮，则可只显示 2 级分类汇总，如图 6-46 所示。

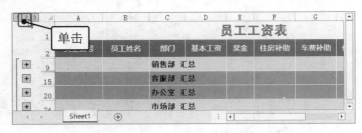

图 6-46　显示 2 级分类汇总

Step04 同样的方式单击□按钮，则只显示 1 级分类汇总，如图 6-47 所示。

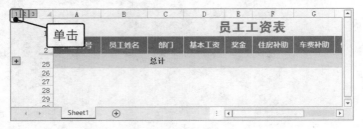

图 6-47　显示 1 级分类汇总

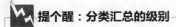
提个醒：分类汇总的级别

　　在 Excel 中，分类汇总分为 3 个级别，不同的级别，其显示的数据内容不同。级别 3 显示的数据最详细，级别 2 显示汇总字段的数据，级别 1 只显示所有汇总关键字的数据。

6.4.2　更改分类汇总的方式

　　对工作表中的数据创建了分类汇总后，如果需要更改分类汇总，可以选择该工作表中的任意数据单元格，再次打开"分类汇总"对话框，在其中重新设置"分类字段"、"汇总方式"和"选定汇总项"参数，单击"确定"按钮即可。

　　如将员工的工资汇总方式"求和"改为求"最大值"，则可以重新打开"分类汇总"对话框，在"汇总方式"下拉列表中选择"最大值"选项即可，如图 6-48 所示。

图 6-48　更改分类汇总方式

6.4.3 显示和隐藏分类汇总明细

创建分类汇总以后，用户可以更具实际需要选择显示或隐藏分类汇总级别。在 Excel 中显示和隐藏分类汇总明细数据的方法有两种，分别是通过任务窗格完成和通过命令完成，下面分别进行介绍。

◆ **通过任务窗格完成**：单击分类汇总任务窗格中的⊟按钮，可隐藏相应级别的数据，只显示该级别的汇总数据，且⊟按钮将变为⊞按钮，单击⊞按钮可显示被隐藏的数据，如图 6-49 所示。

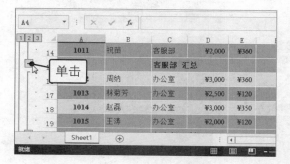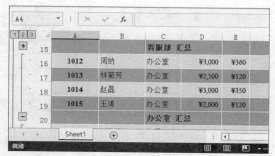

图 6-49　通过任务窗格显示/隐藏汇总明细

◆ **通过命令完成**：选择需要隐藏的任意数据单元格，单击"数据"选项卡"分级显示"组中的"隐藏明细数据"按钮可将数据隐藏；如果需要显示数据明细，则单击"数据"选项卡"分级显示"组中的"显示明细数据"按钮即可恢复显示，如图 6-50 所示。

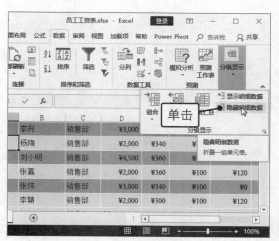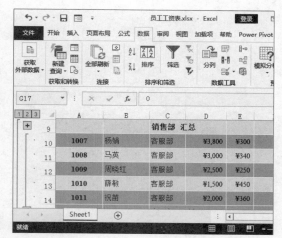

图 6-50　通过命令显示/隐藏汇总明细

6.4.4 删除分类汇总

当用户不再需要分类汇总时，可以通过 Excel 的删除分类汇总功能，将工作表中创建的分类汇总删除。

【**注意**】如果在分类汇总之前数据进行了排序，在删除分类汇总之后就不能恢复数据的排序。

删除分类汇总的方法是：在创建了分类汇总的工作表中任意选择一个数据单元格，在"数据"选项卡"分级显示"组中单击"分类汇总"按钮，在打开的对话框中直接单击"全部删除"按钮即可，如图 6-51 所示。

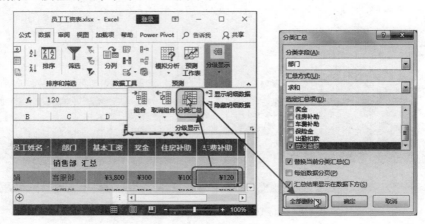

图 6-51　删除分类汇总

第7章
使用公式和函数快速处理数据

如果要计算表格中的数据，手动计算难免会出现错误且计算效率较低。使用 Excel 强大的公式和函数计算功能，能够帮助用户快速完成一些商务运算，提高工作效率。本章主要从单元格的引用、公式和函数的入门、数组函数的使用以及常见函数的应用几方面介绍使用公式和函数快速处理数据的方法。

|本|章|要|点|

· 单元格引用相关知识
· 公式和函数的基础知识
· 使用数组公式
· 常用函数的应用

7.1 单元格引用相关知识

对单元格所在坐标位置进行标注，不仅能够在公式中使用不同位置所包含的数据或是同一个位置的数据，而且还可以使用不同工作表或是不同工作簿中某一位置的数据。

7.1.1 相对引用、绝对引用和混合引用

根据引用方式的不同，单元格的引用可分为 3 种类型，分别是相对引用、绝对引用以及两种引用方式同时用于一个地址的混合引用。下面分别对这 3 种引用方式进行详细介绍。

（1）相对引用

默认情况下，在 Excel 中使用的是相对引用的方式，即复制包含公式的数据单元格时，粘贴到单元格的结果会随着相应单元格中的数据变化而变化，从而影响运算结果，如图 7-1 所示。

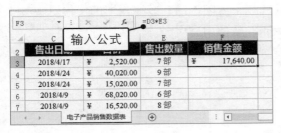

图 7-1　相对引用单元格

（2）绝对引用

绝对引用与相对引用的区别在于，绝对引用单元格的列标和行号之前加上了 "$" 符号。使用绝对引用功能后，公式中的单元格地址不会发生改变，如图 7-2 所示。

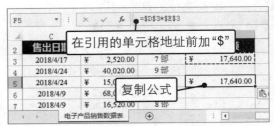

图 7-2　相对引用单元格

（3）混合引用

混合引用是指在一个单元格地址中，即有相对引用，又有绝对引用，其特征是在单元格的行号或者列标前出现"$"符号，使用了混合引用后，若改变单元格地址，则相对引用的单元格地址改变，而绝对引用的单元格地址不变。如图 7-3 所示为混合引用单元格公式后得出的不同结果。

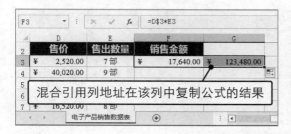

图 7-3　混合引用单元格

7.1.2　定义名称代替单元格地址

定义单元格名称是指将用单元格或单元格区域定义成一个直观的名称，这些名称可以加入到公式或函数中进行运算，使公式或函数的结构更加清晰。如图 7-4 所示为使用定义名称进行运算的实例。

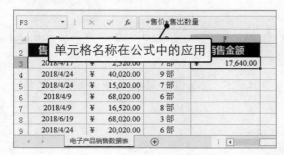

图 7-4　定义单元格名称进行运算

▰ [分析实例]——自定义单元格名称并进行计算

以在"福利汇总表"工作簿中定义各项福利的单元格值为列名，并进行求和计算为例，讲解定义单元格名称并进行计算相关操作。如图 7-5 所示为定义单元格名称并计算前后的对比效果。

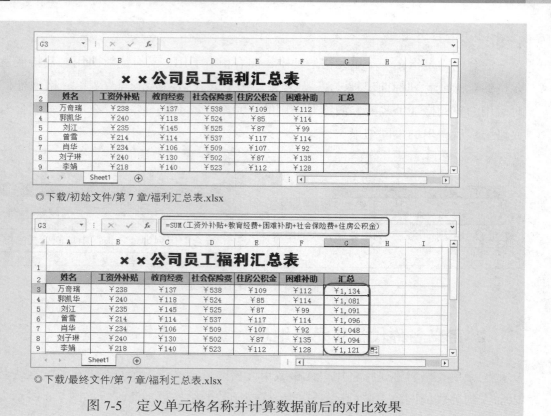

◎下载/初始文件/第 7 章/福利汇总表.xlsx

◎下载/最终文件/第 7 章/福利汇总表.xlsx

图 7-5 定义单元格名称并计算数据前后的对比效果

其具体的操作步骤如下。

Step01 打开素材文件，❶选择 B3:B18 单元格区域，❷单击"公式"选项卡"定义的名称"组中的"定义名称"按钮，如图 7-6 所示。

Step02 ❶在打开的"新建名称"对话框中的"名称"文本框中输入该列的表头名称，❷单击"确定"按钮，如图 7-7 所示。

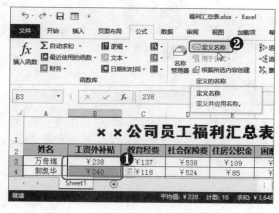

图 7-6 单击"定义名称"按钮 　　　　7-7 定义名称操作

Step03 以同样的方式将"C3:C18"、"D3:D18"、"E3:E18"和"F3:F18"单元格区域设置为对应的名称，❶将文本插入点定位到 G3 单元格中，输入"=SUM()"，并将文本插入点定位到括号中，❷单击"公式"选项卡"定义的名称"组中的"用于公式"下拉按钮，❸选择"工资外补贴"选项，如图 7-8 所示。

Step04 ❶输入"+"，以同样的方式依次选择用于公式的名称并用"+"链接，完成输入后按【Enter】键即可，❷使用填充柄将其他行进行复制运算，如图 7-9 所示。

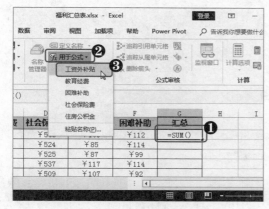

图 7-8 使用公式进行计算

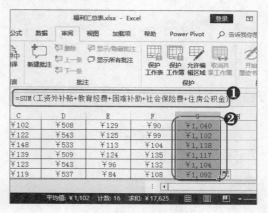

7-9 复制公式运算

小技巧：管理名称

完成名称的设置或应用后，用户可以单击"公式"选项卡"定义的名称"组中的"名称管理器"按钮，在打开的"名称管理器"对话框中即可对名称进行管理，如图 7-10 所示。

图 7-10 管理名称

7.1.3 在其他工作表中引用数据

在同一工作簿的不同工作表中引用单元格时，需要在单元格之前加上工作表的名称和感叹号，例如"Sheet1!A3:B3"，如图 7-11 所示；如果要引用同一工作簿中多张工作表上的相同单元格或单元格区域，则在感叹号前面加上工作表名称的范围即可，例如"=SUM(Sheet1:Sheet2!A1)"，如图 7-12 所示。

图 7-11　引用一张工作表中的数据

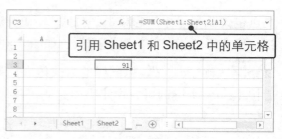

图 7-12　引用多张工作表中的数据

7.1.4　引用其他工作簿中的单元格

引用不同工作簿中的单元格时，应该在编辑栏中输入引用格式为"=[工作簿名称]工作表名称!单元格地址"，下面以具体的例子进行讲解。

这里以在"电器销售分析表"工作簿中引用"电器采购表"工作簿中的购入金额数据为例进行讲解，首先需要查看"电器采购表"中的工作表名称，如图 7-13 所示，在"电器销售分析表"工作簿中的"业务员 1"工作表中 D3 单元格中输入"=[电器采购表.xlsx]采购记录表!G3"，如图 7-14 所示。

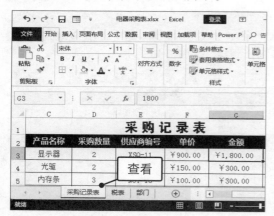

图 7-13　查看电器采购表中的数据

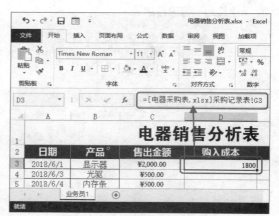

图 7-14　引用单元格数据

当用户关闭被引用单元格的工作簿后，公式将自动变为"'工作簿存储地址[工作簿名称]工作表名称'!单元格地址"，如图 7-15 所示。

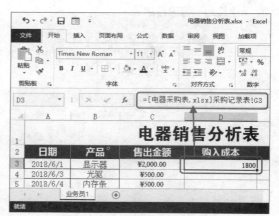

图 7-15　关闭被引用单元格的工作簿后的效果

7.2　公式和函数的基础知识

公式是 Excel 进行数据处理的最常用的工具之一，通过公式的应用，用户可以快速计算单元格中的数据结果，并从中整理出数据的关系。而 Excel 中的函数其实就是一些预定义的公式，不需要用户手动编写，直接使用函数可以快速得出结果。但是 Excel 中的公式和函数与我们日常生活中熟悉的公式和函数有所差别，因此，我们必须掌握公式和函数应用的基本知识。

7.2.1　公式和函数的概念和组成

在介绍单元格引用时，已经接触到了公式和函数，下面分别对公式和函数的概念和结构进行介绍。

（1）公式的概念及结构

公式指的是在工作表中执行计算的等式，通常以 "=" 开始，等号后由数值、字符串、运算符、函数及参数、字符或单元格地址等元素组成，其结构如图 7-16 所示。

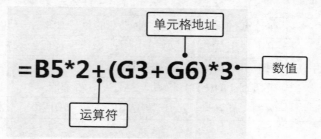

图 7-16　公式的结构

◆ **数值或字符串**：可以是数值、文本等各种字符串，例如，数值 "20"，产品名称文本 "新 QB005" 等。

◆ **运算符**：与日常使用的运算符号相似，用于数据的特定类型的运算，如 "+（加号）"、"-（减号）"、"*（乘号）"、"/（除号）"、"&（文本连接符）" 和 ",（逗号）" 等。

◆ **单元格地址**：包括单个单元格、单元格区域、同一工作簿中其他工作表中的单元格或其他工作簿中某张工作表中的单元格的地址。

（2）函数的相关基础介绍

函数是通过各种参数形成特定的结构，用以对工作表中的数值进行计算，从而返回另一个值。与公式相似，函数也有自己的结构，函数主要由函数名、函数参数等构成，如图 7-17 所示。

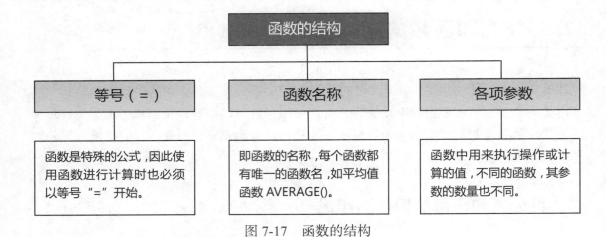

图 7-17　函数的结构

在函数的运算过程中，参数的作用十分明显，不同的函数其参数的类型和数量也不相同，参数的类型也决定了返回值的类型。常见的函数参数类型有常量、数组常量、单元格引用、逻辑值和错误值等，其各自的含义如表 7-1 所示。

表 7-1　参数的类型与含义

参数类型	具体含义
常量	在计算过程中值不会发生改变的量，如数字"50"、文本"一组"
数组常量	用于数组公式中的数组引用，相当于普通公式中的常量
单元格引用	用于引用指定单元格中的数据
逻辑值	包括真（TRUE）和假（FALSE）两个值
错误值	例如"#######"、"#NAME"、"#DIV/0！"和"#N/A"等

提个醒：括号的作用

在函数结构中，括号也是函数的组成部分之一。而且函数中的括号都是在英文输入状态下，以成对方式出现的，因此在编写或修改函数时首先要输入成对的括号，避免发生错误。

在使用函数之前，用户首先需要了解函数的分类，在 Excel 中，为用户提供了多种类别的函数，下面具体介绍几种常用类别的函数，如表 7-2 所示。

表 7-2　常见函数类型及其含义

函数类型	具体含义
财务函数	用于计算与财务相关数据。如AMORLINC()函数可返回每个记账期的折旧值；EFFECT()函数可返回有效的年利率
日期与时间函数	用于分析或处理与日期和时间有关的数据。如DAY()函数可将序列号转换为月份日期
数学与三角函数	用于计算数学和三角方面的数据，其中三角函数的单位为弧度，而不是角度。如RAND()函数可返回0～1的一个随机数

续表

函数类型	具体含义
统计函数	用于统计分析一定范围内的数据，如SUM()函数可统计多个数据的总和；MIN()函数可统计一组值中的最小值
查找与引用函数	用于查找或引用列表或表格中的指定值。如VLOOKUP()函数可在数组第1列中查找，然后在行之间移动以返回单元格的值；COLUMN()函数可返回引用的列标
文本函数	用于处理公式中的文本字符串。如LOWER()函数可将文本转换为小写；TRIM()函数可删除文本中的空格
逻辑函数	用于测试是否满足某个条件，并判断逻辑值。该类函数只包含AND()、FALSE()、IF()、IFNA()、IFERROR()、NOT()、OR()、TRUE()、XOR()这9个函数

提个醒：Web 类型的函数

Excel 函数还包括一种类型的函数——Web 函数，Web 类型函数有 3 种：ENCODEURL()、FILTERXML()和 WEBSERVICE()函数，意义在于将 Web 语言返回特定的数值或编码。

7.2.2 公式中常见的运算符号

前面提到了运算符是构成公式的基本元素之一，运算符的类型直接决定了对数据执行计算的类型。在 Excel 工作表中，运算符的类型可以分为数学运算符、文本连接运算符、比较运算符和引用运算符 4 种类型，具体介绍如表 7-3 所示。

表 7-3 4 种运算符及其介绍

运算符	介绍
数学运算符	用于进行基本的数学运算，如四则运算、平方运算等。常见的数学运算符有+（加号）、-（减号）、%（百分比）和^（乘幂运算）等
文本连接运算符	用和号（&）加入或连接其他字符串，从而产生一个新的字符串，例如输入 "="王"&"女士""产生的结果是 "王女士"
比较运算符	用于比较两个不同数据的值，其结果将返回逻辑值FALSE或TRUE，常见的比较运算符有=（等号）、<>（不等号）、>（大于）、<（小于）、>=（大于等于）和<=（小于等于）
引用运算符	常见的引用运算符有3种，分别是区域运算符:（冒号），在两个引用之间的所有单元格的引用，如A1:A12；联合运算符,（逗号），将多个引用合并为一个引用，如SUM(A1:A5,B1:B5)；交叉运算符（空格），产生对两个引用共有的单元格的引用，如(B4:D4,B5:B8)

7.2.3 公式运算的优先级

在 Excel 2016 中使用公式进行快速运算时，公式并非完全按从左至右的顺序依次运算的，公式的优先级顺序对返回值有着绝对的影响，本节将向大家介绍公式运算中的优先级顺序。

【注意】当一个公式中包括多个不同的运算符号时，可以按照表 7-4 所示的顺序进行优先级运算；如果出现多个同级的，按从左至右的顺序进行计算。

表 7-4　常见运算符的优先级

运算符	说明
：（冒号）　（单个空格）　，（逗号）	引用运算符，优先级别最高
－（负号）	数学运算符，优先级别排第二，其同级运算符的优先顺序为：负数→百分比→乘方→乘和除→加和减
％（百分比）	
^（乘方）	
*和/（乘和除）	
+和－（加和减）	
&（和）	文本连接符，优先级别排第三
=　<　>　<=　>=　<>	比较运算符，最后运算

除此之外，用户还可以在运算符较多的公式中通过括号来改变运算的顺序。在所有运算符中括号的优先级最高，需要最先计算括号中的内容，因此，也可用括号来改变运算顺序。

7.2.4 使用公式的常见问题

用户在使用 Excel 的过程中可能都会遇到一些错误值信息：#N/A！、#VALUE！和 #DIV/O！等。出现这些错误的原因有很多种，如果公式不能计算正确的结果，Excel 将显示一个错误值。例如，在需要数字的公式中使用文本、删除了被公式引用的单元格，或者使用了宽度不足以显示结果的单元格。以下是几种常见的错误及其解决方法，如表 7-5 所示。

表 7-5　常见错误代码以其产生的原因与解决办法

错误代码	产生原因及解决办法
#VALUE!	当使用错误的参数或运算对象类型时，或者当公式自动更正功能不能更正公式时，将产生错误值#VALUE!。确认公式或函数所需的运算符或参数正确，并且公式引用的单元格中包含有效的数值
#DIV/O!	当公式被零除时，将会产生错误值#DIV/O!。修改单元格引用，或者在用作除数的单元格中输入不为零的值

续表

错误代码	原因及解决办法
#NAME?	在公式中使用了Excel不能识别的文本时将产生错误值#NAME?。确认使用的名称确实存在。修改拼写错误的名称
#N/A	当在函数或公式中没有可用数值时，将产生错误值#N/A。如果工作表中某些单元格暂时没有数值，请在这些单元格中输入"#N/A"，公式在引用这些单元格时，将不进行数值计算，而是返回#N/A
#REF!	当单元格引用无效时将产生错误值#REF!。更改公式或者在删除或粘贴单元格之后，立即单击"撤销"按钮，以恢复工作表中的单元格
#NUM!	当公式或函数中某个数字有问题时将产生错误值#NUM!。确认函数中使用的参数类型正确无误。为工作表函数使用不同的初始值
#NULL!	当试图为两个并不相交的区域指定交叉点时将产生错误值#NULL!。如果要引用两个不相交的区域，请使用联合运算符逗号。公式要对两个区域求和，请确认在引用这两个区域时，使用逗号

7.2.5 常见的函数插入方法

在使用函数对工作表中的数据进行计算时，需要在返回值的单元格中输入函数。Excel 有 4 种输入函数的方法，分别是使用函数库输入函数、通过名称框输入函数、通过编辑栏输入函数以及在单元格中手动输入函数，下面分别对这 4 种函数输入方式进行介绍。

（1）使用函数库输入函数

函数库是 Excel 为用户提供的一个包含了多种常用函数模型的功能区域，从中可以选择合适的函数并快速套用。具体操作是：切换到"公式"选项卡，在"函数库"组中单击对应函数种类的按钮即可在其下拉菜单中选择需要的函数，如图 7-18 所示。

图 7-18　"函数库"组

 [分析实例]——插入函数计算学生的平均成绩

以在"学生成绩表"工作簿通过两种使用"函数库"组中的按钮插入函数的方法计算学生单科平均成绩为例，讲解使用函数库输入函数的相关操作。如图 7-19 所示为使用函数库输入函数并计算前后的对比效果。

	A	B	C	D	E	F	G	H	I	J	K
9	S114007	汪洋	147	110	122	230	609				
10	S114008	李静	87	104	131	197	519				
11	S114009	赵志宇	56	115	149	199	519				
12	S114010	徐菊花	124	121	124	180	549				
13	S114011	高芳	105	101	100	209	515				
14	S114012	邓文	90	99	101	190	480				
15	S114013	杨小翼	120	97	98	199	514				
16	S114014	胡杰	139	109	123	231	602				
17	S114015	邱雨	113	116	129	179	537				
18	S114016	张桂英	127	107	116	190	540				
19											

◎下载/初始文件/第 7 章/学生成绩表.xlsx

	A	B	C	D	E	F	G	H	I	J	K
10	S114008	李静	87	104	131	197	519				
11	S114009	赵志宇	56	115	149	199	519				
12	S114010	徐菊花	124	121	124	180	549				
13	S114011	高芳	105	101	100	209	515				
14	S114012	邓文	90	99	101	190	480				
15	S114013	杨小翼	120	97	98	199	514				
16	S114014	胡杰	139	109	123	231	602				
17	S114015	邱雨	113	116	129	179	537				
18	S114016	张桂英	127	107	116	190	540				
19	平均分		112.625	107.875	119.9375	206.25	546.6875				
20											

◎下载/最终文件/第 7 章/学生成绩表.xlsx

图 7-19 使用函数库输入函数并计算数据前后的对比效果

其具体的操作步骤如下。

Step01 打开素材文件，❶选择 A19 单元格，在其中输入文本"平均分"，❷选择 F19 单元格，如图 7-20 所示。

Step02 ❶单击"公式"选项卡"函数库"组中的"自动求和"按钮右侧的下拉按钮，❷在弹出的下拉菜单中选择"平均值"选项，按【Enter】键即可计算结果，如图 7-21 所示。

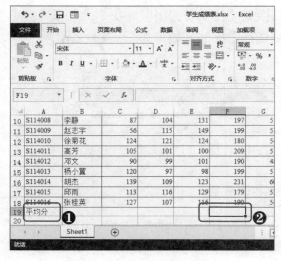

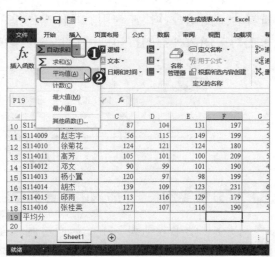

图 7-20 选择单元格

图 7-21 选择"平均值"选项

Step03 ❶选择 E19 单元格，然后单击"公式"选项卡中的"插入函数"按钮，❷在打开的"插入函数"对话框中的"或选择类别"下拉列表框中选择"统计"选项，❸在"选择函数"列表框中选择"AVERAGE"选项，❹单击"确定"按钮，如图 7-22 所示。

Step04 ❶在打开的"函数参数"对话框中设置单元格区域，❷单击"确定"按钮即可计算数据，如图 7-23 所示，然后以同样的方法计算其他科目的平均成绩。

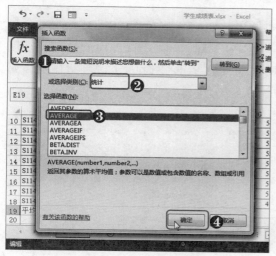

图 7-22　选择函数

图 7-23　设置函数参数

（2）通过名称框选择函数

与公式的输入方法相似，在名称框中选择函数也要以等号开始的，因此先选择返回值所在的单元格，然后输入等号，在名称框右侧的下拉列表中选择需要的函数选项（这里仅有几个备用函数选项待选，若要选择其他函数则需选择"其他函数"命令来打开"插入函数"对话框来进行选择），并在打开的"函数参数"对话框中输入参与计算的数据所在的单元格或单元格区域，单击"确定"按钮即可，如图 7-24 所示。

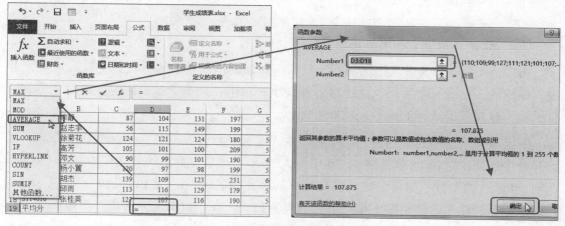

图 7-24　在名称框中选择函数

（3）通过编辑栏输入函数

在编辑栏中输入函数，首先选择返回值的单元格，然后在编辑栏中输入"="，并在等号之后输入目标函数即可。如果不记得完整的函数名，则可以输入关键字，在弹出的提示框中选择正确的函数。

下面将以在"产品订单表"工作表中插入计算付款金额的函数为例进行介绍，在打开的工作簿中选择 G4 单元格，然后在编辑栏中输入函数"=PR"，在弹出的浮动提示框中双击"PRODUCT"选项。输入"=PRODUCT(E4*F4)"，按【Enter】键确定输入，如图 7-25 所示。

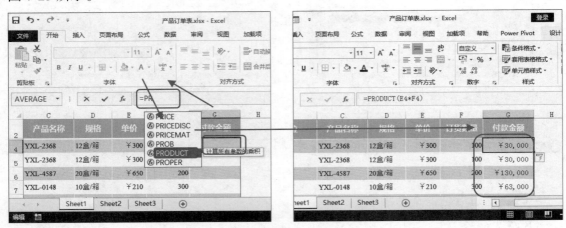

图 7-25　通过编辑栏输入函数

> **提个醒：PRODUCT()函数介绍**
>
> PRODUCT()函数是 Excel 中用于计算给出的数字的乘积，也就是将所有以参数形式给出的数字相乘，并返回乘积值。

（4）在单元格中手动输入函数

Excel 有一项公式键入记忆功能，只要选择返回值的单元格，在其中输入"="，并键入函数的一个或几个字母，系统将自动弹出一个下拉列表，展示出包含这些字母的所有函数，只要双击选择的函数提示即可键入。

下面以在"试用期考核表"工作表中输入求和函数计算考核总分为例进行介绍，在打开的工作簿中选择 I3 单元格，在其中输入"=S"，然后在弹出的列表框中双击"SUM"选项，在函数的参数值括号中输入参与计算的单元格区域地址"C3:H3"和")"，按【Enter】键确认函数的输入。然后向下拖动填充柄复制公式，在"自动填充选项"下拉选项中选中"不带格式填充"单选按钮，将公式复制到其他单元格中进行计算即可，如图 7-26 所示。

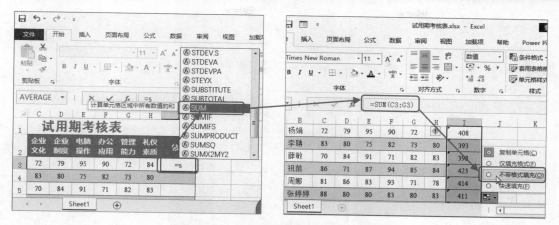

图 7-26　在单元格中手动输入函数

7.3　使用数组公式

数组公式可以认为是 Excel 对公式和数组的一种扩充，换句话说，是 Excel 公式在以数组为参数时的一种应用。Excel 中的数组公式非常有用，尤其在不能使用工作表函数直接得到结果时，数组公式显得特别重要，它可建立产生多值或一组值而不是单个值进行操作的公式。

7.3.1　认识数组公式

数组公式可以看成是有多重数值的公式。与单值公式的不同之处在于它可以产生一个以上的结果。一个数组公式可以占用一个或多个单元。数组公式的参数是数组，即输入有多个值；输出结果可能是一个，也可能是多个——这一个或多个值是公式对多重输入进行复合运算而得到的新数组中的元素。

输入数组公式首先必须选择用来存放结果的单元格区域（可以是一个单元格），在编辑栏输入公式，然后按【Ctrl+Shift+Enter】组合键确定数组公式，Excel 将在公式两边自动加上花括号"{}"。

【注意】用户在使用数组公式时，不要自己键入花括号，否则，Excel 认为输入的是一个文本字符。

下面以在"Excel 操作技巧"工作簿中快速计算 B2:B4 单元格区域中的字符数为例，介绍数组公式的使用方法。

首先需要选择存放返回值的单元格 C7，在编辑栏中输入"=SUM(LEN(B2:B4))"计算公式，此时直接按【Enter】键，单元格中会出现错误提示"#VALUE!"，用户还需按【Ctrl+Shift+Enter】组合键将其转换为数组公式才可以，此时公式两端会出现大括号，如图 7-27 所示。

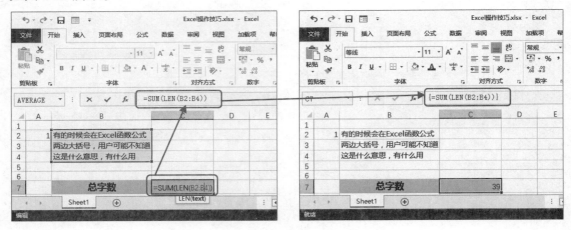

图 7-27 数组公式

7.3.2 使用数组公式进行计算

在了解了数组公式的基础知识和插入方法以后，接着介绍的是数组函数在实际工作中的运用。

[分析实例]——快速计算所有销售额

以在"地区销售统计表"工作簿中使用数组公式快速计算销售额为例，讲解使用数组函数的相关操作。如图 7-28 所示为使用数组公式计算数据前后的对比效果。

	销售人员	地区	订单数	单价	销售额
			地区销售统计表		
李康	华北地区	244	2000	
张灵	华北地区	355	2000	
周法定	华北地区	552	2000	
李东	华北地区	444	2000	
赵红	东北地区	612	2000	

◎下载/初始文件/第 7 章/地区销售统计表.xlsx

	销售人员	地区	订单数	单价	销售额
			地区销售统计表		
李康	华北地区	244	2000	488000
张灵	华北地区	355	2000	710000
周法定	华北地区	552	2000	1104000
李东	华北地区	444	2000	888000
赵红	东北地区	612	2000	1224000

◎下载/最终文件/第 7 章/地区销售统计表.xlsx

图 7-28 使用数组公式计算数据前后的对比效果

其具体的操作步骤如下。

Step01 打开素材文件，❶选择 E3:E17 单元格区域，在编辑址栏中输入"="，❷拖动选择 C3:C17 单元格区域，如图 7-29 所示。

Step02 ❶输入"*"，❷拖动选择 D3:D17 单元格区域，按【Ctrl+Shift+Enter】组合键即可计算结果，如图 7-30 所示。

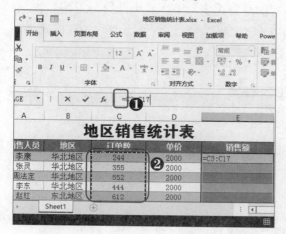

图 7-29　选择运算单元格区域

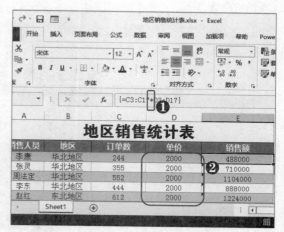

图 7-30　数组运算

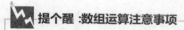

提个醒：数组运算注意事项

在对数组公式进行修改以后，需要再次按【Ctrl+Shift+Enter】组合键才能变为数组公式，用户在修改数组公式后应当注意这点。

7.4　常用函数的应用

在 Excel 中包含上百个函数，但实际工作中，不是每个函数都能派上用场。经常使用的并不多，例如常见的统计函数、逻辑函数或与用户从事的职业相关的行业函数，只要掌握这些常见函数的引用方法，就能对日常工作有所帮助。

本章的前部分内容中已经介绍了求和函数、平均值函数等的用法，这里主要补充余数函数、最值函数、排名函数以及 IF() 条件函数的使用方法。

7.4.1　余数函数的使用

余数函数即 MOD() 函数，其作用是指除以某个参数之后返回余下的数值。余数函数常常用于样本抽样、涉及时间或日期的计算以及循环的数据之中，下面以具体的实例进行介绍。

[分析实例]——使用余数函数进行快速分组

　　用户需要对一项有 20 人参加的比赛分成 5 组，参赛人员按报名顺序依次排号 1~20，为了避免人为分组可能出现的不公平，则可以借助余数函数进行分组，将余数为 0、1、2、3、4 的参赛人员分别分到一组中。下面就以在"项目分组表"工作表中计算分组编号为例，介绍余数函数的具体使用方法。如图 7-31 所示为使用余数函数进行分组前后的对比效果。

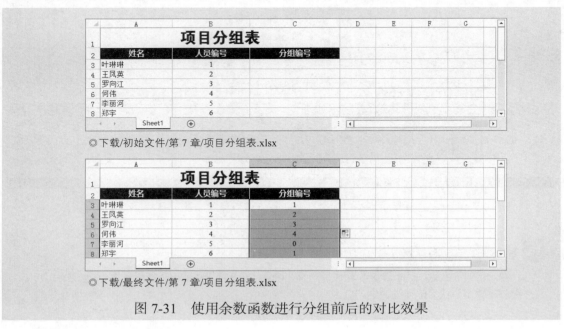

◎下载/初始文件/第 7 章/项目分组表.xlsx

◎下载/最终文件/第 7 章/项目分组表.xlsx

图 7-31　使用余数函数进行分组前后的对比效果

　　其具体的操作步骤如下。

Step01 打开素材文件，❶选择 C3 单元格，❷单击"公式"选项卡"函数库"组中的"插入函数"按钮，如图 7-32 所示。

Step02 ❶在打开的"插入函数"对话框中的"搜索函数"文本框中输入"MOD"，❷单击"转到"按钮，按【Enter】键即可，如图 7-33 所示。

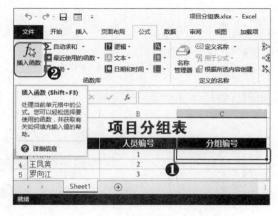

图 7-32　单击"插入函数"按钮　　　　　图 7-33　查找函数

Step03 在打开的"函数参数"对话框中的"Number"文本框中输入"B3",在"Divisor"文本框中输入"5",如图 7-34 所示。

Step04 单击"确定"按钮返回工作表中,使用填充柄复制函数,单击"自动填充选项"按钮,选中"不带格式填充"单选按钮,如图 7-35 所示。

图 7-34　设置参数

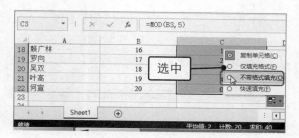

图 7-35　填充函数

7.4.2　最值函数的使用

最值函数也是在日常工作中常用的函数,该函数主要是用来定位最小值和最大值的函数,分别用 MIN()函数和 MAX()函数来进行计算,其具体作用及其语法结构如表 7-6 所示。

表 7-6　最值函数的介绍

函数名称	函数介绍
MIN()函数	MIN()函数表示从指定的单元格区域中返回数值最小的值,其语法结构为:MIN(Number1,Number2,…)
MAX()函数	MAX()函数表示从指定的单元格区域中返回数值最大的值,其语法结构为:MAX(Number1,Number2,…)

提个醒:Number 的含义及作用

在如上语法格式中,Number 参数的作用相同,主要用于指定给定的一组数据或者单元格区域的引用,其个数的取值范围为 1~255。

下面将以在"招生业绩统计表"工作表中统计招生人数的最高值为例介绍最值函数,在打开的工作簿中需要选择 C9 单元格,单击"插入函数"按钮,在打开的"插入函数"对话框中的"搜索函数"文本框中输入"MAX",单击"转到"按钮,双击"MAX"选项,如图 7-36 所示。

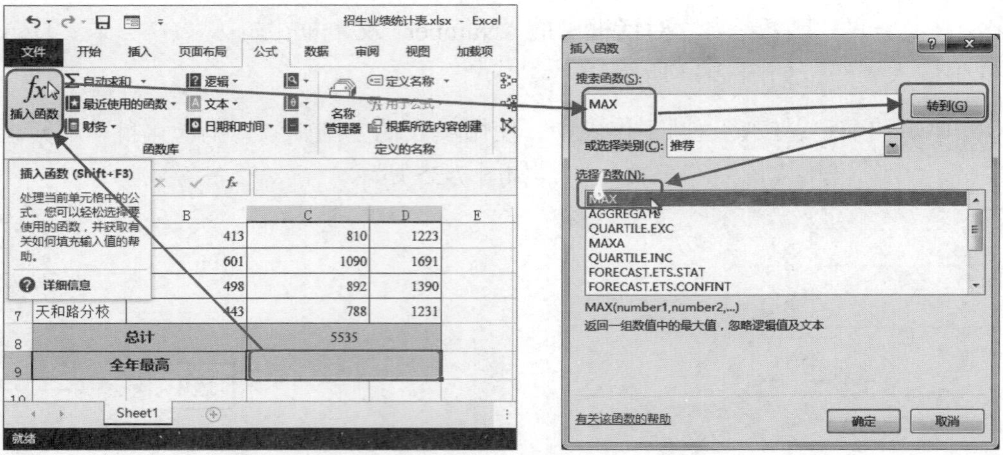

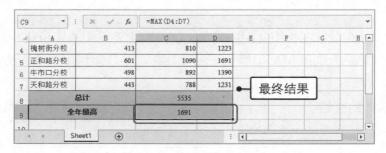

图 7-36　求招生人数的最大值

在打开的"函数参数"对话框中的"Number1"文本框中输入参数地址"D4:D7"，然后单击"确定"按钮即可在 C9 单元格中得出各分校招生人数的最高值数据，如图 7-37 所示。

图 7-37　最终效果展示

7.4.3 排名函数的使用

排名函数即 RANK.EQ()函数，用于统计一组数据的排名情况，该函数的语法结构为：RANK.EQ(Number,Ref,Order)。其中，Number 表示需要进行排位的数字，Ref 表示参与统计的数据或单元格区域地址，Order 表示进行排位的方式，在了解了函数结构及其参数汉以后就需要了解其使用方法。

 [分析实例]——对学生的总成绩进行排名

下面以在"学生成绩表 1"工作簿中使用排名函数对学生的总成绩按分数高低进行排名为例，具体介绍排名函数的使用方法。如图 7-38 所示为使用排名函数进行排名前后的对比效果。

2	学号	姓名	数学	语文	英语	文综	总分	排名
3	S114001	李玉兰	112	111	132	225	580	
4	S114002	陈小龙	130	127	111	214	582	
5	S114003	吴青青	143	99	123	230	595	
6	S114004	郑伟	89	101	126	228	544	
7	S114005	何大鹏	109	103	113	201	526	
8	S114006	刘晓莉	111	106	121	198	536	
9	S114007	汪洋	147	110	122	230	609	
10	S114008	李静	87	104	131	197	519	

◎下载/初始文件/第7章/学生成绩表1.xlsx

2	学号	姓名	数学	语文	英语	文综	总分	排名
3	S114001	李玉兰	112	111	132	225	580	5
4	S114002	陈小龙	130	127	111	214	582	4
5	S114003	吴青青	143	99	123	230	595	3
6	S114004	郑伟	89	101	126	228	544	7
7	S114005	何大鹏	109	103	113	201	526	12
8	S114006	刘晓莉	111	106	121	198	536	10
9	S114007	汪洋	147	110	122	230	609	1
10	S114008	李静	87	107	138	197	529	11

◎下载/最终文件/第7章/学生成绩表1.xlsx

图 7-38 使用排名函数进行排名前后的对比效果

其具体的操作步骤如下。

Step01 打开素材文件，❶选择 H3 单元格，❷单击"公式"选项卡"函数库"组中的"插入函数"按钮，❸在打开的"插入函数"对话框中的"或选择类别"下拉列表框中选择"统计"选项，❹在"选择函数"列表框中选择"RANK.EQ"选项并双击，如图 7-39 所示。

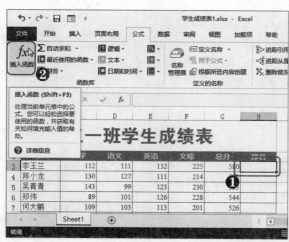
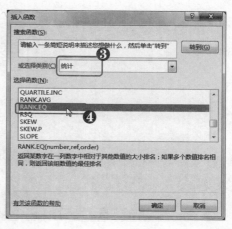

图 7-39 查找和使用函数

Step02 ❶在打开的"函数参数"对话框中的"Number"文本框中输入"G3"，在"Ref"文本框中输入绝对引用地址"$G$3:$G$18"，❷单击"确定"按钮，❸返回到工作表中，使用填充柄将 H3 的公式填充到 H4:H18 单元格区域中，如图 7-40 所示。

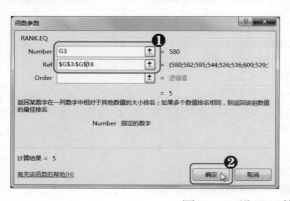 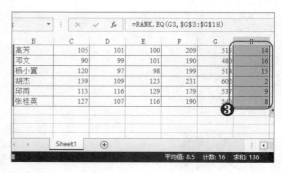

图 7-40 设置函数参数并填充公式

7.4.4 IF()条件函数的使用

条件函数是指按照一定的条件返回一个结果，IF()函数是条件函数中最常用的一种，该函数是根据某个条件的真假判断并返回不同结果。下面以具体实例介绍 IF()函数的使用方法。

[分析实例]——为员工升职考核表自动添加审查结果

在"员工升职考核表"工作簿中已经列出了员工每项考核的情况，现在需要为每位员工填写升级审核意见——同意或不同意。下面，我们将在"员工升职申请考核"工作表中使用 IF()条件函数对各项考核结果进行判断，以此为例介绍 IF()函数的使用方法。如图 7-41 所示为使用 IF()函数进行判断前后的对比效果。

◎下载/初始文件/第 7 章/员工升职考核表.xlsx

◎下载/最终文件/第 7 章/员工升职考核表.xlsx

图 7-41 使用 IF()函数进行判断前后的对比效果

其具体的操作步骤如下。

Step01 打开素材文件，❶选择 C3 单元格并单击"公式"选项卡"函数库"组中的"插入函数"按钮，❷在打开的"插入函数"对话框中的"选择函数"列表框中选择"IF"选项，❸单击"确定"按钮即可，如图 7-42 所示。

Step02 ❶在打开的"函数参数"对话框中的"Logical-test"文本框中输入"AND（D3>=4,E3>=7,F3>=2）"，❷在"Value_if_true"文本框中输入"同意"，如图 7-43 所示。

图 7-42　选择"IF"函数

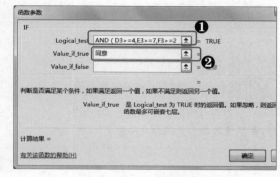

图 7-43　设置函数参数

Step03 ❶在"Value_if_false"文本框中输入"不同意"，❷单击"确定"按钮即可，如图 7-44 所示。

Step04 返回工作表，将鼠标光标放在 G3 单元格的控制柄上，按住鼠标左键向下拖动复制函数直到 G12，系统自动判断其他员工的考核申请结果，如图 7-45 所示。

图 7-44　单击"确定"按钮

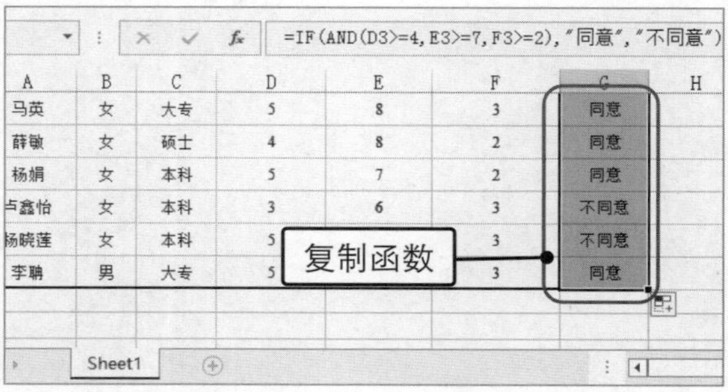

图 7-45　复制函数

通过这个实例，用户应该已经对 IF() 函数的语法结构有了一定的了解，其语法结构为：IF(Logical_test,Value_if_true,Value_if_false)。

其中，Logical_test 表示计算结果为 TRUE 或 FALSE 对应的任意表达方式；

Value_if_true 表示 Logical_test 为 TRUE 时要返回的结果；Value_if_false 表示 Logical_test 为 FALSE 时要返回的结果。

　　如果用户对 IF() 函数的认识较深，并且对函数各部分的作用足够了解，也可以直接在单元格中输入函数，再对函数进行复制即可，如图 7-46 所示。

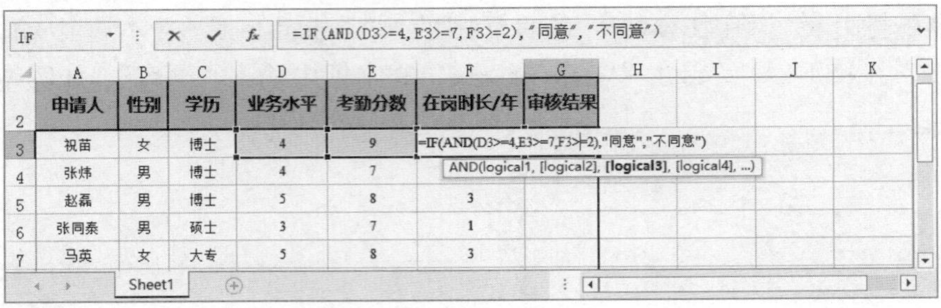

图 7-46　手动输入 IF() 函数

提个醒：函数和公式的注意事项

　　用户在输入公式和函数是需要注意的是，公式和函数中的括号、逗号和引号等都是半角（即英文输入状态下的标点符号）。

第8章
使用图表分析和展现数据

对一些数据量较大的表格，很容易让人产生视觉疲劳，而且对表中的数据进行分析的难度较大。此时，可以使用图表的方式展示数据，其优点在于数据的展示方式更直观，还能对数据间不易发现的关系进行展示。正确地使用图表可以方便用户进行数据分析，提升工作效率。本章主要从认识图表、图表的创建、图表的美化以及迷你图的使用等多个方面进行讲解。

|本|章|要|点|

· Excel 图表的基本认识
· 创建与编辑图表
· 美化图表的外观样式
· 迷你图的使用

8.1 Excel 图表的基本认识

在使用图表之前，有必要对图表的结构、特点等进行一定的了解。在表格中选择适当的图表来展示数据也是非常重要的，如果没有使用正确的图表，会导致图表不能完整地表达出数据中含义。

8.1.1 图表的组成及特点

在 Excel 中，可以把图表看作一个图形对象，能够作为工作表的一部分进行保存，在创建图表前，应该对图表的组成有所了解。图表的基本组成结构主要包括坐标轴、图表标题、图表区、绘图区以及图例等，如图 8-1 所示。

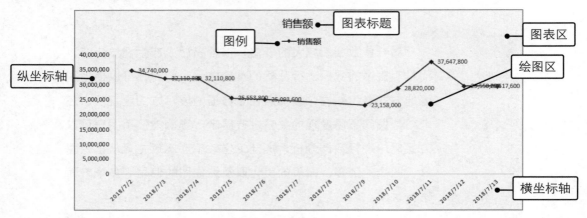

图 8-1　图表的结构介绍

在图表的基本组织结构图中，各组成部分的含义如下：

◆ **坐标轴**：用于标记图表中的各数据名称，通常分为横坐标轴和纵坐标轴，如图 8-1 所示。

◆ **图表标题**：用于显示统计图表的标题名称，能够自动与坐标轴对齐或居中于图表的顶端，在图表中起到说明性的作用。

◆ **图表区**：该部分是指图表的中心区域，单击图表区可以选择整个图表，主要用于展示图表的主要内容。

◆ **绘图区**：图表的整个绘制区域，显示图表中的数据状态。

◆ **图例**：用于标识绘图区中不同系列所代表的内容。

不仅需要知道图表的结构，还需要知道图表有哪些特点，丰富的图表种类可以直观形象地表达数据，展示数据的联动性，如表 8-1 所示为图表的 3 个特点。

表 8-1　图表的特点及介绍

特点	介绍
表达非常直观和形象	所谓"文不如表，表不如图"，图表在表达数据时有一个很重要的特点是能使数据更直观化和形象化，直观和形象的图表能带来更强烈的视觉冲击，也有利于记忆
图表种类丰富	针对众多的数据类型，Excel 提供了种类丰富的图表供用户选择，且Excel 2016 有方便又智能的推荐图表功能帮助用户选择合适的图表类型
数据动态关联	图表是依据表格中的数据而生成的，所以当用户修改表格中的数据时，与数据相对应的图表也会相应地进行变化，所以可以保证图表随时与数据源同步

图表在实际应用中的作用和功能就是展示、分析和预测数据，为各项工作提供帮助，其具体作用如下。

◆ **展示数据**：展示数据是图表的一个最基本的功能，它将二维表格中的文本和数值数据按照一定的关系和结构用图示的方式展示出来，方便用户查看数据和它们之间的关系。

◆ **分析和预测数据**：分析和预测数据是图表的一个非常重要功能，通过该功能，可以很方便地对表格中的数据进行直观地分析和预测，为企业的发展和决策提供依据和支持。

8.1.2　图表类型的选择

Excel 中为用户提供了柱形图、条形图、折线图、饼图、曲面图、雷达图、面积图、树状图、旭日图、直方图、箱形图和瀑布图等多种类型的图表，如图 8-2 所示。不同类型的图表分析数据的侧重点也是不同的，所以用户需要了解各个类型的图表的具体特点，以便在使用图表的时候快速选择合适的图表。

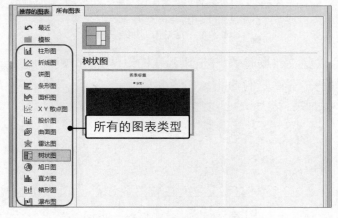

图 8-2　Excel 提供的图表类型

（1）柱形图和条形图突出数据大小

比较大小应该是数据分析中最常见的需求了，而在所有的图表类型中，柱形图和条形图是主要用来比较数据大小的，因为它们用柱状的高低或者长短直接表示数据的大小，根据柱形图和条形图能够轻易辨别各个数据的大小关系，如图 8-3 所示。

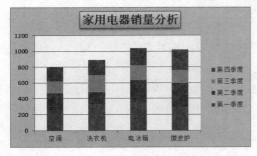
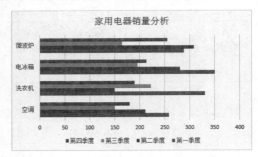

图 8-3　柱形图和条形图常用与比较数据大小

从外观上看，条形图可以看成柱形图旋转 90° 得到的图表类型，但恰恰是因为这种变化让条形图在表达一些分类名称较长、排版要求较高的数据时有着不俗的表现。

（2）折线图突出数据随时间变化的趋势

折线图可以显示随时间而变化的连续数据，因此它非常适用于表达在相等时间间隔下数据的变化趋势和走向，如图 8-1 所示。鉴于此，折线图经常出现在企业的各种月度、季度和年度总结报表中，通过折线图展示出的数据趋势，来引导管理者做出各种总结和决策，如图 8-4 所示。

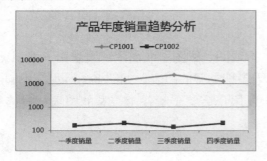
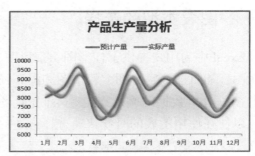

图 8-4　常见的折线图

折线图不仅可以反映数据趋势，还能预测未来一段时间的发展或走向，这在一些信息量较大的企业中是非常重要的功能，如图 8-5 所示。

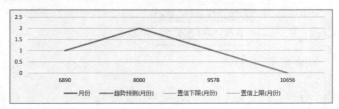

图 8-5　折线图预测未来走向

（3）展现部分占整体的比重用饼图

在分析由多个小成分组成的整体数据时，如果要查看各个组成部分所占整体的比重情况，则可以选择饼图，清晰地展示比重关系。

在日常工作中，这种分析可以成为成分分析，如分析某个市场份额的组成情况、员工工作完成情况和产品构成比例等，如图 8-6 所示。

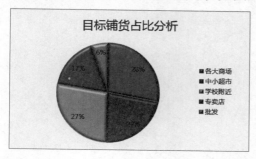
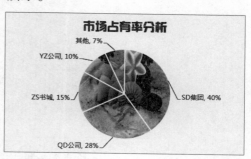

图 8-6　饼图展示比重关系

通过对饼图的成分和占比分析，可以让用户了解各个局部情况，并对某一个或几个较为特殊的局部引起重视。如对占比超过某种标准或者低于某种标准的部分进行重点关注，这样可以对一些企业决策提供某种依据。

（4）分析多个数据之间的关系用散点图

散点图通过一组点来显示序列，值由点在图表中的位置表示，类别由图表中的不同标记表示。散点图通常用于考察两坐标点的分布，判断两变量之间是否存在某种关联或总结坐标点的分布模式，如图 8-7 所示。

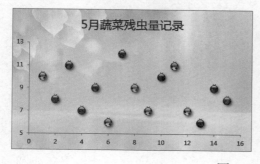
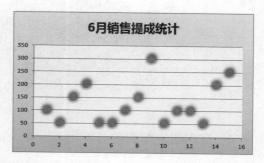

图 8-7　散点图

当一个数据集中包含非常多的点，例如有几千个，那么散点图则是最佳的图表类型。其实数据点越多，分析的效果就越好，关系就越明显，也能具有代表性。

> **提个醒：散点图使用注意**
>
> 由于散点图是以单个点来显示数据的，当需要显示多个数据系列且数据点又较多的时候，散点图看上去就非常混乱，形成一种"一盘散沙"的感觉。这时，选择其他类型的图表会比较好。

（5）分析数值或总量变化用面积图

面积图善于强调数据随时间变化的程度，例如将表示随时间变化的建筑面积数据绘制到面积图中以强调总面积的效果，如图 8-8 所示为使用面积图展示总量的变化情况。

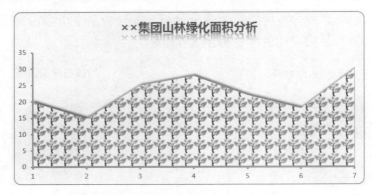

图 8-8　面积图展示总量的变化

面积图还可以看成是将折线图与坐标轴封闭后，填充颜色而形成的一种新图表类型，所以，面积图和折线图之间也有很多共同点。不过由于面积图填充了大片的颜色，所以其面积的存在感很强，非常夺人眼球，如图 8-9 所示，面积图同样可以强调数据变化的趋势，只是这种强调趋势是折线图最擅长而已。

图 8-9　新型面积图

（6）数据层次结构的分析用旭日图

旭日图非常适合显示分层数据，并将层次结构的每个级别均通过一个环或圆形表示，最内层的圆表示层次结构的顶级（不含任何分层数据的旭日图与圆环图类似）。若具有多个级别类别的旭日图，则强调外环与内环的关系。

如图 8-10 所示是一张按照季度、月份分层结构的销量分析旭日图表。着重展示月份和季度之间的关系和结构。

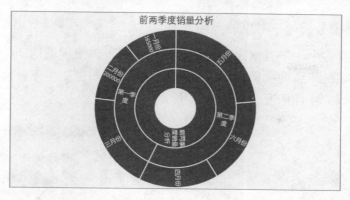

图 8-10　旭日图

（7）数据比例和层次结构分析用树状图

树状图特别适合用于展示数据的比例和数据层级关系，如分析一段时间内的销售情况，例如什么商品销售量最大、利润最高等。

如图 8-11 所示为使用树状图展示和分析产品销量和利润的效果，在图表中可详细地展示各产品的销量及利润的多少情况。

图 8-11　树状图展示数据

（8）表达数据分布情况用箱形图

箱形图不仅能很好地展示和分析出数据分布的区域和情况，而且还能直观地展示出一批数据的"四分值"、平均值以及离散值，如图 8-12 所示。

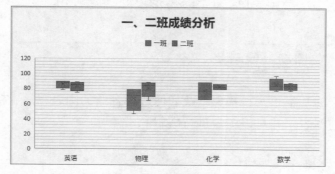

图 8-12　使用箱形图展示两个班级的成绩

（9）用雷达图分析同一对象的不同方面

当某一对象有多个不同方面需要进行分析时，则可以使用雷达图，例如分析某个员工的综合能力、某批产品的质量等。在实际工作中雷达图也能用来分析财务报表，方便他人了解各项指标的变动情况，如图 8-13 所示。

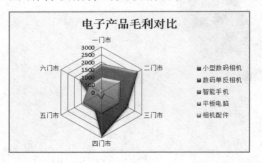
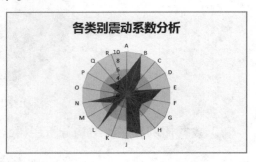

图 8-13　雷达图的使用

> **小技巧：使用组合图分析复杂情况**
>
> 　　组合图表就是在一个图表中拥有多个图表类型，如某个数据系列属于柱形图类型，而某个数据系列却属于折线图类型。使用组合图表可以同时着重分析数据的多个方面，如使用柱形图和折线图的组合可以方便分析数据大小和趋势，如图 8-14 所示。

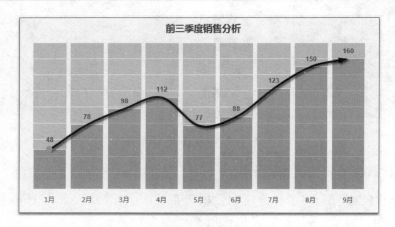

图 8-14　柱形图和折线图的组合使用

8.2　创建与编辑图表

在了解了图表的基本结构、特定以及如何选择合适的图表以后，接下来要学习的就是创建一个完整的图表，并对该图表进行编辑。

8.2.1 创建图表

创建图表的方法主要有 3 种，分别是使用推荐图表功能创建图表、单击具体图表类型按钮和通过快速分析功能创建图表，下面分别进行介绍。

（1）使用推荐图表功能创建图表

很多用户在创建图表时，总是在犹豫该为数据选择哪一种图表，往往会浪费很多时间还不一定能做出令人满意的图表。这时就可以使用 Excel 2016 中的推荐图表功能，它可以根据用户所选的数据类型进行分析并推荐合适的图表。

[分析实例]——各地区销售成本对比

下面以在"季度统计表"工作簿中的"一季度统计表"工作表中根据现有的数据使用图表推荐功能创建折线图为例，讲解使用图表推荐功能创建图表的具体操作。如图 8-15 所示为创建图表前后的对比效果。

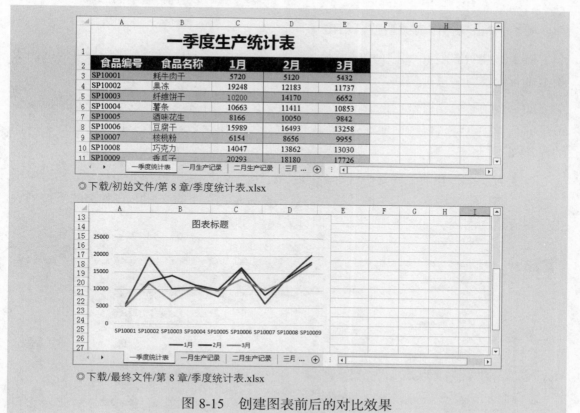

◎下载/初始文件/第 8 章/季度统计表.xlsx

◎下载/最终文件/第 8 章/季度统计表.xlsx

图 8-15　创建图表前后的对比效果

其具体的操作步骤如下。

Step01 打开素材文件，❶选择工作表中的数据源区域，这里选择 A2:E11 单元格区域，❷单击"插入"选项卡"图表"组中的"推荐的图表"按钮，如图 8-16 所示。

Step02 ❶在打开的"插入图表"对话框中的"推荐的图表"选项卡下选择合适的图表，这里选择"折线图"选项，❷单击"确定"按钮即可完成插入，如图 8-17 所示。

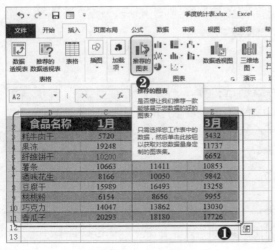

图 8-16　选中数据源区域

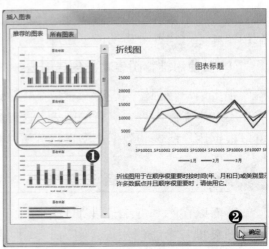

图 8-17　选择合适的图表类型

（2）单击具体图表类型按钮创建

对于那些对图表有一定了解或是有一定使用经验的用户而言，直接选择具体的图表类型进行创建，会更加快捷。

如果要了解公司各部门的开支情况，要通过对比，直观地显示数据，柱状图应该是最好的选择，这样可以横向对比各部门的情况，方便用户了解支出不合理的部门，具体的操作如下。

首先需要在打开的工作簿中选择数据区域，这里选择 A2:D6 单元格区域，然后单击"插入"选项卡"图表"组中的"插入柱状图或条形图"下拉按钮，在弹出的下拉列表中选择合适的图表，如图 8-18 所示，即可成功创建图表。

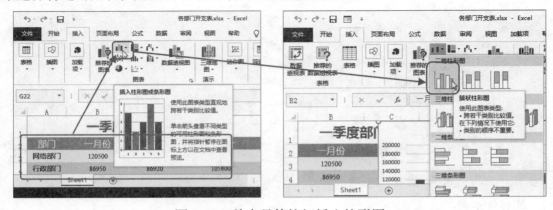

图 8-18　单击具体按钮插入柱形图

（3）通过快速分析功能创建图表

从 Excel 2013 开始新增了一个名为"快速分析"的功能，在 Excel 2016 中得到保留和发展。当用户选择的单元格区域中两个以上非空单元格时，会在所选单元格区域的右下角显示出一个"快速分析"按钮，通过该按钮也可对数据进行图表化，如图 8-19 所示。

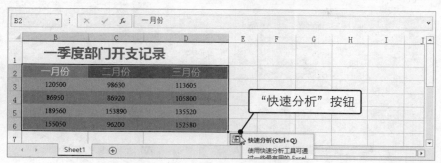

图 8-19　"快速分析"按钮

单击"快速分析"按钮，即可对所选区域进行格式、图表、汇总或迷你图等方式分析，通过更少的操作，提高了工作效率。这里单击"图表"选项卡，选择"堆积条形图"选项即可，如图 8-20 所示。

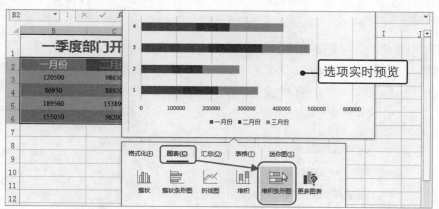

图 8-20　通过"快速分析"按钮创建图表

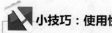 小技巧：使用快捷键打开"快速分析"库

除了出现在右下角的"快速分析"按钮外，也可以使用快捷键打开"快速分析"库以选择分析方式和选项。在选中数据区域后，按【Ctrl+Q】组合键即可打开"快速分析"库。

8.2.2　图表的简单编辑和调整

新创建的图表往往其大小、位置以及标题等可能不符合用户使用，这时就需要对图表的细节进行调整，下面将进行具体介绍。

图表的大小调整以及位置移动的操作与插入图片的调整方法相似，主要是通过"图片工具 格式"选项卡下的"大小"组中调整图表的大小，如 8-21 左图所示；还可以选择图表将鼠标光标移动到其边缘的控制点上，当鼠标光标变为双向箭头时，按下鼠标拖动即可实现图表的缩放，如 8-21 右图所示。

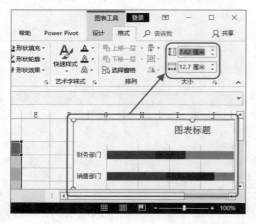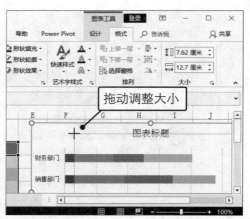

图 8-21　调整图表的大小

移动图表的操作较简单，只需要选择图表，当鼠标光标变为十字箭头形状时，按下鼠标拖动即可。

刚创建的图表，其标题都是默认的，这种默认的标题通常都不符合实际需要，所以用户需要对标题进行手动更改以符合图表的中心思想。单击图表的标题项目将其选中，拖动鼠标选择标题文本，然后直接输入新的标题覆盖默认的标题，如图 8-22 所示。

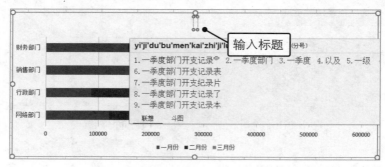

图 8-22　更改图表标题

8.2.3　更改数据源

创建好的图表，有可能会因为各种需求而改变数据源，比如原先只分析了各个季度的数据，现在要把年度总数据加入到图表中一起分析，或者分析了某几个成员的数据，现在要加入新的成员。

若图表中的数据源或者将要添加的数据与原数据区域是连续的，可直接选择图表，再拖动彩色边框上的控点，将要添加的数据区域框选住，如图 8-23 所示。

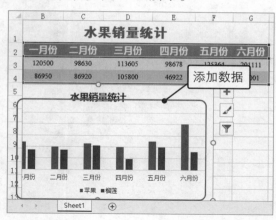

图 8-23　添加相邻数据

　　如果要做更加复杂的数据源区域的更改，可以在选择图表之后，单击"图表工具 设计"选项卡中的"选择数据"按钮，然后在打开的"选择数据源"对话框中单击"添加"按钮或"删除"按钮来添加数据源或者删除数据源，或者直接拖动鼠标选择新的数据源区域以将地址引用到"图表数据区域"文本框中，如图 8-24 所示。

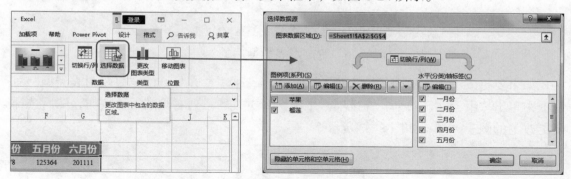

图 8-24　通过对话框更改数据源区域

8.2.4　更改图表类型

　　有时会因为一些原因需要更改已经创建好的图表类型，或是需要修改单个系列的图表类型以创建组合图表。

　　如果图表还处在刚创建出的格式，则可以直接删除，重新选择需要的图表类型进行创建。但是如果用户已经对创建的图表进行了修改，重建图表则太麻烦，此时就可以使用 Excel 的更改图表类型的功能，具体操作步骤如下。

　　选择图表，在"图表工具 设计"选项卡中单击"更改图表类型"按钮，在打开的"更改图表类型"对话框中选择需要更改为的类型，最后单击"确定"按钮即可将所选图表更改为对应的类型，更改后图表标题、颜色等设置都会保持不变，如图 8-25 所示。

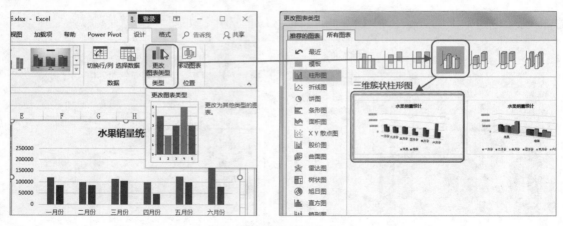

图 8-25　更改图表类型

更改图表类型后的效果如图 8-26 所示。

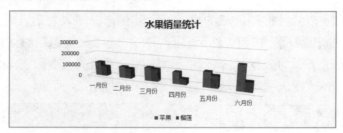

图 8-26　更改图表类型后的效果

如果要更改图表中单个数据系列的图表类型，则需要在打开的"更改图表类型"对话框中单击"组合"选项卡，在选项卡中单击要更改的系列右侧的下拉按钮，然后选择要更改为的图表类型，如图 8-27 所示。

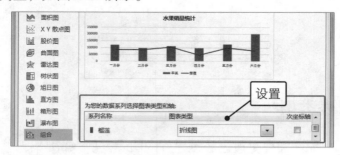

图 8-27　更改单个数据系列的图表类型

8.3　美化图表的外观样式

默认的图表样式，其外观都比较简洁、中规中矩，这样的图表虽然不影响数据的分析，但容易使用人觉得呆板、乏味。那么就可以为图表设置外观样式，合适的外观样式能给人一种舒适感，所以应当为图表进行一些美化操作。

8.3.1　应用内置样式美化图表

Excel 中内置了很多可以直接使用的图表样式，这些图表样式在布局和颜色搭配上都比较合理，使用这些样式可以快速地改变图表外观。在时间比较紧迫或是对内置样式比较满意的情况下可以直接使用。

使用内置样式的操作比较简单，选择图表，单击出现在图表区旁边的"图表样式"按钮，然后选择一种喜欢的样式即可，将鼠标光标移动到某个样式上时，图表会实时预览出对应的效果，如图 8-28 所示。

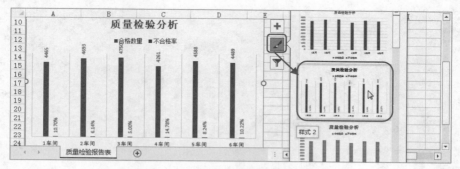

图 8-28　应用内置图表样式

选择图表样式后，切换到"图表工具 设计"选项卡，在"图表样式"组中也可以使用图表样式，如图 8-29 所示。

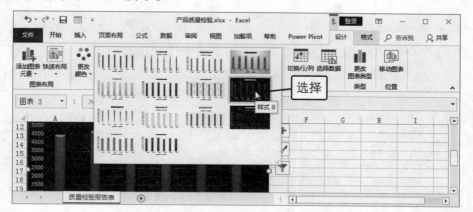

图 8-29　在"图表工具 设计"选项卡下应用图表样式

图表外观除了样式很重要外，色彩搭配也是不容忽视的，有的图表布局和样式可能都很普通，但就是颜色搭配比较讲究，会给人一种很特别的感觉。在 Excel 中，也可以应用内置的主题颜色一键更换图表的颜色，其设置方法与样式的设置方法相同，用户可以参考样式的设置方法，对颜色进行设置。

8.3.2 自定义图表外观样式

内置样式是有限的，如果内置样式不能满足用户使用，还是需要进行自定义设置，通过自定义设置，可以获得更多个性化的效果。

自定义图表外观，只是针对图表的某些组成部分，例如对图表进行背景色的填充、为图表设置一个衬托主要内容的颜色等。首先需要选择对应的图表，然后单击"图表工具 格式"选项卡"形状样式"组中的"形状填充"下拉按钮，在其下拉列表中选择一种填充颜色即可，如图 8-30 所示。

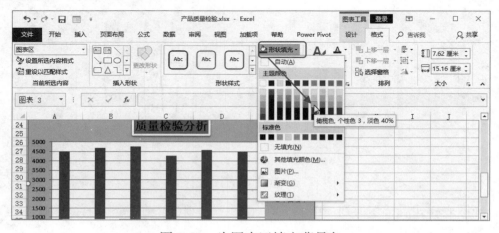

图 8-30　为图表区填充背景色

对单个的数据系列也可以设置不同外观样式，如在一个反映市场占有率的图表中，为了强调市场占有率最大的那个数据系列，可以选中该数据系列，然后设置异于其他数据系列的填充色，这样可以达到强调某个数据系列以引人注意的目的，如图 8-31 所示。

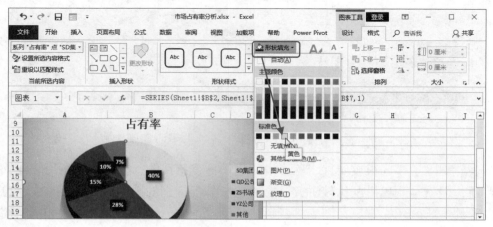

图 8-31　为数据系列填充颜色

除了通过设置组成部分的填充色来改变外观外，也可以为图表中的各个部分设置轮廓线样式，比如可以为图表标题设置轮廓线样式使之和图表区营造一种界限感。

设置形状轮廓和形状效果的操作与第 5 章中介绍的对图形对象设置轮廓的操作基本相似，都是在"图表工具 格式"选项卡下的"形状样式"组中进行设置即可，如图 8-32 所示。

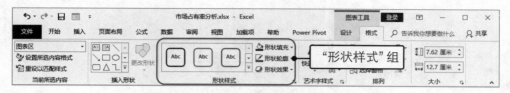

图 8-32　"形状样式"组

除此之外，还可以对图表中的标题或其他文字设置艺术字效果，使图表更具特点，其设置方式与插入艺术字的操作相同，这里就不再重复讲解。

> **提个醒：美化图表注意事项**
>
> 图表是为分析数据服务的，各种效果的设置一定要遵循不能喧宾夺主的原则，太过杂和绚丽的效果会对数据分析造成干扰。另外，效果的搭配也是很重要的，有的效果加上另一种效果就会不伦不类。所以，在设置的时候要花点心思进行搭配，或者只使用一种效果。

8.3.3　更多自定义效果的设置

前面介绍的自定义样式只是使用菜单中已有的效果选项中选择合适的选项，如果 Excel 给出的效果不能满足实际需要时，例如给出的颜色不合适或者没有合适的边框使用，此时就可以进行完全的自定义。

例如，若"形状填充"下拉菜单中的"主题颜色"、"标准色"都不满足需要，可以选择"其他填充颜色"命令，然后在打开的对话框中的"标准"选项卡中选择合适的颜色，或者单击"自定义"选项卡，进行更多颜色的选择，如图 8-33 所示。

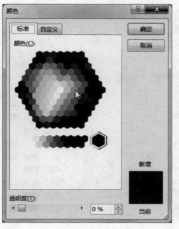

图 8-33　自定义更多颜色

同样的，如果设置图表轮廓时"粗细"子菜单中的所有既定磅值都不能满足需要，可以选择"其他线条"命令，然后在左侧的窗格中选中"实线"单选按钮，然后在"宽度"数值框中输入 0 磅~1584 磅之间的任意宽度值即可，如图 8-34 所示。

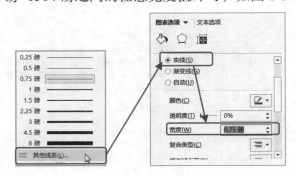

图 8-34　自定义轮廓宽度

"形状效果"下拉列表中的其他外观效果如"阴影"、"发光"和"柔化边缘"等的自定义方法与上面的一致，同样在其子菜单中选择相应的命令，然后在打开的窗格或者对话框中进行自定义设置即可。

8.4　迷你图的使用

迷你图是从 Excel 2010 开始新增的一个功能，Excel 2016 中的迷你图以单元格为绘图区域，简单、便捷地图形化展示所选数据。在数据分析要求不高的情况下，可以选择迷你图这种小巧的图表来对数据进行一些比较常规和简单的分析。

8.4.1　认识迷你图

迷你图与普通的图表相比，其共同点是它们都是用来分析数据的一种图表；不同的地方在于普通的图表只能存在一个独立的图表区，而迷你图则是存在于单元格的内部，可以看成单元格中一种特殊的数据存在方式，如图 8-35 所示。

月份	洗发水	沐浴露	洗面奶	香皂	比较
1月	￥1,080	￥1,120	￥1,890	￥2,580	
2月	￥2,510	￥1,980	￥2,430	￥1,850	
3月	￥2,100	￥2,305	￥1,950	￥2,420	
4月	￥2,655	￥1,988	￥2,500	￥1,958	
5月	￥2,056	￥2,425	￥2,587	￥2,032	
6月	￥3,690	￥3,804	￥3,108	￥3,365	
7月	￥4,868	￥4,364	￥2,790	￥3,473	
8月	￥3,670	￥3,390	￥2,300	￥3,438	
9月	￥2,940	￥3,520	￥2,840	￥2,590	

2018年前三季度洗涤用品月销售情况

图 8-35　迷你图使用效果

迷你图除了其存在方式不同之外，它拥有的图表元素与普通图表相比也有很大差别。在默认情况下，迷你图只有数据系列，元素组成部分比较单一，如图8-36所示。但用户可通过设置突显最大值、最小值以及负值等数据，甚至可以显示出坐标轴。

8月业绩增量变化				
产品	第一周	第二周	第三周	第四周	分析
A	220	-100	90	120	
B	135	-80	-50	90	
C	-60	50	80	60	
D	90	105	80	-45	
E	120	105	-30	-43	
F	205	130	-110	60	

图8-36　在迷你图中使用坐标轴

迷你图的3种类型分别是折线迷你图、柱形迷你图以及盈亏迷你图，下面分别对3种图形进行介绍。

◆ **折线迷你图**：此种迷你图与前面讲到的折线图的分析意义基本相同，重点用来分析数据的走向趋势。

◆ **柱形迷你图**：主要用柱状图的方式比较所选区域的数据大小。

◆ **盈亏迷你图**：顾名思义，表达所选数据的盈亏情况，如果分析者想看到数据的盈亏状态或者只是为了分辨数据的正负情况，可以用这种迷你图。

8.4.2 创建迷你图

如果想要在较小的空间中使用图表展示数据的大小情况，可以选择迷你图。例如在分析学生各科成绩时，需要了解学生各科成绩是否均衡，单从数据上看会比较麻烦，此时就可以使用柱形迷你图或是折线迷你图。

选择要创建迷你图的单元格区域，此处选择B3:F16单元格区域，然后单击"插入"选项卡"迷你图"组中的"柱形"按钮，如图8-37所示。

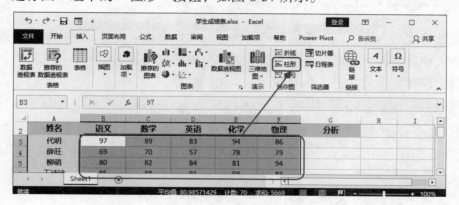

图8-37　单击"柱形"按钮

在打开的对话框中已经将所选区域的地址引用到了相应的文本框中，保持文本插入点在"位置范围"文本框中的定位状态，拖动鼠标选择 G3:G16 单元格区域以确定迷你图放置的位置，如图 8-38 所示。

图 8-38　选择迷你图存放区域

单击"确定"按钮，在返回的工作表中即可看到已经创建的柱形迷你图，如图 8-39 所示。同样的可以在打开的"迷你图工具 设计"选项卡中对迷你图样式进行设置。

姓名	语文	数学	英语	化学	物理	分析		
代明	97	89	83	94	86			
薛旺	69	70	57	78	79			
柳萌	80	82	84	81	94			
王诗诗	85	88	91	98	83			
崔建成	79	75	94	82	78			
程风	83	74	75	86	80			
王茜	77	68	85	79	69			
蒋克勤	66	76	76	83	58			
龙梅	92	86	83	84	88			
张建明	84	72	83	81	84			

图 8-39　插入迷你图后效果展示

提个醒：将迷你图放置在同一行

　　在"创建迷你图"对话框中设置迷你图的放置位置时，也可以选择同一行中的多个单元格，而不是同一列。只不过这样放置的迷你图对数据的比较就是纵向上的比较。

8.4.3 设置迷你图显示效果

创建迷你图后，还可以对迷你图进行一定的设置，如突出显示迷你图中数据的最大值、最小值和负值等，也可以自定义这些特殊数值的突出显示效果。除此之外，用户还可以直接更改迷你图的颜色，起到强调、突出的效果。

如果要突出显示迷你图中的数据的最大值，可以选择任意一个单元格中的迷你图，Excel 默认就会将创建的一组迷你图都选中，然后在激活的"迷你图工具 设计"选项卡中的"显示"组中选中"高点"复选框，整组迷你图中的高点都会突出显示了，如图 8-40 所示。

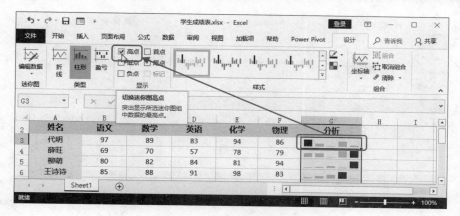

图 8-40　突出显示最高点

如果还需要突出最低点、首点和尾点等，直接在"迷你图工具 设计"选项卡下"显示"组中选中对应的复选框即可。

【注意】在同一个迷你图中，不能突出显示太多特殊值，两个以内就足够了，因为强调的内容太多，就等于都没有强调。

当突出显示某个特殊点的时候，其突显的样式都是程序默认的，如上图中将高点默认以红色显示，如果用户想自定义突显方式，可以保持迷你图的选择状态，在"样式"组中单击"标记颜色"按钮，然后在对应的特殊点的子菜单中选择一种突显颜色即可，如图 8-41 所示。

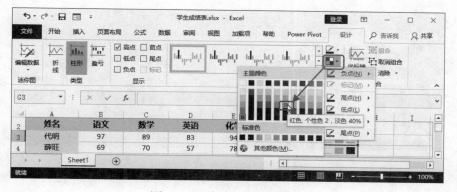

图 8-41　自定义标记颜色

除了突显某些数据点和设置突显效果外，还可以更改整个迷你图的颜色。Excel 中也为迷你图内置了多种内置样式，用户可直接选择这些内置样式来快速更改迷你图的整体显示效果。

选择迷你图后，在激活的"迷你图工具 设计"选项卡中的"样式"组中选择符合要求的样式即可应用到迷你图中，如图 8-42 所示。

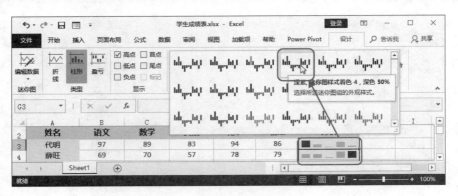

图 8-42　应用内置迷你图样式

8.4.4　更改迷你图类型

　　创建完迷你图后，如果因为某种原因觉得现有的迷你图类型不合适，要更改为其他类型的迷你图，也是在"迷你图工具 设计"选项卡中进行设置。

　　如原来创建的柱形迷你图用于比较大小，需要更改为折线迷你图，操作方式是：选择任意单元格中的迷你图，然后直接在"迷你图工具 设计"选项卡的"类型"组中单击要更改为的类型对应的按钮即可，如图 8-43 所示。

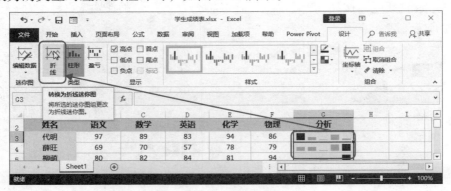

图 8-43　更改迷你图类型

第9章
使用数据透视表分析数据

数据透视表的主要作用在于提高Excel报告的生成效率。至于用途方面，它也几乎涵盖了 Excel 中大部分的用途，无论是图表、排序、筛选、计算等。而且它还提供了切片器、日程表等交互工具，可以实现数据透视表报告的人机交互功能。本章主要介绍数据透视表和数据透视图的使用，并结合切片器动态分析透视数据。

|本|章|要|点|

· 数据透视表的使用
· 使用数据透视图
· 结合切片器分析数据
· 使用计算字段在透视表中执行计算

9.1 数据透视表的使用

数据透视表是一种交互式的表格，可以进行求和、计数等计算。之所以称之为数据透视表，是因为可以动态地改变它们的版面布置，以便按照不同的方式分析数据。在 Excel 表格数据处理中，使用好数据透视表可以提高用户的工作效率。

9.1.1 创建数据透视表

数据透视表是根据已经存在的普通二维表格进行创建的，在 Excel 2016 中，数据透视表可以通过两种方式进行创建，分别是创建程序推荐的数据透视表以及自定义创建数据透视表。

（1）创建系统推荐的数据透视表

系统推荐的数据透视表是 Excel 2013 以后才有的新功能，在 Excel 2016 中有了更好的发展。当用户使用系统推荐的功能时，程序会自动检测数据并给出合理的数据透视表的设置方式，用户只需要进行简单的设置即可。

[分析实例]——创建系统推荐的透视表透视请假数据

在"公司日常考勤记录"工作簿中创建系统推荐的数据透视表，对工作簿中的各项请假记录进行透视，达到如图 9-1 所示的对比效果，以此为例，讲解创建系统推荐的透视表透视数据的相关操作方法。

◎下载/初始文件/第 9 章/公司日常考勤记录.xlsx

◎下载/最终文件/第 9 章/公司日常考勤记录.xlsx

图 9-1 使用透视表透视数据前后的对比效果

其具体的操作步骤如下。

Step01 打开素材文件，❶选择工作表中任意有数据的单元格或单元格区域，❷单击"插入"选项卡"表格"组中的"推荐的数据透视表"按钮，在打开的"推荐的数据透视表"对话框中程序自动创建了数据透视表，❸如果当前的透视表不能满足需要，还可以单击下面的"更改源数据"超链接，如图 9-2 所示。

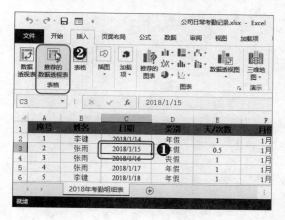
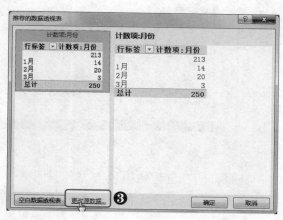

图 9-2　单击"更改源数据"超链接

Step02 ❶在打开的"创建数据透视表"对话框中的"表/区域"文本框中选择 A1:F38单元格区域，❷单击"确定"按钮，如图 9-3 所示。

Step03 ❶返回到"推荐的数据透视表"对话框中选择合适的数据透视表，❷单击"确定"按钮即可，如图 9-4 所示。

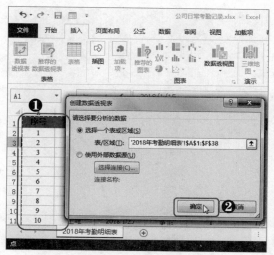
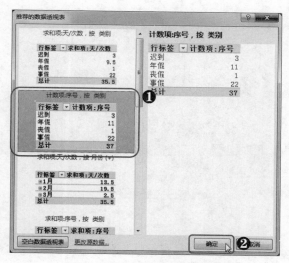

图 9-3　选择源数据区域　　　　　　　图 9-4　选择推荐的数据表

（2）自定义数据透视表

很多情况下，用户都会选择创建默认的数据透视表，然后根据实际需要对透视表进行设置及字段选择。

新创建的数据透视表都是空白的，需要用户对其进行设置。首先需要选择创建数据表的源数据区域，单击"插入"选项卡"表格"组中的"数据透视表"按钮，如图 9-5 所示。

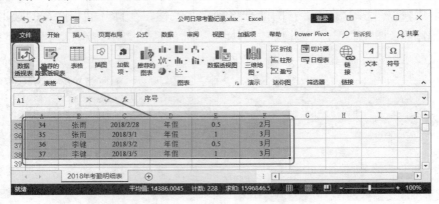

图 9-5　单击"数据透视表"按钮

在打开的"创建数据透视表"对话框中确认数据透视表的源数据区域，如果要将数据透视表放置到一个新的工作表中，就保持"新工作表"单选按钮的选中状态；如果要放置在现有的工作表中，就选中"现有工作表"单选按钮并设置放置位置。此处放在一张新的工作表中，所以直接单击"确定"按钮，如图 9-6 所示。

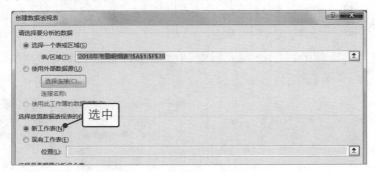

图 9-6　创建数据透视表

完成上述操作后在一张新的工作表中就会有一个包含提示信息的空白数据透视表，接下来根据自己的需要在右侧的"数据透视表字段"窗格中选择要显示的字段以生成报表，如图 9-7 所示。

图 9-7　向数据透视表添加字段

9.1.2 更改数据透视表布局

未经过设计的数据透视表，其外观、格式等都是默认的效果，这些效果可能不符合用户分析数据的需要，此时，用户可以对数据透视表的外观和布局等进行自定义设置，使之更加符合实际需要。

与普通表格的外观设置相似，数据透视表也可以直接使用 Excel 内置的表格样式。只需要选择数据透视表中任意数据单元格，然后在"数据透视表工具 设计"选项卡的"数据透视表样式"组中选择一种喜欢的样式，即可将其应用到单元格所在的数据透视表中，如图 9-8 所示。

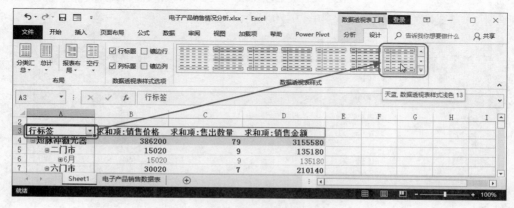

图 9-8　为透视表应用表格样式

除了上述的方法更改数据透视表的布局外，还可以在"数据透视表工具 设计"选项卡中快速更改透视表的布局样式，只需要单击"布局"组中的"报表布局"下拉按钮，在弹出的下拉菜单中选择一种布局方式即可，如选择"以大纲形式显示"选项，如图 9-9 所示。

图 9-9　更改报表的布局样式

DAILY OFFICE APPLICATIONS
Excel 2016 商务技能训练应用大全

9.1.3 更改数据透视表的汇总方式

一般情况下，不同的数据在数据透视表中的汇总方式是不一样的，例如数值的汇总方式默认是求和，文本数据默认为计数。如果默认的汇总方式不是用户需要的方式，则可以手动更改数据透视表的汇总方式。

[分析实例]——将求和汇总方式更改为最大值汇总方式

例如，在"电子产品销售情况分析"工作簿中，以将透视表中售出数量的汇总方式从"求和"改为"最大值"为例，讲解更改数据透视表汇总方式的相关操作方法。更改透视表汇总方式前后的对比效果如图 9-10 所示。

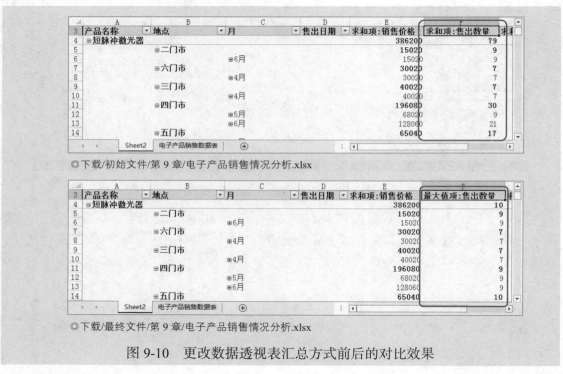

◎下载/初始文件/第 9 章/电子产品销售情况分析.xlsx

◎下载/最终文件/第 9 章/电子产品销售情况分析.xlsx

图 9-10　更改数据透视表汇总方式前后的对比效果

其具体的操作步骤如下。

Step01 打开素材文件，❶选择工作表中任意有数据的单元格或单元格区域，❷在右侧的窗格中单击"求和项:售出数量"按钮，选择"值字段设置"命令，如图 9-11 所示。

Step02 ❶在打开的"值字段设置"对话框中选择"值汇总方式"选项卡下的"最大值"选项，❷单击"确定"按钮即可，如图 9-12 所示。

图 9-11　选择"值字段设置"命令

图 9-12　更改汇总方式

除了通过窗格的方式来更改汇总方式外，还有其他两种方式可以进行更改，具体操作如下。

◆　在数据透视表的值字段单元格处右击，然后选择"值字段设置"命令，如图 9-13 所示，接着在打开的对话框中进行更改。

◆　选择值字段所在的单元格，然后在"数据透视表工具 分析"选项卡中单击"字段设置"按钮，如图 9-14 所示。同样可以在打开的"值字段设置"对话框中进行汇总方式的更改。

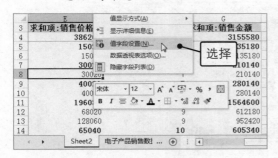

图 9-13　通过快捷菜单更改

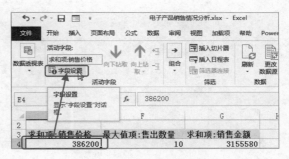

图 9-14　通过选项卡更改

9.1.4　显示或隐藏数据明细

在数据透视表中可以对数据的显示层级进行调整，方便用户查看需要的数据效果，例如将明细数据隐藏，直接查看汇总数据等。

如在查看产品销售额的数据透视表时，可以单击各个门市名称左侧的带有"-"标记的按钮以将产品明细数据折叠起来，如图 9-15 所示。

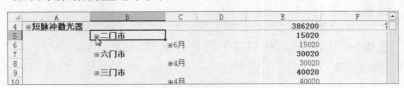

图 9-15　隐藏明细数据

隐藏数据明细以后，相应位置的"-"按钮会变为"+"按钮，再次单击该按钮则可重新展开明细数据，如图 9-16 所示。

图 9-16 展开明细数据

9.1.5 刷新数据透视表中的数据

数据透视表是根据某一表格生成的，而创建数据透视表后，如果原表格中的数据进行了修改，为了保持透视表中的数据与原表格中的数据一致，就需要对其进行刷新。

当原表格中的数据发生变化时，首先需要选择透视表中任意数据单元格，然后单击"数据透视表工具 分析"选项卡"数据"组中的"刷新"按钮，即可同步更新数据透视表，如图 9-17 所示。

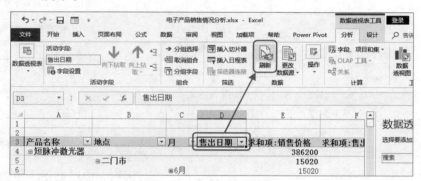

图 9-17 刷新数据透视表

> **提个醒：同时刷新多个数据透视表**
>
> 如果一个工作簿中存在多个数据透视表，依次刷新会很耗时间，用户可以单击"刷新"按钮下方的下拉按钮，在弹出的下拉列表中选择"全部刷新"选项即可。

9.2 使用数据透视图

数据透视图是与数据透视表相对应的图形化表达形式，其功能与普通图表类似，都是直观分析数据的工具，不过数据透视图是一种交互式的图表，用户可以直接在图表中进行选择和设置，以决定所要显示的数据和显示的方式。

9.2.1 创建数据透视图

在 Excel 中，数据透视图的创建方法一般分为两种，一种是根据现有的数据透视表创建；另一种是根据现有的普通工作表创建。使用第二种方法创建数据透视图的同时也会生成数据透视表。

（1）根据已有数据透视表创建

根据已有数据透视表创建数据透视图，首先选择数据透视表中的任意单元格区域，单击"数据透视表 分析"选项卡"工具"组中的"数据透视图"按钮，在打开的"插入图表"对话框中选择合适的图表类型，然后单击"确定"按钮即可，如图 9-18 所示。

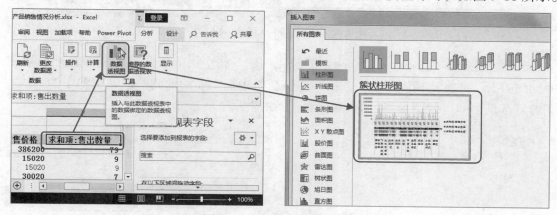

图 9-18　创建数据透视图

此时，即可在工作簿中查看到创建出的与数据透视表相对应的数据透视图，其效果如图 9-19 所示。

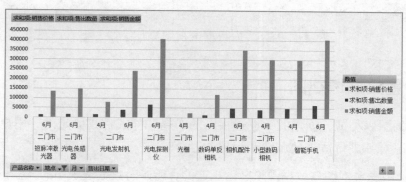

图 9-19　数据透视图的效果

（2）根据现有普通工作表创建

根据现有普通工作表创建数据透视图的创建方法与上述的操作方法相似，首先需要选择要创建数据透视图的单元格区域，单击"插入"选项卡"图表"组中的"数据透视图"按钮，然后在打开的对话框中确认数据区域及图表放置区域后单击"确定"按钮，如图 9-20 所示。

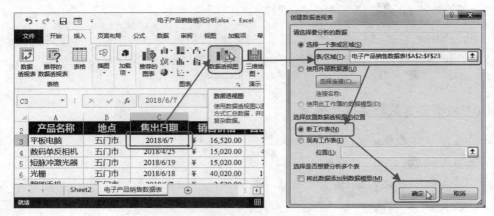

图 9-20　确认创建数据透视图

完成上述操作后，Excel 会在指定的位置创建一张空白的数据透视表和数据透视图，并同时打开"数据透视图字段"窗格，在该窗格中选中要添加到数据透视图中的字段左侧的复选框，即可使图表显示对应的信息，如图 9-21 所示。

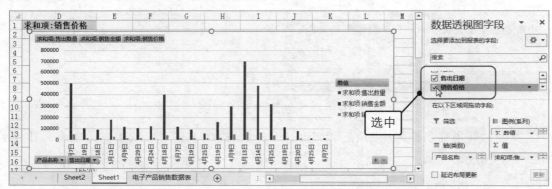

图 9-21　为数据透视图添加字段

9.2.2　设置数据透视图

与普通的图表类似，创建的数据透视图的布局和样式都是固定的，用户通常需要根据实际的情况对其进行适当地调整和设置。

【注意】因为数据透视图与数据源是紧密相连的，所以对数据透视图的某些操作也会相应地同步到数据透视表中。

在如图 9-22 所示的数据透视图中，如果希望其横坐标轴不以各个产品类别作为第一分类标准，而是将车间作为第一分类标准，这样可以比较方便分析各个车间生产各产品的成本情况。

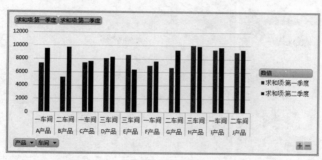

图 9-22　以产品类别作为第一分类标准

选择数据透视图，在右侧的"数据透视图字段"窗格下方的"轴（类别）"列中选择"产品"类别，按住鼠标左键向下拖动将其调整到"车间"类别下方以调换它们的顺序，这样就可以实现该效果，如图 9-23 所示。

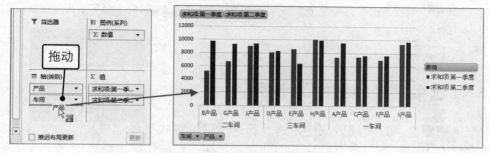

图 9-23　调整轴（类别）

与普通图表相似的是，数据透视图也可以设置标题。不同的是，数据透视图中没有直接给出透视图的标题位置，需要用户添加。选择图表后，单击"图表元素"按钮，选中"图表标题"复选框，输入自定义的图表标题即可，如图 9-24 所示。

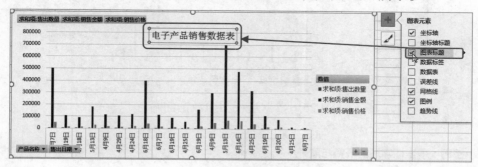

图 9-24　添加图表标题

如果想快速更改图表的布局和颜色，其方法与更改普通图表的布局和颜色一样，选择图表后，单击"图表样式"按钮，在"样式"和"颜色"选项卡中选择合适的样式和颜色选项即可，如图 9-25 所示。

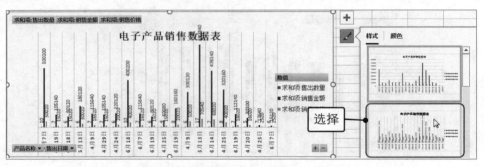

图 9-25　快速应用图表样式或颜色

提个醒：在选项卡中修改数据透视图的效果

如果快捷设置无法满足用户的实际需要，用户也可以选择目标图表，在"数据透视图工具 格式"选项卡和"数据透视图工具 设计"选项卡中进行详细地设置，主要包括设置形状填充、轮廓填充以及快速套用形状样式等。

9.2.3　筛选数据透视图中的数据

数据透视图也可以实现数据的筛选，且这种筛选方式更具有交互性。要筛选数据，只需要直接在图表中单击某个数据系列的名称按钮，然后在弹出的筛选器中进行相应的筛选设置并确定即可，如图 9-26 所示。

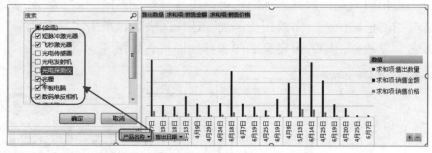

图 9-26　数据透视图中数据的筛选

小技巧：横坐标字段的折叠与展开

如果透视图的水平坐标轴是由多重字段构成的，那么在透视图的右下角则会出现"展开整个字段"按钮和"折叠整个字段"按钮。单击"折叠整个字段"按钮折叠整个字段，如图 9-27 所示；单击"展开整个字段"按钮展开所有字段。

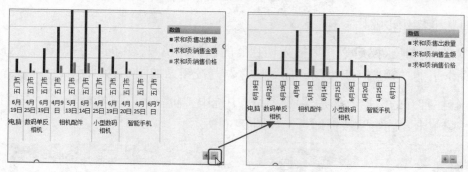

图 9-27　横坐标字段折叠操作

9.3　结合切片器分析数据

使用切片器可以实时对数据透视表与透视图中的数据进行筛选和分析，且将切片器和数据透视图结合使用能够为数据分析带来更加便捷的体验。因为如果直接在数据透视图中筛选数据，就只能在筛选器中选择并确认后才能看到效果，使用切片器则可以看到图表的实时变化。

9.3.1　创建切片器

切片器的创建方法比较简单，直接选择数据透视表，或数据透视图，打开"插入切片器"对话框即可设置创建。

[分析实例]——在销售业绩统计表中创建切片器

在"销售业绩统计表"工作簿中的数据透视图中创建针对"负责人"和"一季度销量"的切片器为例进行介绍。如图 9-28 所示为创建切片器前后的对比效果。

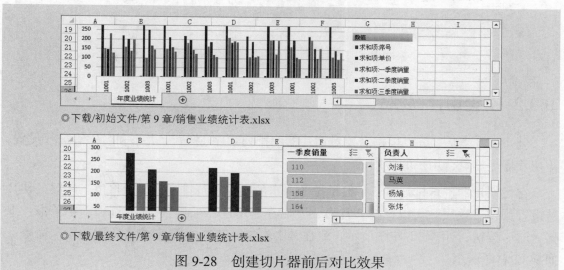

◎下载/初始文件/第 9 章/销售业绩统计表.xlsx

◎下载/最终文件/第 9 章/销售业绩统计表.xlsx

图 9-28　创建切片器前后对比效果

其具体的操作步骤如下。

Step01 打开素材文件，❶选择要插入切片器的数据透视图，❷单击"数据透视图工具 分析"选项卡下的"筛选"组中的"插入切片器"按钮，如图 9-29 所示。

Step02 ❶在打开的"插入切片器"对话框中选中"负责人"复选框和"一季度销量"复选框，❷单击"确定"按钮即可，如图 9-30 所示。

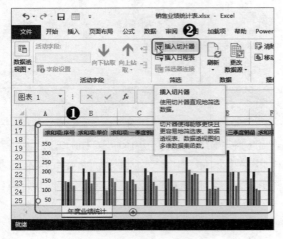
图 9-29 插入切片器

图 9-30 选择字段

Step03 此时即可创建对应字段的切片器，将鼠标光标移动到切片器的边缘位置，待其变为四向箭头形状时按住鼠标左键将切片器拖动到合适位置即可，如图 9-31 所示。

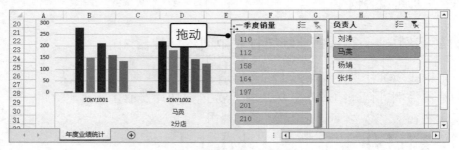
图 9-31 将插片器移动到合适的位置

9.3.2 设置切片器格式

创建切片器后，可以根据需要对切片器的排列顺序、样式、大小和名称等进行设置，让切片器更加符合用户的使用。

在对切片器进行排列时，一般是按照一定的顺序进行排列，如想将位于底层的切片器设置为位于顶层，可以选择切片器，然后在"切片器工具 选项"选项卡中单击"上移一层"按钮，如 9-32 左图所示。或在其上右击，选择"置于顶层/置于顶层"命令，如 9-32 右图所示。

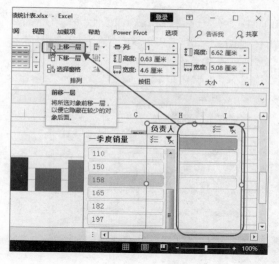
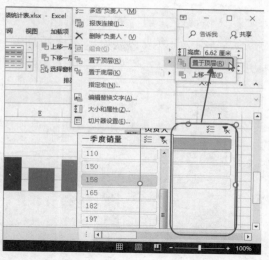

图 9-32　设置切片器的排列顺序

切片器默认情况下都是淡蓝色的，用户可以在 Excel 的内置样式中选择一个满意的样式从而达到想要的效果。只需要选择切片器，在"切片器工具 选项"选项卡"切片器样式"组中选择合适的样式即可，如图 9-33 所示。

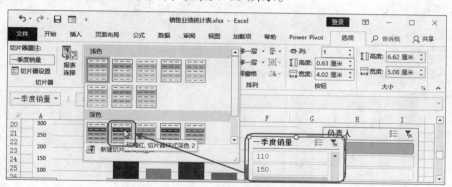

图 9-33　快速设置切片器样式

如果要更改切片器的大小，可以选择该切片器，将鼠标光标移动到切片器边框上的控制点上，当鼠标光标变为双向箭头形状时，按住鼠标左键拖动即可，如 9-34 左图所示；还可以在"大小"组中输入数值进行精确设置，如 9-34 右图所示。

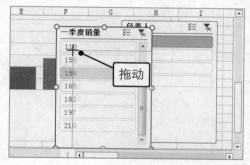
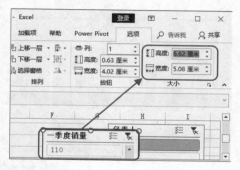

图 9-34　调整切片器大小

默认情况下，切片器的名称是以字段名称命名，在一些特殊情况下，如果用户需要对默认名称进行更改，则可以选择切片器，单击"切片器设置"按钮，在打开的对话框中更改默认名称，然后单击"确定"按钮即可，如图 9-35 所示。

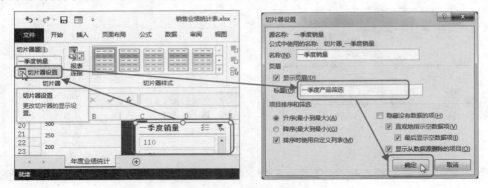

图 9-35 更改切片器名称

9.3.3 在切片器中筛选图表数据

通过切片器可以很方便地对数据进行筛选，直接单击切片器中的某个选项，即可在数据透视图中筛选出对应的数据，如图 9-36 所示。

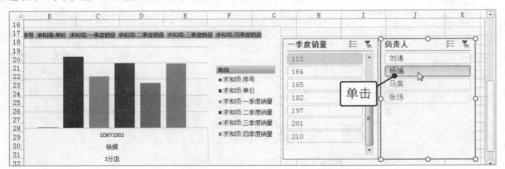

图 9-36 在切片器中筛选数据

也可以在按住【Ctrl】键的同时再单击切片器中的各个选项按钮，这样可以同时在图表中筛选出多个数据，如图 9-37 所示。单击右上角的"筛选"按钮即可退出筛选。

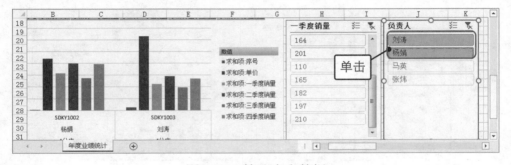

图 9-37 筛选多个数据

切片器默认是和所选的数据透视表或透视图连接起来的，所以才对其有筛选功能。如果想断开这种连接状态，可以选择切片器，单击"报表连接"按钮，然后在打开的对话框中取消选中与其连接的数据透视表所对应的复选框，单击"确定"按钮，如图9-38所示。

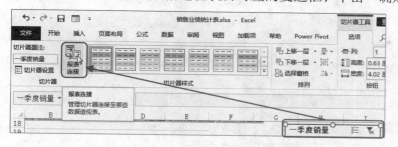
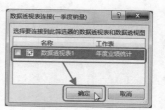

图 9-38　断开切片器链接

9.4　使用计算字段在透视表中执行计算

在数据透视表中，如果需要数据透视表中的一个或多个字段进行计算，此时可以通过插入计算字段来实现。在数据透视表的值区域中插入计算字段，需要选择"数据透视表工具 选项"选项卡"域、项目和集"下拉列表中的"计算字段"命令，在打开的对话框中进行计算字段的设置。

[分析实例]——计算员工的福利总计

下面以在"员工福利明细表"工作簿添加"福利总计"字段汇总所有的福利数据为例，讲解计算字段的使用。如图9-39所示为对工作表进行透视前后的对比效果。

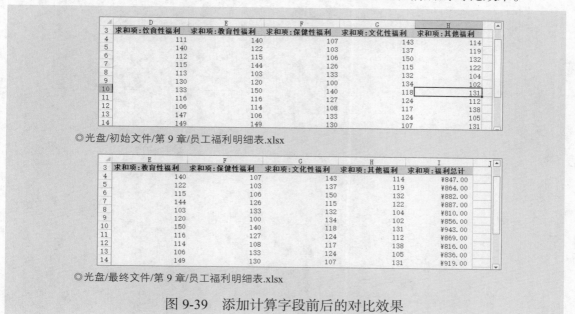

◎光盘/初始文件/第9章/员工福利明细表.xlsx

◎光盘/最终文件/第9章/员工福利明细表.xlsx

图 9-39　添加计算字段前后的对比效果

其具体的操作步骤如下。

Step01 打开素材文件，❶选择任意数据透视表的单元格，❷单击"数据透视表工具 分析"选项卡中单击"字段、项目和集"下拉按钮，❸选择"计算字段"命令，如图 9-40 所示。

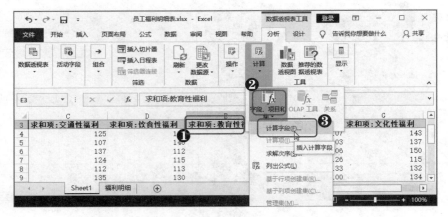

图 9-40　选择"计算字段"命令

Step02 ❶在打开的"插入计算字段"对话框中输入合适的字段名称，❷在"公式"文本框中输入加法运算将所有福利进行求和，❸最后单击"确定"按钮，如图 9-41 所示。

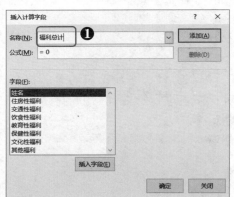
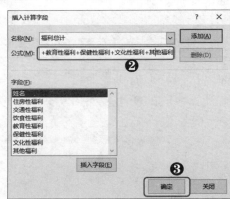

图 9-41　添加计算字段

第10章
Excel 数据的高级运算与共享操作

对于单变量模拟运算、双变量模拟运算、最佳方案等这类运算，很多用处面对这些数据处理都有一种恐惧心理，然而利用 Excel 中的模拟运算功能和方案管理器功能，都可以方便地进行运算。除了这些高级的数据运算，本章还会介绍有关工作簿共享的相关知识及操作，让用户了解如何在局域网中共享工作簿等相关操作。

|本|章|要|点|

· 使用 Excel 模拟运算表
· 使用方案管理器
· 在局域网中共享和审阅数据
· 共享数据的其他方式

10.1 使用 Excel 模拟运算表

模拟运算表是一个单元格区域，它可显示一个或多个公式中替换不同值时的结果。有两种类型的模拟运算表：单变量模拟运算表分析数据和双变量模拟运算表分析数据。下面分别介绍这两种方法。

10.1.1 使用单变量模拟运算表分析数据

单变量模拟运算表中，用户可以对一个变量键入不同的值从而查看它对一个或多个公式的影响。

[分析实例]——计算不同利率每月还款金额

以在"商业贷款明细"工作表中计算贷款 5000000 元，在 6 种不同利率的情况下分别计算每月应还款金额为例，介绍使用单变量模拟运算表分析数据相关操作方法。如图 10-1 所示为单变量模拟运算计算每月还款前后的对比效果。

◎下载/初始文件/第 10 章/商业贷款明细.xlsx

◎下载/最终文件/第 10 章/商业贷款明细.xlsx

图 10-1 单变量模拟运算计算每月还款前后的对比效果

其具体的操作步骤如下。

Step01 打开素材文件，❶选择 C3:D8 单元格区域，❷单击"数据"选项卡"预测"组中的"模拟分析"下拉按钮，❸选择"模拟运算表"命令，如图 10-2 所示。

Step02 ❶在打开的对话框中的"输入引用列的单元格"文本框中插入文本插入点，将

C3 单元格地址导入其中，❷单击"确定"按钮即可，如图 10-3 所示。

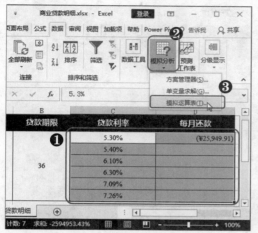
图 10-2　选择"模拟运算表"命令

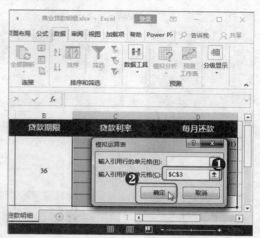
图 10-3　设置单元格引用

 提个醒：预设函数

　　我们在使用模拟预算表进行模拟运算时，需先在目标列的单元格中预设计算公式，本例中的预算公式是"=PMT(C3/12,B3*12,A3)"。

　　返回工作表中可以查看各种贷款利率下的结果，如果其中某个因素发生变化，则计算结果也会随之发生变化。

商务贷款明细表

贷款总金额	贷款期限	贷款利率	每月还款
¥5,000,000.00	24	5.30%	(¥30,716.37)
		5.40%	(¥31,009.71)
		6.10%	(¥33,101.88)
		6.30%	(¥33,711.86)
		7.09%	(¥36,172.30)
		7.26%	(¥36,712.11)

图 10-4　查看还款明细

10.1.2　使用双变量模拟运算表分数据

　　双变量数据分析与单变量数据分析相似，主要用于系统根据两个变量的同时变化，来分析对数据结果的影响。

[分析实例]——计算不同利率和不同年限的还款额

　　以在"商业贷款明细 1"工作表中根据贷款利率的不同以及贷款年限从 15 ~30 年计算每月应还金额为例，介绍使用双变量模拟运算表分析数据相关操作方法。如图 10-5 所示为双变量模拟运算计算每月还款前后的对比效果。

◎下载/初始文件/第 10 章/商业贷款明细 1.xlsx

◎下载/最终文件/第 10 章/商业贷款明细 1.xlsx

图 10-5　双变量模拟运算计算每月还款前后的对比效果

其具体的操作步骤如下。

Step01 打开素材文件，❶选择 B5:H11 单元格区域，❷单击"数据"选项卡"预测"组中的"模拟分析"下拉按钮，❸选择"模拟运算表"命令，如图 10-6 所示。

Step02 ❶在打开的对话框中的"输入引用行的单元格"文本框中插入文本插入点，将 B4 单元格地址导入其中，❷将 B3 单元格地址导入"输入引用列的单元格"文本框中，❸单击"确定"按钮即可，如图 10-7 所示。

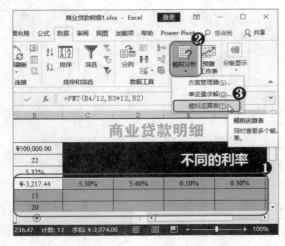

图 10-6　选择"模拟运算表"命令

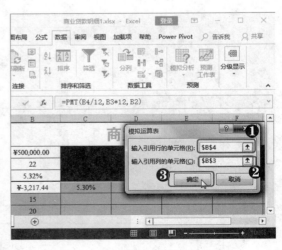

图 10-7　设置单元格引用

10.2 使用方案管理器

方案管理器是 Excel 为用户提供的一种分析数据并建立多套方案，从中选择最佳方案的功能。该项功能常用于一些投资性的项目中，通过对影响项目的各因素进行对比分析，从而提出多个备选方案，最后再通过比较选择一种最佳方案。

10.2.1 创建方案

使用方案管理器之前，首先需要在 Excel 中创建方案。用户需要注意的是，在创建方案时可能设置的名称、参数等有很多，要注意确保数据的一致性。

[分析实例]——创建各公司的投资方案

以在"公司投资方案评估"工作簿中根据投资金额、投资年限和年利率分别为 4 个不同公司创建投资方案为例，介绍创建方案的具体方法。如图 10-8 所示为创建方案前后的对比效果。

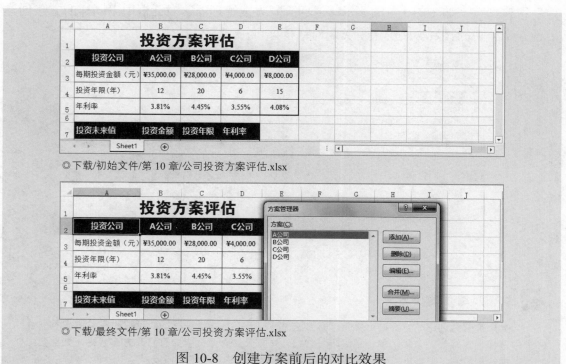

◎下载/初始文件/第 10 章/公司投资方案评估.xlsx

◎下载/最终文件/第 10 章/公司投资方案评估.xlsx

图 10-8　创建方案前后的对比效果

其具体的操作步骤如下。

Step01 打开素材文件，❶选择任意数据单元格，❷单击"数据"选项卡"预测"组中的"模拟分析"下拉按钮，❸选择"方案管理器"命令，❹在打开的"方案管理器"对话框中单击"添加"按钮，如图 10-9 所示。

图 10-9　在"方案管理器"对话框中单击"添加"按钮

Step02 ❶在打开的"添加方案"对话框中的"方案名"文本框中输入"A 公司"，❷在"可变单元格"文本框中设置单元格区域为 B8:D8，❸单击"确定"按钮即可，如 10-10 左图所示。

Step03 ❶在打开的"方案变量值"对话框中设置与 A 公司相对应的数值，❷单击"确定"按钮即可，如 10-10 右图所示。返回到"方案管理器"对话框中以同样的方法创建其他 3 个公司的投资方法，最后关闭对话框即可。

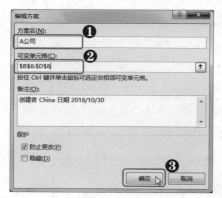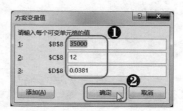

图 10-10　添加 A 公司的方案和设置参数

⚡ 提个醒：编辑和删除方案

　　如果需要对创建的方案进行修改，其方法是：打开"方案管理器"对话框，在"方案"列表框中选择需要修改的方案，单击"编辑"按钮，在打开的对话框中即可修改方案名称，如果要修改方案的变量值，则单击"确定"按钮，在打开的对话框中即可进行修改。

　　如果需要删除创建的方案，只需要在"方案管理器"对话框中的"方案"列表框中选择需要删除的方案，单击"删除"按钮即可。

10.2.2 选择最佳方案

创建方案之后，用户可以通过各个方案的摘要信息，将多种方案进行对比分析，并将结果保存在单独的"方案摘要"工作表中，以便用户选择最好的方案。

[分析实例]——根据创建的方案生成摘要

下面以在"公司投资方案评估 1"工作表中根据之前创建的 4 个不同公司的方案生成结果，最终选择最佳方案为例，介绍生成方案结果的具体方法。如图 10-11 所示为生成方案结果前后的对比效果。

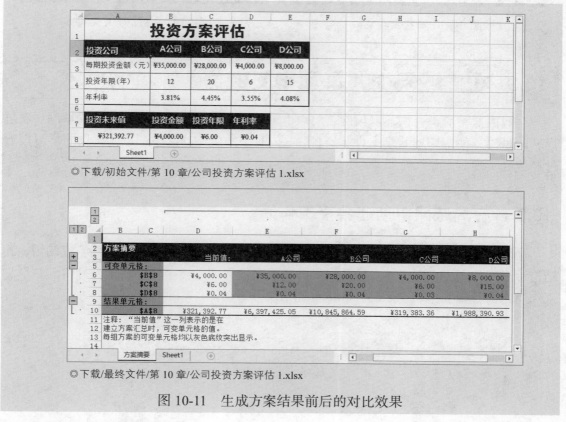

◎下载/初始文件/第 10 章/公司投资方案评估 1.xlsx

◎下载/最终文件/第 10 章/公司投资方案评估 1.xlsx

图 10-11　生成方案结果前后的对比效果

其具体的操作步骤如下。

Step01 打开素材文件，❶选择任意数据单元格，单击"数据"选项卡"预测"组中的"模拟分析"下拉按钮，选择"方案管理器"命令，❷在打开的"方案管理器"对话框中单击"摘要"按钮，如图 10-12 所示。

Step02 在打开的"方案摘要"对话框中保持各项设置不变，单击"确定"按钮即可，如图 10-13 所示，系统会生成一个"方案摘要"工作表。

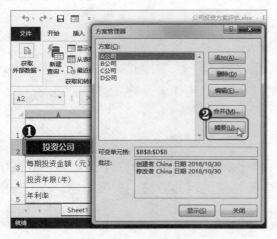

图 10-12　生成摘要

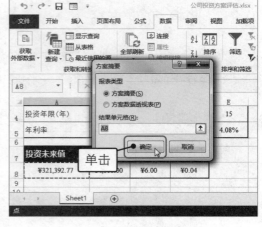

图 10-13　设置方案类型

10.3　在局域网中共享和审阅数据

企业内部一般都会构建局域网，用户也可以在家中使用多台电脑构建局域网。通过局域网可以方便快捷地共享文件、资源，Excel 中的文件的共享和审阅操作同样可以通过局域网实现。

10.3.1　在局域网中创建共享工作簿

局域网（Local Area Network，LAN）是指在某一区域内由多台电脑互联成的组，其结构示意图如图 10-14 所示。局域网可以实现文件管理、应用软件共享、打印机共享、工作组内的日程安排、电子邮件和传真通信服务等功能。

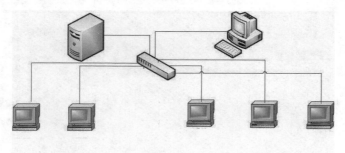

图 10-14　局域网示意图

如果用户需要将整个工作簿共享到已经共享的文件夹中，只需要将该工作簿复制或移动到该文件夹中即可，如图 10-15 所示。

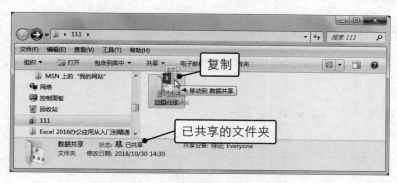

图 10-15　将工作簿移动到共享位置

如果没有可供放置于其中的被共享了的文件夹，就需要先创建一个文件夹并将其共享，再将工作簿复制到这个文件夹中。也可以先将工作簿复制到创建的文件夹中，再将包含了工作簿的文件夹共享。

在要共享的文件夹上右击，然后选择"共享/特定用户"命令，如图 10-16 所示。

图 10-16　选择"特定用户"命令

在打开的"文件共享"对话框中单击文本框右侧的下拉按钮，在弹出的下拉列表中选择"Everyone"选项，单击"添加"按钮，如图 10-17 所示。

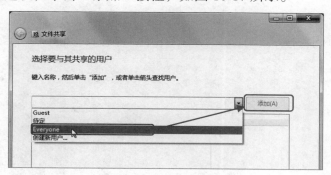

图 10-17　设置共享用户

在下方的列表中单击右侧的下拉按钮，根据情况设置用户的访问权限，如果想让其他用户只查看该工作簿，则保持默认的权限设置；如果允许其他用户对该工作簿进行更改，则选择"读/写"权限选项，单击"共享"按钮即可，如图 10-18 所示。

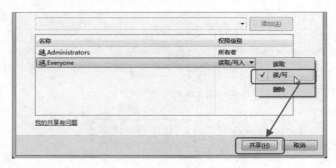

图 10-18　设置用户访问权限

　　在打开的窗口中则会显示文件夹已经共享的信息，并显示了共享文件夹所在的网络位置，单击"完成"按钮关闭窗口。接下来局域网中的其他用户就可以查看该文件夹和其中的文件了，如图 10-19 所示。

图 10-19　完成文件夹的共享

10.3.2　在局域网中允许多人同时编辑工作簿

　　没有经过任何设置直接放入共享文件夹的工作簿，在同一时间内只能被一个人查看，不能实现多人同时使用。

　　可以在 Excel 工作簿中进行一些设置，就可以被多人同时查看。首先需要在打开的工作簿中单击"审阅"选项卡中的"共享工作簿"按钮，如图 10-20 所示。

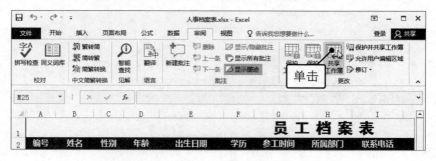

图 10-20　单击"共享工作簿"按钮

　　在打开的对话框中选中"允许多用户同时编辑，同时允许工作簿合并"复选框，然后单击"确定"按钮，继续单击"确定"按钮。这样，其他多个用户就可以在共享文件夹中查看该工作簿了，而且当其他用户查看的时候，再次打开"共享工作簿"对话框，在其中能看到当前有哪些用户在查看该工作簿，如图 10-21 所示。

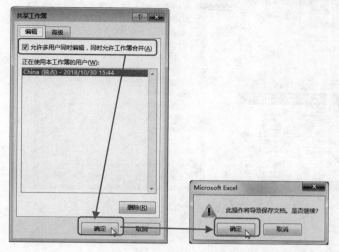

图 10-21　实现多用户同时查看工作簿

小技巧：阻止某个用户编辑工作表

　　如果在"共享工作簿"对话框中发现某个不希望其编辑工作簿的用户，可以选中该用户，单击"删除"按钮，然后在提示对话框中单击"确定"按钮，如图 10-22 所示。此时，正在浏览该工作簿的用户可以继续浏览，但是若做出更改，则不能直接保存在原工作簿上，需要以新工作簿的形式进行保存。

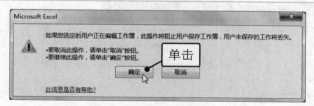

图 10-22　阻止某个用户编辑工作簿

10.3.3　修订共享工作簿

　　用户可以使用修订在每次保存工作簿时记录有关工作簿修订的详细信息。这种修订历史记录可以帮助用户标识对工作簿中的数据所做的任何修订，且还可以接受或拒绝这些修订。修订对于多个用户编辑的工作簿特别有用。当用户提交工作簿至审阅者进行批注，然后将收到的输入数据合并到工作簿副本时（此副本中包含用户想保留的修订和批注），此功能在实际商务办公中十分重要。

　　可以通过单击"共享工作簿"按钮来启用修订，在打开的"共享工作簿"对话框中单击"高级"选项卡，选中"保存修订记录"单选按钮，默认天数为"30"天，用户也可以自定义天数，最后单击"确定"按钮如图 10-23 所示。

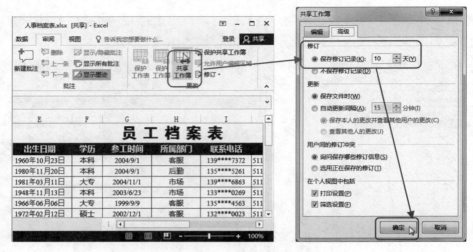

图 10-23　启用修订功能

10.3.4　在工作表中使用批注

以添加批注的方式来为共享的工作簿提供自己的意见或者说明也是常用的方式，比如员工信息表中某个员工还未登记电话号码，需要人事专员尽快处理，就可以在该员工名字所在单元格处添加批注以提示登记电话号码，如图 10-24 所示。

图 10-24　在工作表中添加的批注

添加批注的操作相对简单，如果要为某个单元格添加批注，只需要选择目标单元格，单击"审阅"选项卡"批注"组中的"新建批注"按钮即可，如图 10-25 所示。

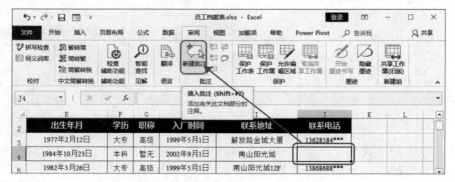

图 10-25　单击"新建批注"按钮

此时会在所选单元格旁边会显示一个批注框并以箭头连接批注框和单元格，系统已默认将文本插入点定位于批注框中，直接在其中输入要添加的批注文本内容即可，如图 10-26 所示。

图 10-26　输入批注文本

在默认情况下，添加批注之后，当鼠标光标没有悬停在该单元格时，批注是隐藏的，只是带有批注的单元格右上角有一个红色的小三角形。这样可以不影响表格外观和遮挡表格数据。但是如果想让用户在打开工作簿时就对所有批注一目了然，可以单击"批注"组中的"显示所有批注"按钮来显示被隐藏的批注，如图 10-27 所示。

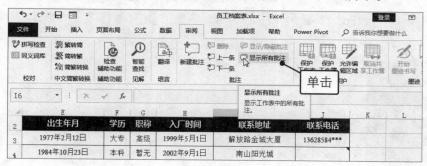

图 10-27　显示工作表中隐藏的批注

如果要删除某个单元格的批注，可以直接选择该单元格，然后在"批注"组中单击"删除"按钮即可将其删除，如图 10-28 所示。

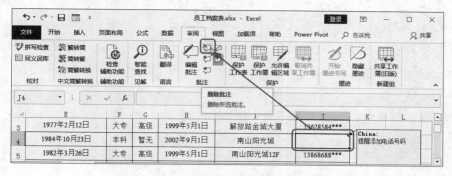

图 10-28　删除某个单元格的批注

10.4 共享数据的其他方式

　　除了前面介绍的在局域网中共享和审阅数据的方式外，用户还可以通过邮件、网络以及联机等方式共享数据。

10.4.1 通过邮件发送工作表

　　在日常工作中，与其他人员的工作联系是非常普遍的。如要将工作簿发送到指定客户的邮箱里面，这时，就可以直接通过 Excel 的邮件分享功能将工作簿以电子邮件的形式发送到对方的邮箱中。

　　如果要通过邮件功能发送工作表，可以单击"文件"选项卡，然后在左侧单击"共享"选项卡，再单击"电子邮件"按钮，单击"作为附件发送"按钮，如图 10-29 所示。

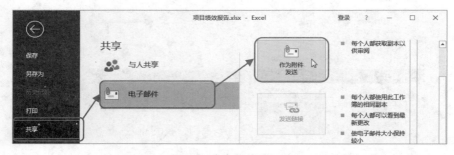

图 10-29　单击"作为附件发送"按钮

　　此时系统就会自动启动 Outlook 邮件客户端（若客户端还未配置账户，则会提示先配置账户），并将工作簿添加到附件中。在"收件人"地址栏中填写收件人的邮箱地址，如果需要输入正文，则直接在下方输入，完成后单击"发送"按钮，如图 10-30 所示。

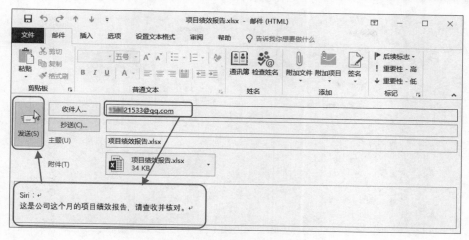

图 10-30　发送电子邮件

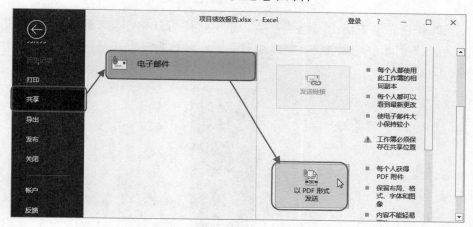

图 10-31　以 PDF 形式发送工作簿

10.4.2　将工作表数据发布到网上

用户可以将制作好的文档发布到网上，这样他人就可以通过你提供的链接地址访问发布的文档，而且可以在其中进行编辑。

（1）注册 Microsoft 账户

想要将 Excel 工作簿共享到网络中，首先需要一个 Microsoft 账户，如果用户使用的是 Hotmail 邮箱或 Messenger、Xbox Live 联系软件，则已经拥有一个账户。如果还没有账户，则需要创建。

可以在保存文件时在"另存为"选项卡中单击"OneDrive"按钮，然后单击右侧的"登录"按钮，如图 10-32 所示。

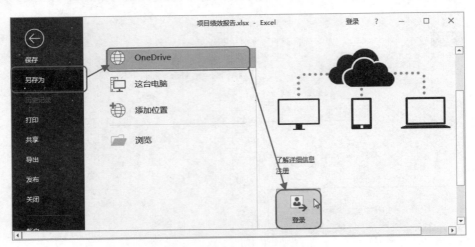

图 10-32 单击"登录"按钮

在打开的登录界面中单击"创建一个"超链接即可开始创建 Microsoft 账户，输入必要的注册信息后即可完成注册。完成注册后，系统将自动登录该账户并加载相应的服务，如图 10-33 所示。

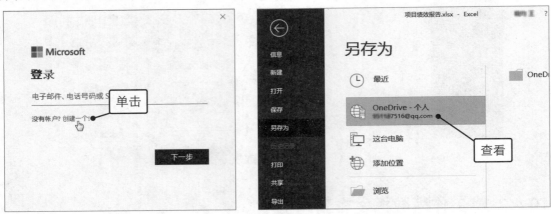

图 10-33 成功创建 Microsoft 账户

（2）将工作簿发布到网上

保存到网站上可以使用户不必担心在何处存储工作簿了。用户所需的只是一个能够让自己使用所需的任何设备从任何位置对其进行访问的链接。而且还可以选择与其他用户共享相同的链接，意思就是多个用户可以在同一个文件中进行写作处理，而不用担心对方所使用的 Excel 版本问题。

在"文件"选项卡中单击"另存为"选项卡，然后单击"OneDrive - 个人"按钮，再在右侧单击"OneDrive - 个人"文件夹，在打开的"另存为"对话框中双击"文档"文件夹，单击"保存"按钮，系统自动将工作簿进行上传，如图 10-34 所示。

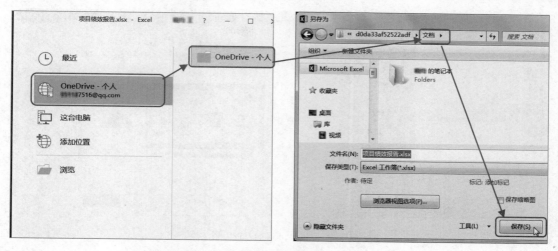

图 10-34　将工作簿保存到"文档"文件夹

对于已有 Microsoft 账号，但没有进行登录的用户（或需要使用其他 Microsoft 账户的），需要事先进行登录，然后才能进行工作簿的上传共享。

⚡ **提个醒：查看上传**

如图 10-34 所示，单击"保存"按钮后会返回当前工作簿，在窗口底部的状态栏中查看到上传信息，如图 10-35 所示。

6	2分店	马英	150	210	160	135	¥183,400.00	4
7	2分店	马英	182	198	145	126	¥143,220.00	10
8	2分店	马英	165	187	120	110	¥183,330.00	6
9	3分店	张炜	134	185	193	187	¥195,720.00	3
10	3分店	张炜	110	190	110		15,500.00	12

Sheet1　年度业绩统计　Sheet2　Sheet3　⊕

就绪　　　　正在上载到 OneDrive　　　　　　　100%

图 10-35　查看上传信息

10.4.3　使用链接共享工作簿

在 Excel 中，可以将工作簿的链接地址发给任何需要与其共享的人，用户只需要知道对方的邮箱地址即可。对方收到邮件后通过链接地址即可在浏览器中打开链接所指向的工作簿。

用户在共享时还可以设置收到链接的人对此工作簿所享有的权限，也可以在共享后取消某个人的权限。

在这之前，用户需要登录 OneDrive 客户端。直接在"开始"菜单中选择"Microsoft OneDrive"选项，在打开的程序中依次输入账号、密码，即可登录，如图 10-36 所示。

图 10-36　登录 OneDrive 客户端

完成登录后，即可打开"OneDrive"文件夹，在其中即可查看用户上传到网络中的文件，如图 10-37 所示，与此同时共享工作簿链接的功能即可使用。

图 10-37　"OneDrive"文件夹

如果要共享工作簿的链接可以单击"文件"选项卡，然后在左侧单击"共享"选项卡，再单击"电子邮件"按钮，单击"发送链接"按钮，如图 10-38 所示。

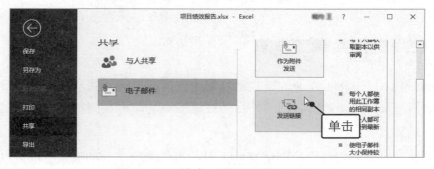

图 10-38　单击"发送链接"按钮

然后在出现的对话框中输入收件人的电子邮件地址，可以是 QQ、163、sina 以及 hotmail 等多种浏览器所支持的电子邮件，在"内容"文本框中即可查看生成的链接，输入需要的内容，单击"发送"按钮即可，如图 10-39 所示。

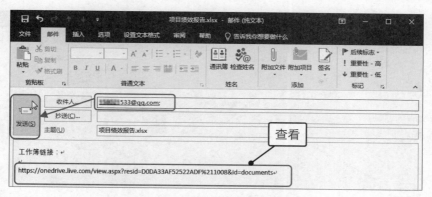

图 10-39　发送工作簿链接

小技巧：一次给多人共享链接

　　用户在发送共享链接的邮件时，如果需要同时给多人发送，则可以在收件人文本框中输入多个收件人邮箱地址，系统会自动识别，用分号将其隔开即可，如图 10-40 所示。

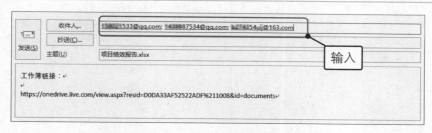

图 10-40　一次给多个用户共享链接

10.4.4　通过手机等移动终端共享工作簿

　　如果用户经常出差在外，很少使用电脑，或是特殊原因不方便使用电脑处理相关文件。此时，就可以在智能手机等终端上登录 OneDrive 应用，从而在任何位置查看、共享和上载文件。

　　例如在 Android 手机上下载安装手机版的 OneDrive，进入欢迎界面后，滑动屏幕可以查看该软件的相关特性，此时可以点击"登录"按钮（电脑客户端和手机客户端的 Microsoft 账号通用，如果用户没有该账户，可以点击底部的"没有账户？创建一个！"按钮进行创建），在打开页面中输入已有的 Microsoft 账号，然后点击"转到"按钮进入到密码输入页面中，输入密码，点击"登录"按钮即可登录 OneDrive 客户端，如图 10-41 所示。

　　登录后点击"已共享"选项卡，选择"由我共享"选项即可查看到已经共享的工作簿，如图 10-42 所示。

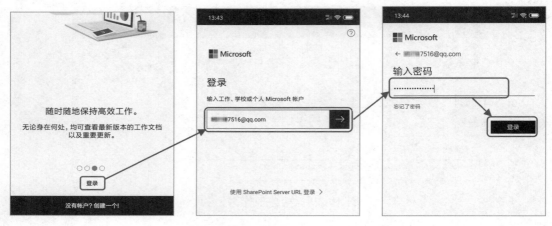

图 10-41　手机登录 OneDrive

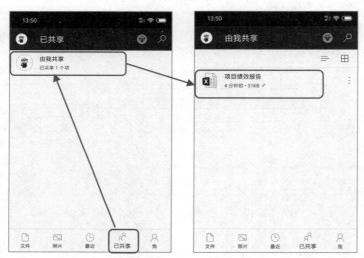

图 10-42　查看已共享的工作簿

第11章
数据筛选与排序技巧速查

数据的筛选和排序是在 Excel 中使用频率较高的操作，用户可以根据需要按行或列、按升序或降序等进行排序；根据不同的条件筛选出符合要求的数据。合理使用筛选和排序功能可以提高用户的工作效率。本章主要介绍排序和筛选使用过程中的相关技巧，针对一些特殊的情况或是特殊要求，使用技巧能够巧妙地解决疑难问题。

|本|章|要|点|

· 数据筛选的技巧
· 数据排序的技巧

11.1 数据筛选的技巧

在查看和管理数据时，根据某种条件筛选出符合要求的数据，是一种常见的需求，Excel 的筛选功能专门帮助用户解决此类问题，掌握一定的数据筛选技巧更能提高用户的工作效率。

11.1.1 合并单元格的自动筛选技巧

◎应用说明

在数据源中筛选数据时，必须要求数据源不能有合并单元格，尤其对于筛选关键字所在的列，更不能存在合并单元格的情况，否则系统自动将合并单元格包含的多行识别为一行，从而得到错误的筛选结果。要解决这个问题，可以结合定位条件功能来筛选，从而得到正确的筛选结果。

◎操作解析

例如，在图 11-1 中，单击 A1 单元格中的下拉按钮进行筛选，在弹出的筛选器中选中“北京”复选框，筛选结果如图 11-2 所示，筛选出的数据并未包含 4 个季度，而只筛选出了第 1 个季度的数据，可见直接进行筛选是有问题的。

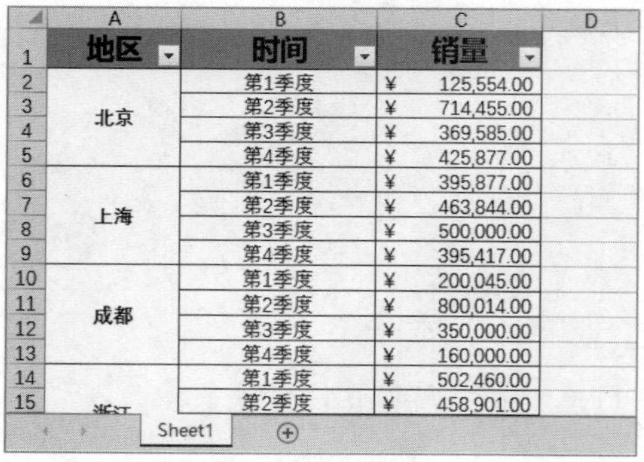

	A	B	C	D
1	地区	时间	销量	
2	北京	第1季度	¥ 125,554.00	
3		第2季度	¥ 714,455.00	
4		第3季度	¥ 369,585.00	
5		第4季度	¥ 425,877.00	
6	上海	第1季度	¥ 395,877.00	
7		第2季度	¥ 463,844.00	
8		第3季度	¥ 500,000.00	
9		第4季度	¥ 395,417.00	
10	成都	第1季度	¥ 200,045.00	
11		第2季度	¥ 800,014.00	
12		第3季度	¥ 350,000.00	
13		第4季度	¥ 160,000.00	
14		第1季度	¥ 502,460.00	
15	浙江	第2季度	¥ 458,901.00	

Sheet1

图 11-1　带有合并单元格的数据列表

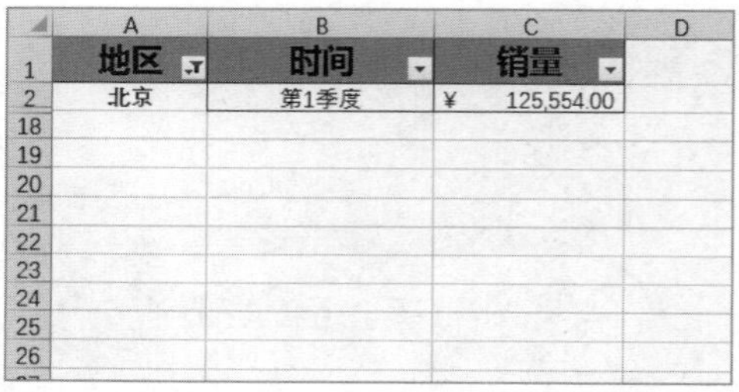

	A	B	C	D
1	地区	时间	销量	
2	北京	第1季度	¥ 125,554.00	
18				
19				
20				
21				
22				
23				
24				
25				
26				

图 11-2　错误的筛选结果

如果要得到正确的筛选结果，可以按如下操作进行。

◎下载/初始文件/第 11 章/各地销售统计表.xlsx　　◎下载/最终文件/第 11 章/各地销售统计表.xlsx

Step01 打开素材文件，❶选择 A2:A17 单元格区域，❷单击“开始”选项卡“剪贴板”组中的“格式刷”按钮，❸选择 E2 单元格，即可将 A2:A17 单元格的格式复制到 E2:E17 单元格区域，如图 11-3 所示。

Step02 ❶选择 A2:A17 单元格区域，❷单击“开始”选项卡“对齐方式”组中的“合并后居中”按钮，取消单元格合并模式，❸按【F5】键打开“定位”对话框，单击“定位条件”按钮，如图 11-4 所示。

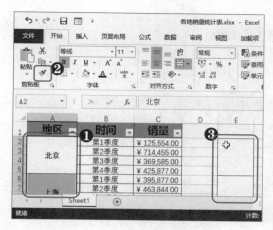
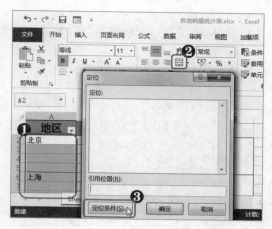

图 11-3　复制单元格格式　　　　图 11-4　单击"定位条件"按钮

Step03 ❶在打开的"定位条件"对话框中选中"空值"单选按钮，❷单击"确定"按钮，此时 Excel 会选择 A2:A17 区域内所有空白单元格，如图 11-5 所示。

Step04 将文本插入点定位到编辑栏中，并输入"=A2"，按【Ctrl+Enter】组合键将选择的所有空白单元格中自动填充公式，如图 11-6 所示。

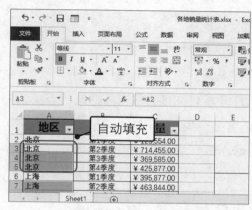

图 11-5　定位空值　　　　图 11-6　在空白单元格中填充数据

Step05 ❶选择 E2 单元格，❷单击"开始"选项卡"剪贴板"组中的"格式刷"按钮，❸选择 A2:A17 单元格区域，此时再筛选"北京"，如图 11-7 所示。

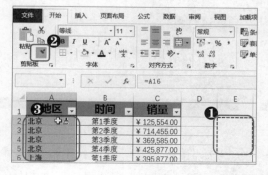
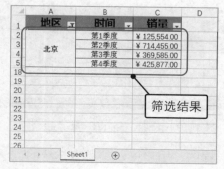

图 11-7　重新设置合并单元格

11.1.2 快速筛选涨幅前几名的数据

◎应用说明

用户在实际工作中有时需要在大量的数据中筛选出前几个符合要求的数据，此时就可以使用 Excel 自带的筛选功能快速实现。

◎操作解析

如图 11-8 所示"股价分析"工作簿中的股价分析数据现在要筛选出涨幅最大的 4 条交易日数据。

交易日	成交量	开盘	盘高	盘低	收盘	涨跌幅
			数据源			
交易日	成交量	开盘	盘高	盘低	收盘	涨跌幅
2018/7/2	34,740,000	69.81	72.63	69.69	70.50	0.00851
2018/7/3	32,110,800	70.94	74.00	70.72	73.25	0.0451
2018/7/4	32,110,800	74.75	75.75	73.38	75.63	0.4771
2018/7/5	25,553,800	74.88	75.31	74.13	75.25	0.045451
2018/7/6	25,093,600	76.09	76.38	73.50	74.94	0.01211
2018/7/9	23,158,000	75.44	75.47	72.97	73.75	0.00851

图 11-8 股价分析表

要实现这样的要求，需要进行条件筛选，具体操作如下。

◎下载/初始文件/第 11 章/股价分析.xlsx　　◎下载/最终文件/第 11 章/股价分析.xlsx

Step01 打开素材文件，❶进入筛选状态单击 G2 单元格的下拉按钮，❷在弹出的筛选器中选择"数字筛选"命令，在其子菜单中选择"前 10 项"命令，如图 11-9 所示。

Step02 ❶在打开的"自动筛选前 10 个"对话框中的第二个文本框中的数值改为"4"，❷单击"确定"按钮即可，如图 11-10 所示。

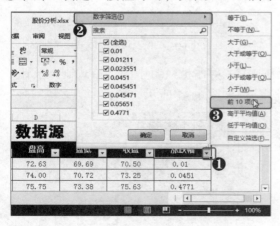

图 11-9 选择"前 10 项"命令

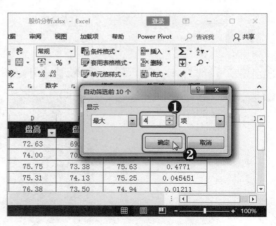

图 11-10 筛选前 4 名

同样的，用户可以参考本技巧的方法，快速筛选出跌幅最大的前 4 名数据，只需要在"自动筛选前 10 个"对话框中将左侧的下拉列表框中的值改为"最小"，将其右侧的文本框中的数值改为"4"即可。

11.1.3 使用"自定义"功能筛选复杂数据

◎应用说明

用户在实际办公操作中经常会遇到需要使用多条件进行筛选的情况,例如需要筛选出工作表中以"M"开头且销量大于 1000 的产品。对于这种复杂数据的筛选,就需要使用自定义筛选功能。

◎操作解析

下面以在"年销售情况统计"工作簿中使用自定义筛选方法,筛选出同时满足以下几个条件的数据记录,条件按如下的先后顺序。

◆ 以"G"字母开头的负责人名字或是以"y"结尾的负责人。

◆ 产品以"S"开头"3"结尾,或是"NDKN1003"。

◆ 年总量大于"600"。

要实现这样的筛选要求,就需要使用到"自定义"功能,操作步骤如下。

◎下载/初始文件/第 11 章/年销售情况统计.xlsx　　　◎下载/最终文件/第 11 章/年销售情况统计.xlsx

Step01 打开素材文件,❶单击 C2 单元格("负责人"字段)的下拉按钮,❷在弹出的筛选器中选择"文本筛选/自定义筛选"命令,❸在打开的"自定义筛选方式"对话框中的第 1 个下拉列表框中选择"等于"选项,其右侧的下拉列表框中输入"G*";在第 2 个下拉列表框中选择"等于"选项,其右侧的下拉列表框中输入"*y",选中"或"单元按钮,单击"确定"按钮,如图 11-11 所示。

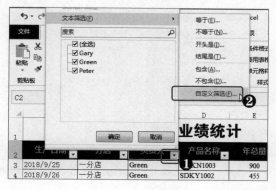

图 11-11　筛选符合要求的负责人

Step02 在上一步的筛选结果的基础上,继续筛选,❶选择 D2 单元格,单击其右侧的下拉按钮,❷选择"文本筛选/自定义筛选"命令,❸在打开的对话框中的第 1 个条件组分别输入"等于"和"S*3",第 2 个条件组中输入"等于"和"NDKN1003",选中"或"

单元按钮，单击"确定"按钮即可，如图 11-12 所示。

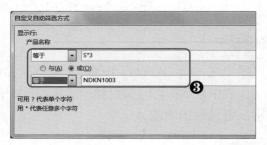

图 11-12 筛选符合要求的产品

Step03 在上一步的筛选结果的基础上，继续筛选，选择 E2 单元格，单击其右侧的下拉按钮，选择"文本筛选/自定义筛选"命令，在打开的对话框中的第 1 个条件组分别输入"大于"和"600"，单击"确定"按钮即可，即可得到筛选结果，如图 11-13 所示。

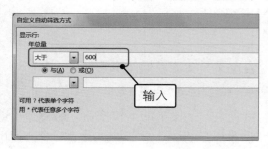

图 11-13 筛选符合要求的总量

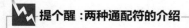 **提个醒：两种通配符的介绍**

在"自定义筛选方式"对话框中使用的两种通配符中"*"代表任意长度的字符串，"?"代表单个字符。如果用户要引用"*"和"?"本身所代表的字符，可在"*"或"?"前面添加"~"。

11.1.4 筛选不重复值

◎应用说明

在实际商务办公中可能会遇到需要统计工作表中不重复的记录，如果直接进行筛选，是不能实现的，此时就可以借助高级筛选来实现。

◎操作解析

下面以在"年销售情况统计 1"工作簿中借助高级筛选的方式筛选出不重复的记录为例，讲解相关的相作方法。

◎下载/初始文件/第 11 章/年销售情况统计 1.xlsx　　◎下载/最终文件/第 11 章/年销售情况统计 1.xlsx

Step01 打开素材文件，❶选择任意数据单元格，如 C3，❷在"数据"选项卡"排序和筛选"组中单击"高级"按钮，如图 11-14 所示。

Step02 ❶在打开的"高级筛选"对话框中选中"将筛选结果复制到其他位置"单选按钮，❷在"复制到"文本框中选择 G3 单元格，❸选中"选择不重复的记录"复选框，❹单击"确定"按钮，如图 11-15 所示。

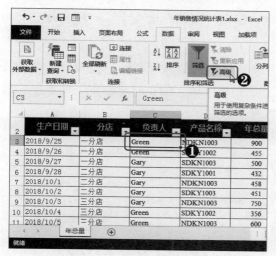

图 11-14　单击"高级"按钮

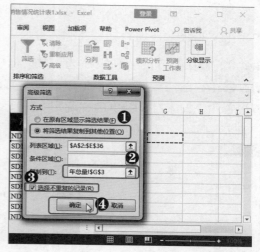

图 11-15　筛选不重复记录

Step03 完成前两步操作后，系统会将筛选出的不重复记录在用户指定的位置展示出来，如图 11-16 所示。

	生产日期	分店	负责人	产品名称	年总量
4	2018/9/25	一分店	Green	NDKN1003	900
5	2018/9/26	一分店	Green	SDKY1002	455
6	2018/9/27	一分店	Gary	SDKN1003	500
7	2018/9/28	二分店	Gary	SDKY1001	432
8	2018/10/1	二分店	Gary	NDKN1003	458
9	2018/10/2	二分店	Gary	SDKY1003	451
10	2018/10/3	三分店	Gary	NDKN1003	750
11	2018/10/4	三分店	Green	SDKY1002	356
12	2018/10/5	三分店	Green	NDKN1003	600

图 11-16　筛选结果查看

11.1.5　在筛选结果中只显示部分字段

◎应用说明

在默认情况下，使用高级筛选功能的"复制到"功能将筛选结果保存到其他位置时，程序自动包括了数据源表中的所有字段。但有的情况下，用户只希望在数据表中显示其中的部分字段内容，这时就需要在高级筛选的方式中设置筛选条件。

◎操作解析

下面以在“基本工资表”工作簿中借助高级筛选的方式对工作表中的数据进行筛选，在筛选结果中去掉“民族”和“出生年月”这两个字段的显示，并筛选出性别为“女”的数据，具体操作步骤如下。

◎下载/初始文件/第 11 章/基本工资表.xlsx　　◎下载/最终文件/第 11 章/基本工资表.xlsx

Step01 打开素材文件，❶在 A21:F21 单元格区域中分别输入“工号”、“姓名”、“性别”、“籍贯”、“职称”和“基本工资”等字段标题，❷在“数据”选项卡“排序和筛选”组中单击“高级”按钮，如图 11-17 所示。

Step02 ❶在打开的“高级筛选”对话框中选中“将筛选结果复制到其他位置”单选按钮，❷在“条件区域”文本框中设置为 C1:C2 单元格区域，❸在“复制到”文本框中将值设置为 A21:F21，❹单击“确定”按钮，如图 11-18 所示。

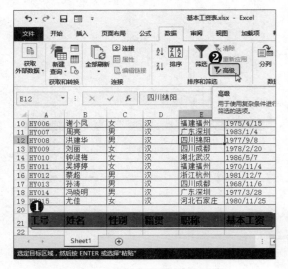

图 11-17　单击“高级”按钮

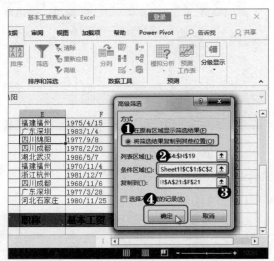

图 11-18　筛选数据

Step03 完成前两步操作后，系统会将筛选出的数据展示在用户输入的标题位置，“民族”和“出生年月”两项数据已经被隐藏，如图 11-19 所示。

工号	姓名	性别	籍贯	职称	基本工资
HY002	朱红娟	女	浙江杭州	助理会计师	2500
HY005	陈琴	女	河北石家庄	会计师	3000
HY006	谢小凤	女	福建福州	会计师	3000
HY009	刘丽	女	四川成都	助理会计师	2500
HY010	钟淑梅	女	湖北武汉	会计员	3000
HY011	吴婷婷	女	福建福州	会计师	3000
HY015	尤佳	女	河北石家庄	会计员	3000

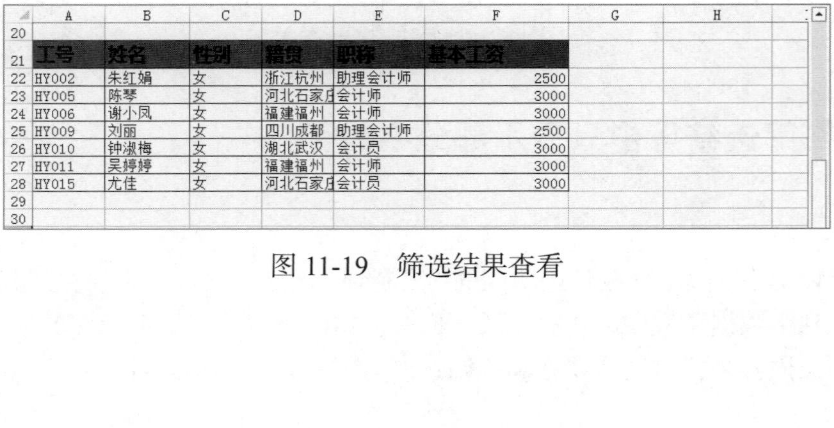

图 11-19　筛选结果查看

11.1.6 使用"自定义视图"简化重复的筛选操作

◎应用说明

使用"自定义视图"后，当用户改变筛选条件或取消筛选模式后，仍然可以使用视图管理器功能快速得到筛选结果，而无需对所有的数据进行再次筛选，极大地提高用户工作效率。

◎操作解析

下面以在"采购表"工作簿中对"产品名称"列中的数据进行筛选，并将筛选结果添加到自定义视图中，方便再次查看数据，具体操作步骤如下。

◎下载/初始文件/第 11 章/采购表.xlsx　　　◎下载/最终文件/第 11 章/采购表.xlsx

Step01 打开素材文件，❶单击 C2 单元格右侧的下拉按钮，❷在弹出的下拉列表中仅选中"U 盘"复选框，❸单击"确定"按钮，如图 11-20 所示。

Step02 ❶单击"视图"选项卡"工作簿视图"组中的"自定义视图"按钮，❷在打开的"视图管理器"对话框中单击"添加"按钮，如图 11-21 所示。

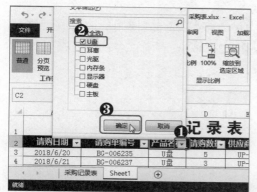

图 11-20　筛选"U 盘"数据　　　　　　图 11-21　单击"添加"按钮

Step03 ❶在打开的"添加视图"对话框中设置视图名称"U 盘"，❷单击"确定"按钮即可，如图 11-22 所示。

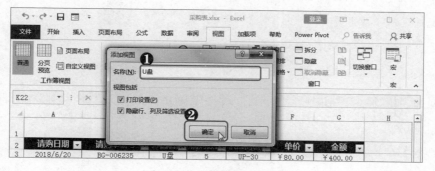

图 11-22　设置视图名称

完成上述操作后，即使当前不处于筛选状态，只要单击"视图"选项卡"工作簿视图"组中的"自定义视图"按钮，在打开的对话框中的"视图"列表框中选择对应的视图名称，单击"显示"按钮即可，如图 11-23 所示。

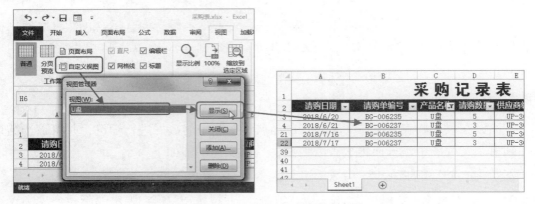

图 11-23　显示添加的视图效果

11.2　数据排序的技巧

　　Excel 提供了多种方法进行数据排序，能满足大多数用户的使用。对一些特殊情况下的数据排序方法，用户也应当有一定了解，例如按笔画进行排序、按方向进行排序等，合理使用能简化复杂的工作。

11.2.1　如何按笔画排序

◎应用说明

　　默认情况下，Excel 中是按照"字母"的顺序进行排序。以中文名字为例，是按照其首字的第一个拼音在字母表中的顺序排序，首字母相同的情况下，依次比较第二、三个字母。

　　然而，中国用户的使用习惯中常按照笔画顺序来排列，这种排序规则通常是：

◆　先按笔画多少排序。

◆　笔画相同按笔画顺序排列（横、竖、撇、捺、折）。

◆　如果笔画和笔顺都相同，则按照字形结构排列，即先左右再上下，最后整体字。

　　在 Excel 中已经考虑到中国用户的这种按笔画排序的需求，但是排序规则和上面介绍的有所不同。

◆　先按笔画多少排序。

◆　对于笔画相同的汉字，Excel 按照其内码顺序进行排列，而不是按照笔画顺序进行排序。

◎操作解析

下面以在"员工津贴表"工作簿中对"姓名"列中的数据按笔画进行排序,具体操作步骤如下。

◎下载/初始文件/第 11 章/员工津贴表.xlsx　　　◎下载/最终文件/第 11 章/员工津贴表.xlsx

Step01 打开素材文件,❶选择 A2:B16 单元格区域,❷单击"数据"选项卡"排序和筛选"组中的"排序"按钮,如图 11-24 所示。

Step02 ❶在打开的"排序"对话框中设置"主要关键字"的列为"姓名",右侧的"次序"列表框保持"升序"不变,❷单击"选项"按钮,如图 11-25 所示。

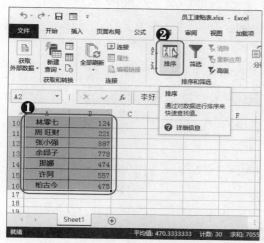

图 11-24　单击"排序"按钮

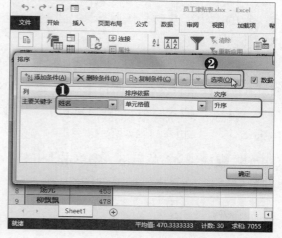

图 11-25　单击"选项"按钮

Step03 ❶在打开的"排序选项"对话框中选中"笔画排序"单选按钮,❷依次单击"确定"按钮保存即可,如图 11-26 所示。

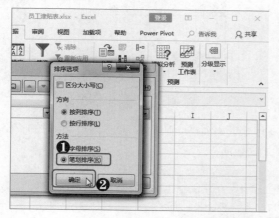

图 11-26　按笔画排序及其最终效果

11.2.2 对合并单元格进行快速排序

◎应用说明

当数据区域中包含了合并单元格时，如果各个合并单元格的数量不统一，将无法进行排序操作。如果想要对其进行排序操作，可以使用插空的方法使合并单元格具有一致的大小。

◎操作解析

下面以在"各部门销售情况"工作簿中通过调整各部门单元格的数量的方法使其具有一致的大小，并对其按照金额大小进行排序为例，介绍对合并单元格的排序方法，具体操作步骤如下。

◎下载/初始文件/第 11 章/各部门销售情况.xlsx　　◎下载/最终文件/第 11 章/各部门销售情况.xlsx

Step01 打开素材文件，在每个合并单元格区域的下方根据最大合并单元格的个数（本例中为 4 个）插入空行，即"D 部门"中插入 3 行；"A 部门"中插入 2 行；"B 部门"中插入 1 行，如图 11-27 所示。

Step02 ❶选择 A2 单元格，❷单击"开始"选项卡"剪贴板"组中的"格式刷"按钮，选择 A6:A17 单元格区域，如图 11-28 所示。

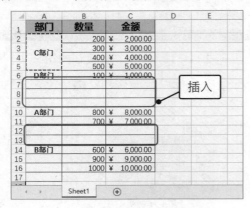

图 11-27　插入空行

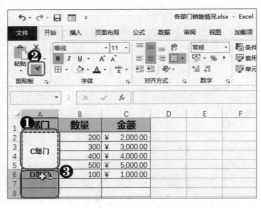

图 11-28　合并单元格区域

Step03 以同样的方法选择 A2 单元格，单击"开始"选项卡"剪贴板"组中的"格式刷"按钮，选择 B2:C17 单元格区域，如图 11-29 所示。

	A	B	C	
1	部门	数量	金额	
2-3	C部门	200	2000	
6-7	D部门	100	1000	合并单元格
10-11	A部门	800	8000	
14-15	B部门	600	6000	

图 11-29　合并 B 列和 C 列单元格区域

Step04 ❶选择 C 列任意数据单元格，❷单击"数据"选项卡"排序和筛选"组中的"升序"按钮，如图 11-30 所示。

Step05 ❶选择 D2:D5 的单元格区域，❷单击"开始"选项卡的"格式刷"按钮，❸选择 B2:C17 单元格区域，取消其单元格合并，如图 11-31 所示。

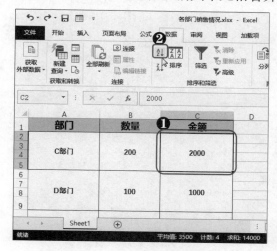

图 11-30　对金额进行排序

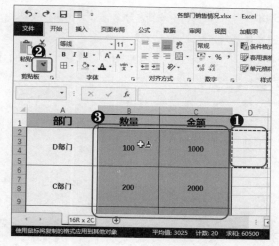

图 11-31　取消合并单元格

Step06 删除多余的空行，对需要合并的单元格进行合并，对工作表进行整理后得到如图 11-32 所示的效果。

	A	B	C	D	E	F
1	部门	数量	金额			
2	D部门	100	1000			
3		200	2000			
4	C部门	300	3000			
5		400	4000			
6		500	5000			
7	A部门	600	6000			
8		700	7000			
9	B部门	800	8000			
10		900	9000			

图 11-32　对合并单元格排序最终效果

11.2.3 在每条记录上方添加表头

◎应用说明

一般情况下，表格中只有一行表头，但是在某些情况下，如果需要将表格中的不同数据分发给不同的人或者部门核对时，就需要在每条记录前面添加表头，然后打印出来，裁剪成对应的数据条分发给对应的人核对。

如果表格中的记录比较多，逐条记录添加表头比较麻烦，在 Excel 中，利用排序功能可以方便地在每条数据前面添加指定的表头。

◎操作解析

下面以在"员工工资表"工作簿中根据其中的员工工资明细数据运用排序的方法为每条数据添加表头为例，介绍工资条的制作方法，具体操作步骤如下。

◎下载/初始文件/第 11 章/员工工资表.xlsx　　◎下载/最终文件/第 11 章/员工工资表.xlsx

Step01 打开素材文件，❶在 K3:K12 单元格区域依次输入数字 1~10，用同样的方法在 K13:K22 输入 1~10，❷选择 K 列中的任意数据单元格，❸单击"数据"选项卡"排序和筛选"组中的"升序"按钮，如图 11-33 所示。

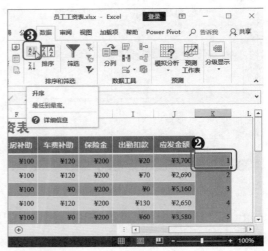

图 11-33　对添加的列进行排序

Step02 ❶选择 A4:J20 单元格区域，按【F5】键，❷在打开的"定位"对话框中单击"定位条件"按钮，❸在打开的"定位条件"对话框中选中"空值"单元按钮，❹单击"确定"按钮即可，如图 11-34 所示。

图 11-34　选择区域内的空白单元格

Step03 返回到工作表中即可查看到所有的空白单元格都被选中，在地址栏中输入"=A2"，按【Ctrl+Enter】组合键即可确认公式输入，对工作表进行美化即可完成操作，如图 11-35 所示。

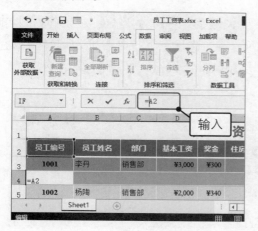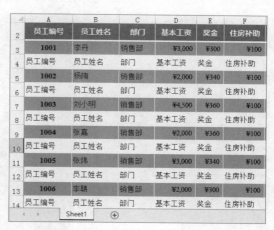

图 11-35　制作好的工资条

11.2.4　按单元格多种背景颜色排序

◎应用说明

按单元格的背景色排序也可以实现对数据的整理，例如一个数据表中被手动设置了多种单元格背景颜色，并且希望按照单元格的不同颜色的次序排列数据，此时就可以按照不同的单元格颜色进行排序。

◎操作解析

如图 11-36 所示为"学生成绩表"工作簿中的工作表，其"总分"列的数据被设置了 3 种不同颜色，现在需要成绩按照不同填充颜色的数据进行排序（紫色数据在前、红色数据在最后）。

图 11-36　包含 3 种不同颜色单元格的表格

要实现这样的要求，就需要按不同颜色进行排序，具体操作如下。

◎下载/初始文件/第 11 章/学生成绩表.xlsx   ◎下载/最终文件/第 11 章/学生成绩表.xlsx

Step01 打开素材文件，❶选择任意数据单元格区域，❷单击"数据"选项卡"排序和筛选"组中的"排序"按钮，如图 11-37 所示。

Step02 ❶在打开的"排序"对话框中设置"主要关键字"的列为"总分"，在右侧的"排序依据"下拉列表框中选择"单元格颜色"选项，在"次序"下拉列表框中选择"紫色"选项，最后的下拉列表框保持不变，❷单击"复制条件"按钮，如图 11-38 所示。

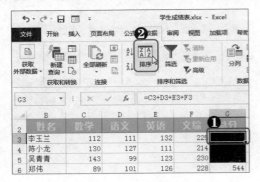

图 11-37　单击"排序"按钮

图 11-38　单击"复制条件"按钮

Step03 ❶继续添加条件，分别设置"绿色"和"红色"为次级排序依据，❷单击"确定"按钮即可，如 11-39 左图所示，关闭对话框并回到工作表中即可查看排序效果，如 11-39 右图所示。

图 11-39　按多种颜色排序后的表格

第12章
公式与函数应用技巧速查

公式和函数是 Excel 中进行数据计算的重要工具，因此，掌握公式和函数的应用技巧，可以提高计算的准确率和效率。本章主要介绍公式和函数的相关使用技巧，通过使用相应的技巧，用户可以快速实现需要的计算效果。

|本|章|要|点|

· 函数和公式的操作技巧
· 常见函数的应用技巧

12.1　函数和公式的操作技巧

在学习了函数和公式的基本用法之后，用户还需要了解一些函数和公式的使用小技巧，从而提高运算效率。

12.1.1　禁止在编辑栏中显示公式

◎应用说明

用户在编辑工作表的过程中，如果不希望他人浏览到工作表中的数据是如何计算的，可以将公式隐藏起来。隐藏后，只会在单元格中显示计算结果，不会将公式显示在地址栏中。

◎操作解析

下面以在"未来获利率"工作簿中计算移动标准误差的计算公式进行隐藏为例，讲解隐藏地址栏中公式显示的方法相关操作方法。

◎下载/初始文件/第 12 章/未来获利率.xlsx　　　◎下载/最终文件/第 12 章/未来获利率.xlsx

Step01 打开素材文件，❶选择 E3:F8 单元格区域，❷单击"开始"选项卡"单元格"组中的"格式"下拉按钮，❸在弹出下拉列表中选择"设置单元格格式"命令，如图 12-1 所示。

Step02 ❶在打开的"设置单元格格式"对话框中单击"保护"选项卡，❷选中"隐藏"复选框，单击"确定"按钮即可，如图 12-2 所示。

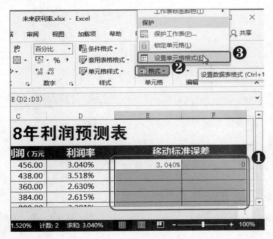

图 12-1　选择"设置单元格格式"命令

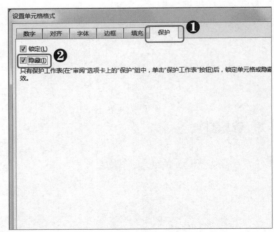

图 12-2　选中"隐藏"复选框

Step03 ❶返回到工作簿中，单击"审阅"选项卡"保护"组中的"保护工作表"按钮，❷在打开的对话框中选中"选定未锁定的单元格"复选框，❸单击"确定"按钮即可，如图 12-3 所示。

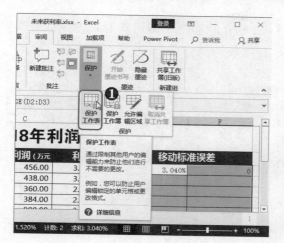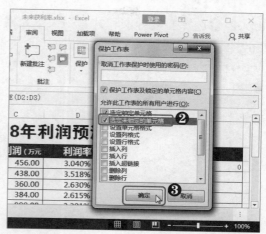

图 12-3　设置单元格保护

返回到工作表中，选择 E3 单元格时，可以查看到地址栏中将不会再显示公式，如图 12-4 所示。

图 12-4　最终效果展示

12.1.2　不需要公式就能快速获取指定数据的计算结果

◎应用说明

在 Excel 中，对于最大值、最小值、求和、求平均值和统计个数等常规数据计算，如果只需要查看一组数据中的常规运算结果，可以不用通过手动输入公式来计算，就可以知道其具体的结果。

◎操作解析

下面以在"产量统计表"工作簿中不使用公式，快速查看各车间的总产量为例，讲解快速获取指定数据的计算结果的相关操作方法。

◎下载/初始文件/第 12 章/产量统计表.xlsx　　　◎下载/最终文件/第 12 章/产量统计表.xlsx

Step01 ❶在工作界面的状态栏上右击，❷在弹出的快捷菜单中可以看到有多种计算的菜单选项，选择"求和"选项（被选择的菜单命令左侧有一个选中标记），如图 12-5 所示。

Step02 ❶选择要进行求和的 C3:F3 单元格区域，❷在状态栏中即可查看到计算结果"求和:6912"，将结果输入 G3 单元格即可，如图 12-6 所示。

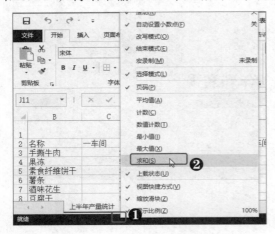

图 12-5　添加计算选项

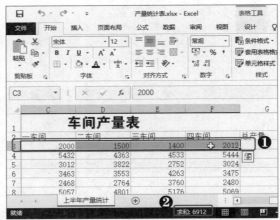

图 12-6　快速计算

 小技巧：快速进行其他类型计算

　　如图 12-5 所示，在状态栏中不仅可以计算求和，还可以对所选数据进行计数以及求平均值等，只需要选择相应的选项即可。

12.1.3　使用"选择性粘贴"功能进行简单计算

◎**应用说明**

　　在 Excel 中处理数据时，有时候会将某个数据扩大一定的倍数，例如在将所有员工的基本工资上调 5%，此时可以通过"选择性粘贴"功能快速实现。

◎**操作解析**

　　下面以在"员工基本工资表"工作簿中使用选择性粘贴功能将所有员工的基本工资提高 5% 为例，讲解利用使用"选择性粘贴"功能计算的相关操作方法。

◎下载/初始文件/第 12 章/员工基本工资表.xlsx　　◎下载/最终文件/第 12 章/员工基本工资表.xlsx

Step01 打开素材文件，❶选择 D3 单元格，❷在编辑栏中输入"1.05"，按【Enter】键，选择 D3 单元格，❸单击"开始"选项卡"剪贴板"组中的"复制"按钮，如图 12-7 所示。

Step02 ❶选择 C3:C17 单元格区域，❷单击"剪贴板"组中的"粘贴"按钮下方的下拉按钮，❸在弹出的下拉列表中选择"选择性粘贴"命令，如图 12-8 所示。

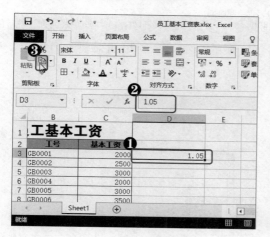

图 12-7　复制单元格

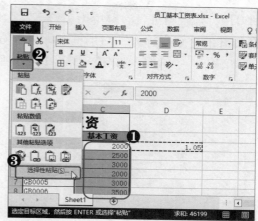

图 12-8　选择"选择性粘贴"命令

Step03 ❶在打开的"选择性粘贴"对话框中选中"乘"单选按钮，❷单击"确定"按钮，在返回的工作表即可查看计算结果，如图 12-9 所示。

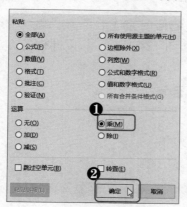
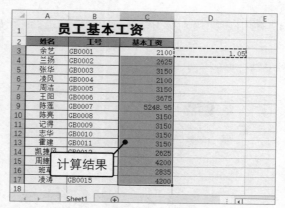

图 12-9　选择计算方式并计算结果

12.1.4　快速查找公式中的错误

◎应用说明

　　在使用 Excel 公式进行计算时，可能因为某些原因而无法得到正确的计算结果，从而返回错误值或是计算出错的数据，所以用户需要掌握快速查错的方法。

◎操作解析

　　下面以在"学生成绩排名"工作簿中检查"平均分"栏中包含的计算错误，并对其进行修改为例，讲解进行快速查错的相关操作方法。

◎下载/初始文件/第 12 章/学生成绩排名.xlsx　　　◎下载/最终文件/第 12 章/学生成绩排名.xlsx

Step01 打开素材文件，❶单击"公式"选项卡"公式审核"组中的"错误检查"按钮，❷在打开的"错误检查"对话框中即可查看到错误的详细信息，❸如果要进行修改，单击"在编辑栏中编辑"按钮，如图 12-10 所示。

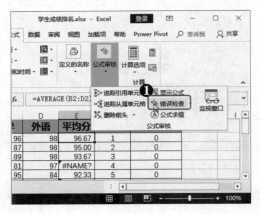

图 12-10　查找公式错误

Step02 ❶用户即可对该单元格中的公式进行修改，❷修改完成后单击"继续"按钮即可检查下一处错，如果存在，则可继续进行修改，如图 12-11 所示。以同样的方法将所有的错误都进行修改。

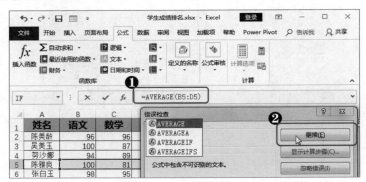

图 12-11　修改公式中的错误

12.1.5 利用汇总行计算数据

◎应用说明

　　如果需要快速对某些单元格数据进行常规计算，可以通过汇总行的方式来完成，其操作方法相较于使用公式计算更为简便。

◎操作解析

　　下面以在"产量统计表 1"工作簿中使用汇总行的方式对各车间的产量进行求和计算为例，介绍利用汇总行计算数据的相关操作方法。

◎下载/初始文件/第 12 章/产量统计表 1.xlsx　　◎下载/最终文件/第 12 章/产量统计表 1.xlsx

Step01 打开素材文件，❶选择任意表格数据单元格，❷选中"表格工具 设计"选项卡"表格样式选项"组中的"汇总行"复选框，如图 12-12 所示。

Step02 ❶选择 C3:C12 单元格区域，❷单击"快速分析"按钮，❸单击"汇总"选项卡，❹单击"求和"按钮，如图 12-13 所示，以同样的方法对其他 3 个车间进行求和。

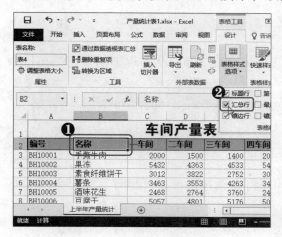

图 12-12　选中"汇总行"复选框

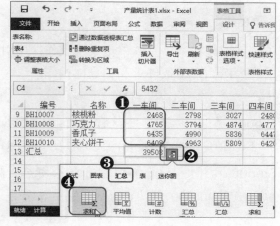

图 12-13　求和计算

完成上述操作后，系统会自动生成汇总行，在汇总行中即可查看各车间的汇总数据，如图 12-14 所示。

编号	名称	一车间	二车间	三车间	四车间	总产量
			车间产量表			
编号	名称	一车间	二车间	三车间	四车间	总产量
BH10001	手撕牛肉	2000	1500	1400	2012	
BH10002	果冻	5432	4363	4533	5444	
BH10003	素食纤维饼干	3012	3822	2752	3024	
BH10004	薯条	3463	3553	4263	3475	
BH10005	酒味花生	2468	2764	3760	2480	
BH10006	豆腐干	5057	4801	5176	5069	
BH10007	核桃粉	2468	2798	3027	2480	
BH10008	巧克力	4765	3794	4874	4777	
BH10009	香瓜子	6435	4990	5836	6447	
BH10010	夹心饼干	6408	4963	5809	6420	
汇总		39508	37348	41430	41628	

图 12-14　汇总行效果图

12.2　常见函数的应用技巧

在学习了函数的结构以及常见函数的使用方法以后，还需要了解一些特殊函数的使用技巧，掌握这些技巧后，在遇到同类的问题时就可以快速进行解决，从而大大提升工作效率，减少出错。

12.2.1 运用 "*" 与 SUM()函数进行条件求和

◎应用说明

在 Excel 中，如果要对符合指定条件的数据进行求和计算，可以使用程序内置的 SUM()函数和 "*" 组合使用来完成。

◎操作解析

下面以在 "一月签单记录" 工作簿中对单笔金额在 300 000 元以上的所有签单进行求和为例，介绍条件求和的具体操作。

◎下载/初始文件/第 12 章/一月签单记录.xlsx　　　◎下载/最终文件/第 12 章/一月签单记录.xlsx

Step01 打开素材文件，❶选择存放数据的 C9 单元格，❷在编辑栏中输入公式 "=SUM((C3:C8>300000)*C3:C8)"，如图 12-15 所示。

Step02 按【Ctrl+Shift+Enter】组合键后，程序将自动在当前单元格计算出订单表中签单金额在 300000 元以上的所有签单总金额，如图 12-16 所示。

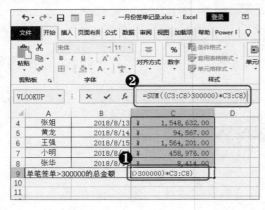

图 12-15　输入公式

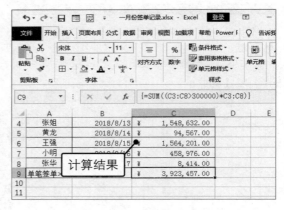

图 12-16　计算结果展示

◎公式说明

SUM()函数的参数可以是表达式，例如要计算 12 乘以 3、15 除以 5 两个表达式的结果，直接在单元格中输入以下公式 "=SUM(12*3,15/5)"，程序会自动将 "12*3" 的结果作为函数的第一个参数，将 "15/5" 的结果作为第二个函数的参数，再用 SUM()函数对两个参数进行求和。

SUM()函数的参数也可以为逻辑值，默认情况下 TRUE 的逻辑值为 1，FALSE 的逻辑值为 0。例如分别在单元格中输入 "=SUM(TRUE,2)" 和 "=SUM(FALSE,2)"，按【Ctrl+Enter】键后程序会自动在单元格中显示 3 和 2。

SUM()函数进行条件求和的核心是运用 "*" 运算符只挑选需要进行求和的数据，然后将不需要求和的数据转化为 0，其中，"数据*TRUE"返回数据；"数据*FALSE"返回值为 0。

 提个醒：本案例中挑选符合条件的求和数据源的中间过程

在本例中，使用"C3:C8>300000"表达式可以返回签单金额大于 300 000 的逻辑值数组，{TRUE;TRUE;FSLSE;TRUE;TRUE;FALSE}，然后与 C3:C8 单元格区域中的数据进行"*"运算返回数值数组，最后用 SUM()函数进行求和计算。

12.2.2 用"+"实现多选一条件的汇总计算

◎应用说明

在 Excel 中，如果指定的条件有多个，但是需要汇总的数据只需要符合其中的一个条件即可进行汇总。此时可以使用"+"运算符和 SUM()函数综合使用来巧妙地设置约束条件。

◎操作解析

在"销售人员工资"工作簿中记录了部门员工的信息，现在需要统计除了管理人员以外的职工，即职务为"销售人员"或者"市场专员"的员工的实发工资总和，以此为例介绍用"+"实现多选一条件的汇总的具体操作。

◎下载/初始文件/第 12 章/销售人员工资.xlsx　　　◎下载/最终文件/第 12 章/销售人员工资.xlsx

Step01 打开素材文件，❶选择存放数据的 D12 单元格，❷在编辑栏中输入公式"=SUM(((E2:E13="销售人员")+(E2:E13="市场专员"))*F2:F13)"，如图 12-17 所示。

Step02 按【Enter】组合键后，程序将自动在当前单元格筛选出符合条件的数据并进行计算，如图 12-18 所示。

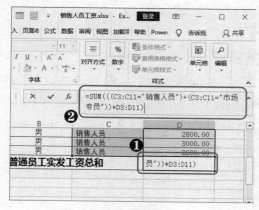

图 12-17　输入公式

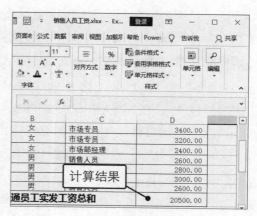

图 12-18　计算结果展示

◎公式说明

在本例的计算过程中，首先使用 "E2:E13="销售人员""公式筛选职务为 "销售人员"的逻辑值数组{FALSE;FALSE;TRUE;TRUE; TRUE;TRUE;FALSE;FALSE;FALSE;FALSE; FALSE;FALSE}。

然后使用 "E2:E13="市场专员""公式筛选职务为 "市场专员"的逻辑值数组{FALSE; FALSE;FALSE;FALSE;FALSE;FALSE; FALSE;TRUE;TRUE;TRUE;TRUE}。

再使用 "+"运算符将两个数组合并为一个数值数组{0;0;1;1;1;1;0;0;1;1;1;1}，并与 F2:F13 单元格区域中对应位置的数据进行乘法运算，得出最终的数值数组为 {0;0;2451;2514;1895;2633;0;0;1897;2101;1986;1932}。

最后使用 SUM()函数将数值数组进行累加完成操作。

> **提个醒：逻辑值的加法问题**
>
> 在 Excel 中，"=FALSE+FALSE"公式返回数值 0；"=FALSE+TRUE"公式返回数值 1；"=TRUE+TRUE"公式返回数值 2。

12.2.3 将数字金额转换为人民币大写

◎应用说明

相对于通常使用的数字表示的金额，应用中文大写表示金额可以有效防止他人篡改，因此，在实际财务工作中被经常使用。要实现将数字表示的金额转换为人民币大写，只需要使用相应的公式即可实现。

◎操作解析

下面以在 "超市利润表"工作簿中将超市每项利润数据转换为人民币大写形式为例，介绍将数字金额转换为人民币大写的具体操作方法。

◎下载/初始文件/第 12 章/超市利润表.xlsx　　◎下载/最终文件/第 12 章/超市利润表.xlsx

Step01 打开素材文件，❶选择存放返回结果的单元格，❷在编辑栏中输入 " =IF(D3>=0,"")&TEXT(ABS(D3)-MOD(ABS(D3),1),"[dbnum2]")&IF(MOD(D3,1)=0," 元整","元")& SUBSTITUTE(SUBSTITUTE(TEXT(MOD(ABS(D3),1)*100,"[dbnum2]0 角 0 分"),"零角",),"零分",)"公式，如图 12-19 所示。

Step02 按【Ctrl+Enter】组合键，程序会自动在当前单元格中输出相应的人民币大写，然后复制公式到其他单元格中，如图 12-20 所示。

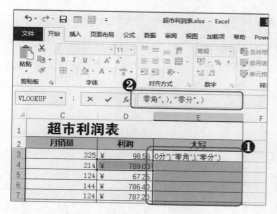

图 12-19　输入函数公式

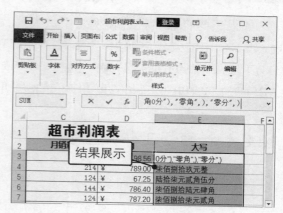

图 12-20　最终结果展示

◎公式说明

人民币大写的形式类似于"负壹仟零肆拾陆元伍分"，它可以分为 4 部分，分别为正负部分、整数部分、单位部分和小数部分，所以在利用公式将数字金额转化为人民币大写时，只需要将这4部分分别写出来，依次连接在一起。

> **提个醒：本案例中公式各部分的作用**
>
> 本案例中应用了 3 个文本连接符 "&" 连接人民币大写的 4 部分，各部分的作用如下。
> 第一部分：用 IF()函数来判断数字金额的正负以及数字为负时，在人民币大写前加上"负"字。
> 第二部分：用 TEXT()函数人民币大写的整数部分。
> 第三部分：用 IF()函数来确定输出单位。
> 第四部分：先用 TEXT()函数输出金额的小数部分，再用两个 SUBSTITUTE()函数来除去其中不符合习惯的部分。

TEXT()函数的格式出现了"[dbnum2]"这一部分，它的功能是将数字转换为中文大写，相应的还有 "[dbnum1]"、"[dbnum3]"，如果在单元格中输入 "=TEXT(1234,"[dbnum1]")" 会得到"一千二百三十四"；输入"=TEXT(1234,"[dbnum3]")"会得到"1千2百3十4"。

除了上述做法外，还可以使用其他的方法来实现转换效果。比如使用公式"=IF(MOD(D3,1)=0,TEXT(INT(D3),"[dbnum2]G/通用格式元整;负[dbnum2]G/通用格式元整;零元整;"),IF(D3>0,,"")&TEXT(INT(ABS(D3)),"[dbnum2]G/通用格式元;;")&SUBSTITUTE(SUBSTITUTE(TEXT(RIGHT(FIXED(D3),2),"[dbnum2]0角0分;;"),"零角",IF(ABS(D3)<>0,,"零")),"零分",""))"，也可以得到同样的结果。

这种方法的思路是：先检查金额是否为整数，是则直接转换为中文大写的形式，并加上"元整"字样；然后再转换带有小数的数据，先转化整数部分，再转化小数部分，最后去掉不符合习惯的部分；最后把这两部分连接在一起。

如果想要将非负整数转换为中文大写，还可以应用 NUMBERSTRING()函数来实现，如本例中的公式更换为："=IF(D3>=0,"")&NUMBERSTRING(ABS(D3)-MOD(ABS(D3),1),2)&IF(MOD(D3,1)=0,"元整","元")&SUBSTITUTE(SUBSTITUTE(TEXT(MOD(ABS(D3),1)*100,"[dbnum2]0 角 0 分"),"零角",),"零分",)"。

12.2.4 计算员工年限工资

◎应用说明

在实际商务办公中可能需要计算员工的年限工资，根据员工的不同工作时间长度给予不同的年限工资，使用 CEILING()函数即可快速实现。

◎操作解析

下面以在"年限工资表"工作簿中先将所有员工的年限乘以 100，再使用 CEILING()函数向上取 100 的倍数，而对于不足一年的使用条件表达式将其去除为例，介绍介绍具体的操作方法。

◎下载/初始文件/第 12 章/年限工资表.xlsx　　◎下载/最终文件/第 12 章/年限工资表.xlsx

Step01 打开"年限工资表"素材文件，❶选择 D3 单元格，❷在编辑栏中输入公式"=CEILING(B3*100,100)*(B3>=1)"，如图 12-21 所示。

Step02 按【Ctrl+Enter】组合键，程序将自动计算年限工资，对其他单元格进行公式填充即可，如图 12-22 所示。

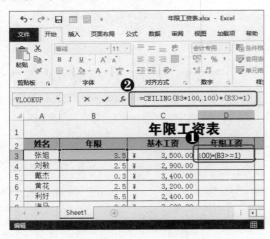

图 12-21　输入公式

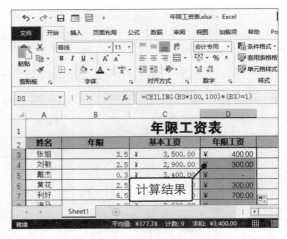

图 12-22　计算公式结果

◎公式说明

CEILING()函数的功能是将其第 1 个参数向绝对值增大的方向舍入到最接近的其第 2 个参数的倍数。对负数的舍入规则与 INT()函数相同。同时，Excel 还提供了

CEILING.PRECISE()函数，该函数的功能在正数部分与 CEILING()函数相同，负数部分则不一致，舍入后的结果始终是不小于其第 1 个参数的。比如"=CEILING(-12.34,2)"的结果为"-14"，"=CEILING.PRECISE(-12.34,2)"函数的结果为"-12"。

可以先将员工的工作年限向上取整，再剔除其中工龄不足一年的部分，最后乘以100，同样可以得到员工的年限工资，其公式为"=CEILING(C3,1)*(C3>=1)*100"。

12.2.5 巧用 MIN()函数和 MAX()函数设置数据上下限

◎应用说明

为了规范对数据的取值，很多时候需要为某些数据设置上限和下限。也就是说，当数据超过了设置的上限或下限范围时，则返回指定的极限值。要实现这种效果，可以使用 MIN()函数和 MAX()函数来完成。

◎操作解析

下面以在"绩效工资计算表"工作簿中以员工业绩的 2%计算提成，但绩效工资不能高于 2000 和低于 500 为例，介绍具体的操作方法。

◎下载/初始文件/第 12 章/绩效工资计算表.xlsx　　　　◎下载/最终文件/第 12 章/绩效工资计算表.xlsx

Step01 打开"绩效工资计算表"素材文件，❶选择 E3:E11 单元格区域，❷在编辑栏中输入公式"=MAX(MIN(D3*2%,2000),500)"，如图 12-23 所示。

Step02 按【Ctrl+Enter】组合键，程序将自动计算实际绩效工资，可在工作表中查看结果，如图 12-24 所示。

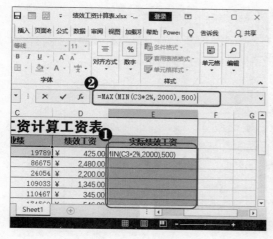

图 12-23　输入公式

图 12-24　计算公式结果

◎公式说明

在该公式中，C3 单元格中保存了员工的业绩数据，首先使用"C3*2%"公式按照员工业绩的 2%计算出员工实际的绩效工资。

接着使用 MIN()函数将得到的实际绩效工资与 2 000 作比较，有如下几种情况：

◆ 如果"C3*2%"的结果小于 2 000，则返回"C3*2%"公式的结果，并将其作为 MAX()函数的第一个参数，再与 500 作比较，如果"C3*2%"公式的值大于 500，则员工的最后绩效工资为"B3*2%"的结果；反之则员工的绩效工资为 500。

◆ 如果"C3*2%"的结果等于 2 000，则直接返回结果 2 000，并将其作为 MAX()函数的第一个参数，与 500 作比较，最后返回员工的绩效工资则为 2 000。

◆ 如果"C3*2%"的结果大于 2 000，则返回 2 000，并作为 MAX()函数的第一个参数与 500 作比较，最后返回员工的绩效工资则为 2 000。

12.2.6 使用函数实现多条件排名

◎应用说明

在使用函数对数据进行排名时，如果出现了需要按照多个条件进行综合排名的情况，可以先计算出各自的综合得分，再进行排名。

◎操作解析

下面以在"学生成绩排名 1"工作簿中使用函数对学生成绩按"平均分"和"外语"成绩进行双高分排名为例讲解相关操作方法。

◎下载/初始文件/第 12 章/学生成绩排名 1.xlsx　　　◎下载/最终文件/第 12 章/学生成绩排名 1.xlsx

Step01 打开素材文件，❶选择 F2 单元格，❷在编辑栏中输入"=E2+D2/1000"，按【Enter】键计算结果，❸使用填充柄对 F 列数据进行填充，如图 12-25 所示。

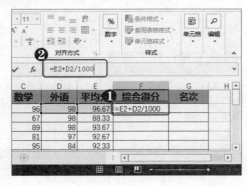

图 12-25　计算综合得分

Step02 ❶选择 G2 单元格，❷在编辑栏中输入"=RANK(F2,F:F)"，按【Enter】键，再对该列数据进行填充即可，如图 12-26 所示。

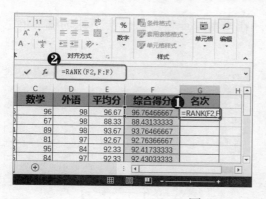

图 12-26　进行综合排名

◎公式说明

在该公式中，先使用"=E2+D2/1000"公式根据学生的平均成绩和外语成绩计算各学生的综合得分，再通过"=RANK(F2,F:F)"公式对学生的综合成绩进行排名，从而实现数据的多条件排名。

12.2.7 结合通配符进行数据计算

◎应用说明

在实际工作中，有时需要对一类项目的数据进行统计并求和，使用 SUMIF()函数结合通配符就可以快速实现。

◎操作解析

在"会员在项链上的消费统计"工作簿中需要统计会员在项链上的总消费，这是一个单条件求和问题，可以使用 SUMIF()函数来求解。但是由于会员基本档案中给出的首饰都是具体的名称，如图 12-27 所示，因此，还需要使用通配符来查找出会员在项链上的消费。下面讲解相关操作方法。

	A	B	C	D	E	F	G	H	I
1	会员基本档案								
2	编号	姓名	身份证号码	性别	通信地址	联系电话	消费商品	消费金额	备注
3	0001	艾佳	51112919770212****	男	绵阳	1314456****	玉石手镯	￥　36,666.00	
4	0002	陈小利	33025319841023****	男	郑州	1371512****	铂金项链	￥　99,999.00	
5	0003	高燕	41244619820326****	女	泸州	1581512****	铂金项链	￥　18,888.00	
6	0004	胡志军	41052119790125****	女	西安	1324465****	玉石手镯	￥　388,888.00	
7	0005	蒋成军	51386119810521****	男	贵阳	1591212****	黄金耳环	￥　6,666.00	
8	0006	李海峰	61010119810317****	男	天津	1324578****	铂金戒指	￥　26,666.00	
9	0007	李有煜	31048419830307****	女	杭州	1304453****	铂金戒指	￥　144,444.00	

图 12-27　会员基本消费情况表

◎下载/初始文件/第12章/会员在项链上的消费统计.xlsx　　◎下载/最终文件/第12章/会员在项链上的消费统计.xlsx

Step01　打开素材文件，❶选择 H24 单元格，❷在编辑栏中输入"=SUMIF(G3:G22,"*项链",H3:H22)"，如图 12-28 所示。

Step02 按【Ctrl+Enter】组合键后，程序自动在当前单元格中统计会员在项链上的总消费，如图 12-29 所示。

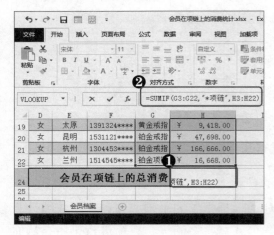

图 12-28 输入公式

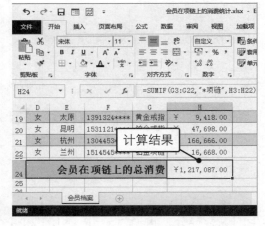

图 12-29 计算结果展示

◎公式说明

公式中的 "G3:G22,"*项链"" 表示在该列数据中筛选出与 "项链" 有关的数据；"H3:H22" 表示筛选出的 H 列中的数据，最后在进行求和即可。

第13章
数据处理与分析技巧速查

条件格式、数据验证以及分级显示的使用是 Excel 中对数据的处理和分析常用的功能，通过这些功能可以，提高工作效率。在使用具体的操作之前，用户还需要掌握一些相应的操作技巧。本章分别介绍条件格式、数据验证以及合并计算 3 个方面的操作技巧，帮助用户快速提高办公效率。

|本|章|要|点|

· 条件格式的使用技巧
· 数据验证的技巧
· 合并计算的相关技巧

13.1 条件格式的使用技巧

使用条件格式可以突出显示满足条件的单元格或单元格区域，起到强调特殊值的作用。在使用条件格式之前，用户还需要了解相关的使用技巧。

13.1.1 自动实现间隔填充

◎应用说明

当数据表中记录的数据行数非常多时，使用两种颜色间隔填充显示的方式可以让数据更容易确认与识别，减少视觉疲劳。使用条件格式功能可以很方便地实现这样的间隔填充，并且能够根据记录的增减自动变化。

◎操作解析

下面以在"员工档案表"工作表中为所有的员工信息数据设置间隔填充为例，讲解相关的操作方法。

◎下载/初始文件/第 13 章/员工档案表.xlsx   ◎下载/最终文件/第 13 章/员工档案表.xlsx

Step01 打开素材文件，❶选择 A3:J20 单元格区域，❷单击"开始"选项卡"样式"组中的"条件格式"下拉按钮，❸在弹出的下拉列表中选择"新建规则"命令，如图 13-1 所示。

Step02 ❶在打开的"新建格式规则"对话框中选择"使用公式确定要设置格式的单元格"选项，❷在文本框中输入公式"=(MOD(ROW(),2)=1)*(A3<>"")"，❸单击"格式"按钮，如图 13-2 所示。

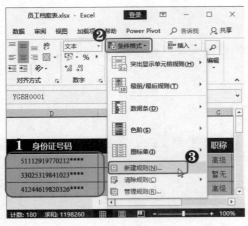

图 13-1　选择"新建规则"命令

图 13-2　设置规则

Step03 ❶在打开的"设置单元格格式"对话框中单击"填充"选项卡，❷在"背景色"栏中选择合适的背景颜色，单击"确定"按钮，❸在返回的"新建格式规则"对话框中单击"确定"按钮即可，如图 13-3 所示。

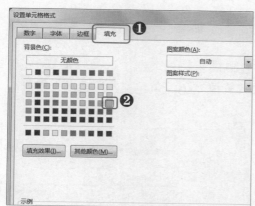

图 13-3　设置填充颜色

Step04 ❶以同样的方式再次新建规则，在打开的"新建格式规则"对话框中的文本框中输入公式"=(MOD(ROW(),2)=0)*(A3<>"")"，❷设置另一种填充颜色，❸单击"确定"按钮即可，如图 13-4 所示。

图 13-4　设置第二种规则样式

13.1.2　高效标识重复值

◎**应用说明**

　　用户在实际办公过程中，有时需要对数据表中的重复值进行突出展示，此时可以使用条件格式快速实现。

◎**操作解析**

　　下面以在"客户拜访计划表"工作簿突出显示所有的重复数据为例，讲解使用条件格式标识重复值的相关操作方法。

Step01 打开素材文件，❶选择 I3:I38 单元格区域，单击"开始"选项卡"样式"组中的"条件格式"下拉按钮，❷在弹出的下拉菜单中选择"突出显示单元格规则/重复值"命令，如图 13-5 所示。

Step02 ❶在打开的"重复值"对话框中左侧的下拉列表框中选择"重复"选项，❷在右侧的下拉列表框中选择合适的格式，如"黄填充色深黄色文本"选项，❸单击"确定"按钮即可，如图 13-6 所示。

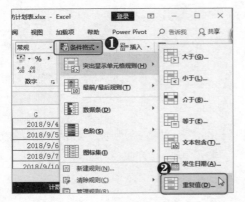

图 13-5　选择"重复值"命令 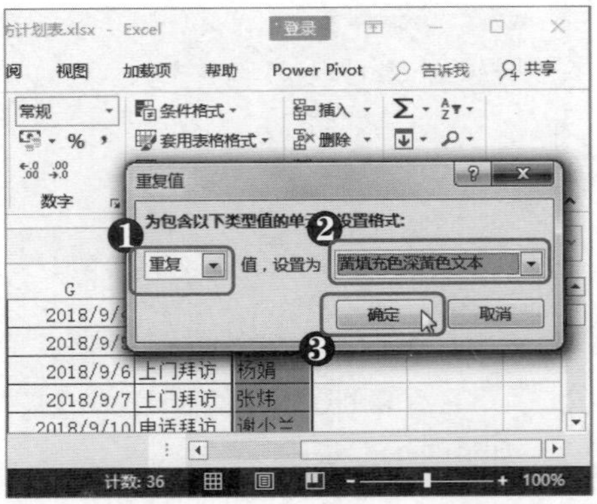　　　图 13-6　设置填充颜色

完成所有操作返回工作表后，即可查看到该列中的重复数据全部被填充了背景色，如图 13-7 所示。

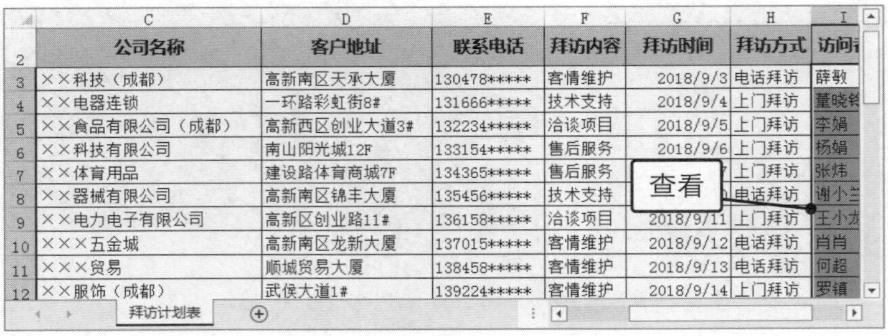

图 13-7　最终效果展示

13.1.3 快速调整规则的优先级

◎应用说明

用户可以通过调整规则的优先级起到更改突出效果的作用，如果需要更改规则顺序，可以在"条件格式规则管理器"对话框中进行调整。

◎操作解析

下面以在"员工档案表 1"工作簿中对间隔条纹效果的规则顺序进行调整为例，讲解调整规则优先级的相关操作方法。

◎下载/初始文件/第 13 章/员工档案表 1.xlsx　　◎下载/最终文件/第 13 章/员工档案表 1.xlsx

Step01 打开素材文件，❶选择使用了条件格式的单元格区域，❷单击"开始"选项卡"样式"组中的"条件格式"下拉按钮，❸选择"管理规则"命令，如图 13-8 所示。

Step02 ❶在打开的"条件格式规则管理器"对话框中选中第一条规则右侧的复选框，❷单击"下移"按钮，❸单击"确定"按钮即可，如图 13-9 所示。

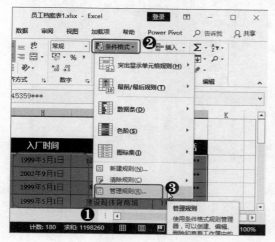

图 13-8　打开条件格式规则管理器

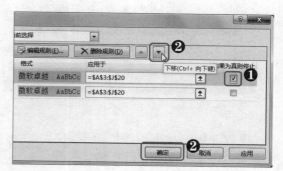

图 13-9　调整规则优先级

13.2　数据验证的技巧

数据验证的作用是规范表格内容的输入，对输入的表格数据进行约束，可以降低错误发生的可能性，减少不规范数据的填写。

13.2.1　使用公式进行条件限制

◎应用说明

用使用公式进行条件限制，可以设置为只能输入整数、文本或数值等，只需要熟悉相关公式，就可以对单元格输入的数据进行限制。

◎操作解析

下面以在"培训人员信息表"工作簿中使用公式限制输入的年龄信息只能是整数为例，讲解使用条件格式进行条件限制的相关操作方法。

◎下载/初始文件/第 13 章/培训人员信息表.xlsx　　◎下载/最终文件/第 13 章/培训人员信息表.xlsx

Step01 打开素材文件，❶选择 D3:D17 单元格区域，❷单击"数据"选项卡"数据工具"

组中的"数据验证"按钮,如图 13-10 所示。

Step02 ❶在打开的"数据验证"对话框中单击"设置"选项卡,❷在"允许"下拉列表框中选择"自定义"选项,❸在"公式"文本框中输入"=D3=INT(D3)",❹单击"确定"按钮即可,如图 13-11 所示。

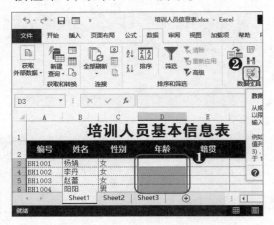

图 13-10 单击"数据验证"按钮

图 13-11 输入公式

完成使用公式进行条件限制以后,在该列单元格中输入不符合规则的数据后,将会出现错误提示,如图 13-12 所示。

图 13-12 最终效果展示

> ⚡ **提个醒:限制输入整数的其他方式**
>
> 方式①:"=MOD(D3,1)",使用 MOD()函数获取 D3 数值除以 1 以后的余数,如果余数为 0,可以判断 D3 为整数;方式②:"=QUOTIENT(D3,1)",使用 QUOTIENT()函数获取 D3 数值除以 1 以后的整数商,如果整数商等于它本身,就可以判断其为整数。

13.2.2 如何设置二级下拉菜单

◎应用说明

用户在制作表格时,可能会遇到需要使用二级下拉菜单来规范数据填写,在实际商务办公中也是必不可少的,下面将具体介绍二级下拉菜单的制作方法。

◎操作解析

如图 13-13 所示，要为"培训人员信息表 1"工作簿中的 D 列和 E 列设置二级下拉列表，且 E 列随着 D 列的变化而变化，以避免填写错误。

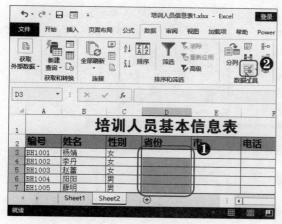

图 13-13　信息登记表

要实现上述要求，需要使用到数据验证的相关知识，具体操作如下。

Step01 打开素材文件，❶在"Sheet2"工作表中选择 D3:D17 单元格区域，❷单击"数据"选项卡"数据工具"组中的"数据验证"按钮，如图 13-14 所示。

Step02 在打开的"数据验证"对话框中单击"设置"选项卡，❶在"允许"下拉列表框中选择"序列"选项，❷在"来源"文本框中选择"Sheet1"工作表中的 A1:A3 单元格区域，❸单击"确定"按钮即可，如图 13-15 所示。

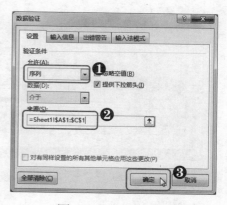

图 13-14　单击"数据验证"按钮　　　　　　图 13-15　选择序列

Step03 返回到工作表中，❶切换到"Sheet1"工作表，❷选择 A1:C13 单元格区域，❸单击"公式"选项卡"定义的名称"组中的"根据所选内容创建"按钮，如图 13-16 所示。

Step04 ❶在打开的"根据所选内容创建名称"对话框中选中"首行"复选框，❷单击"确定"按钮，如图 13-17 所示。

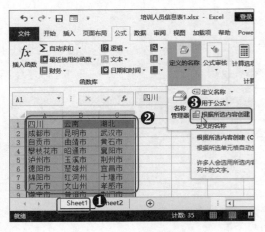

图 13-16　创建名称

图 13-17　设置名称的创建依据

Step05 返回到工作表中，❶切换到"Sheet2"工作表，❷选择 E3:E17 单元格区域，❸单击"数据"选项卡"数据工具"组中的"数据验证"按钮，如图 13-18 所示。

Step06 ❶在打开的"数据验证"对话框中的"允许"下拉列表框中选择"序列"选项，❷在"来源"文本框中输入"=INDIRECT(D3)"，❸单击"确定"按钮即可，如图 13-19 所示。

图 13-18　单击"数据验证"按钮

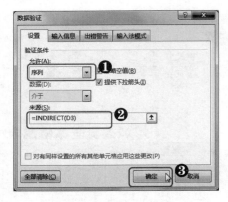

图 13-19　输入公式

完成设置后，返回到工作表中，在 D3 单元格中选择省份，就可以在 E3 单元格中选择对应省份的城市，如图 13-20 所示。

图 13-20　二级下拉菜单效果

13.2.3 如何设置数据有效性的提示信息

◎应用说明

当单元格中通过数据有效性设置了限制条件后，用户在输入不符合条件的数据时，默认情况下会打开警告对话框阻止用户输入。

错误警告对话框如图13-21所示，这个对话框并没有告诉用户哪里不符合要求，除了进行有效性设置的用户以外，其他用户很难快速地弄清楚该单元格中应当输入什么样的数据。因此，可以考虑在数据验证设置中增加一些提示信息，便于用户理解和规范地使用。

◎操作解析

如图13-22所示为"客户清单"工作簿，其中D列需要输入这些用户可以享受的折扣比例，希望限定在只允许输入0.75~1之间的数值。

图 13-21　警告窗口

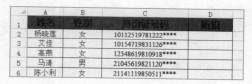

图 13-22　客户清单

要实现上述需求，需要使用数据验证的相关知识，具体操作如下。

◎下载/初始文件/第13章/客户清单.xlsx　　◎下载/最终文件/第13章/客户清单.xlsx

Step01 打开素材文件，❶选择D2:D19单元格区域，❷单击"数据"选项卡"数据工具"组中的"数据验证"按钮，如图13-23所示。

Step02 在打开的"数据验证"对话框中单击"设置"选项卡，❶在"允许"下拉列表框中选择"小数"选项，❷在"数据"列表框中选择"介于"选项，❸在"最小值"文本框中输入"0.75"，在"最大值"文本框中输入"1"，如图13-24所示。

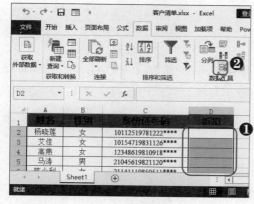

图 13-23　单击"数据验证"按钮

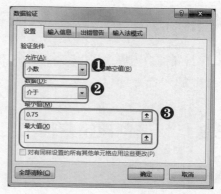

图 13-24　设置允许条件

Step03 ❶单击"输入信息"选项卡，❷选中"选定单元格时显示输入信息"复选框，❸在"标题"文本框中输入"折扣规则"，❹在"输入信息"文本框中输入"本单元格允许输入 0.75~1 之间的数值"，如图 13-25 所示。

Step04 ❶单击"出错警告"选项卡，❷选中"输入无效数据时显示出错警告"复选框，❸在"标题"文本框中输入"输入错误"，❹在"错误信息"文本框中输入"本单元格只允许输入 0.75~1 之间的数值，请检查您的输入。"，❺单击"确定"按钮即可，如图 13-26 所示。

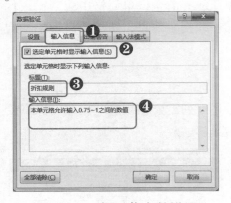
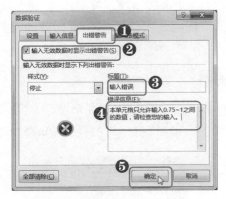

图 13-25　提示信息的设置　　　　　图 13-26　出错信息的设置

完成设置后，选择 D 列中的单元格，即可查看输入提示信息，如 13-27 左图所示，当用户在单元格中输入错误信息时，会打开警告提示对话框，如 13-27 右图所示。

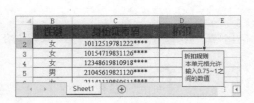

图 13-27　输入提示及错误提示

13.3　合并计算的相关技巧

在日常工作中，经常需要将结构相似或内容相同的多张数据表进行合并汇总，使用 Excel 中的"合并计算"功能可以轻松地完成这项任务。

13.3.1　快速创建销售情况汇总表

◎应用说明

合并计算的最基本功能是分类汇总，如果引用区域字段包含多个分类，则可利用合并计算功能将引用区域的全部类别汇总到同一表格上，形成汇总表。

◎操作解析

如图 13-28 所示为"销售情况汇总表"工作簿中展示出的 4 个城市的销售额数据，它们分别在 4 张工作表中，现在要求将其进行汇总。

图 13-28　4 个城市的销售情况表

要实现上述要求，需要创建分类汇总表，具体操作如下。

◎下载/初始文件/第 13 章/销售情况汇总表.xlsx　　◎下载/最终文件/第 13 章/销售情况汇总表.xlsx

Step01 打开素材文件，❶在工作簿中选择"汇总"工作表，❷选择 A2 单元格作为结果表的起始单元格，❸单击"数据"选项卡"数据工具"组中的"合并计算"按钮，如图 13-29 所示。

图 13-29　单击"合并计算"按钮

Step02 ❶在打开的"合并计算"对话框中的"函数"下拉列表框中选择"求和"选项，❷单击"引用位置"文本框右侧的⬆按钮，❸选择"南京"工作表中所有除去表标题的数据单元格，❹单击⬇按钮返回到"合并计算"对话框，如图 13-30 所示。

图 13-30　引用工作表数据

Step03 ❶单击"添加"按钮即可将数据添加到"所有引用位置"列表框中，❷以同样的方式添加其他 3 条数据，❸选中"首行"和"最左列"复选框，❹单击"确定"按钮即可，如图 13-31 所示。

图 13-31　添加引用的数据

　　完成所有的操作，返回到工作表中即可查看到所有产品种类的数据都在汇总表中展示出来，如图 13-32 所示。

图 13-32　最终汇总效果展示

13.3.2　巧用合并计算核对文本型数据

◎应用说明

　　如需要核对两组文本数据，由于数据表只包含文本字段，不包含数值数据，所以不能直接使用"合并计算"功能对其进行操作，但可以借助一些辅助手段实现最终的目的。

◎操作解析

　　下面以在"文本数据核对"工作簿中运用合并计算以及必要的辅助手段核对文本型数据为例，讲解快速核对文本数据的相关操作方法。

◎下载/初始文件/第 13 章/文本数据核对.xlsx　　　◎下载/最终文件/第 13 章/文本数据核对.xlsx

Step01 打开素材文件，将工作表中的新旧数据表中的"姓名"列分别复制到 B3:B18 和 F3:F20 单元格区域，如图 13-33 所示。

Step02 ❶选择 A23 单元格作为存放结果表的起始单元格，❷单击"数据"选项卡"数据工具"组中的"合并计算"按钮，如图 13-34 所示。

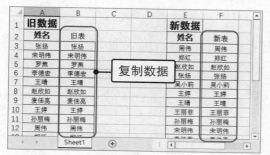

图 13-33　复制新旧表中的数据

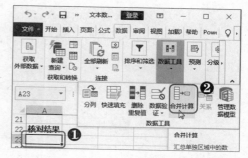

图 13-34　单击"合并计算"按钮

Step03 ❶在打开的"合并计算"对话框中的"函数"下拉列表框中选择"计数"选项，❷在"所有引用位置"列表框中分别添加旧数据表的 A2:B18 区域地址和新数据表的 E2:F20 区域地址，❸选中"首行"和"最左列"复选框，❹单击"确定"按钮即可，如图 13-35 所示。

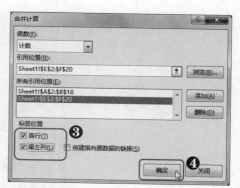

图 13-35　添加引用的数据

Step04 ❶选择 D24 单元格，在编辑栏中输入"=N(B24<>C24)"，按【Enter】键，❷并对该列数据进行填充，如图 13-36 所示。

Step05 借助自动筛选功能，对 D24:D41 区域的数据进行筛选，❶单击"筛选"按钮，

❷单击 D24 单元格的下拉按钮，❸在弹出的筛选器中选中"1"复选框，❹单击"确定"按钮即可，如图 13-37 所示。

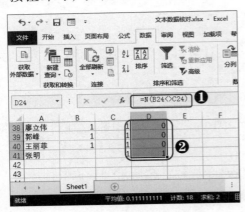

图 13-36　复制公式运算

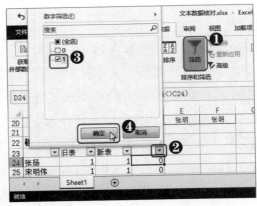

图 13-37　筛选数据

完成所有的操作返回到工作表中即可查看到筛选出的两组数据中不同的数据，如图 13-38 所示。

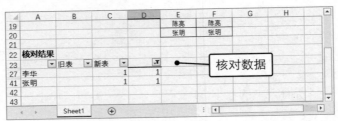

图 13-38　查看结果

第14章
图表应用与数据透视表技巧速查

数据分析的结果需要选择合适的展示方式，使数据更加直观，结论更加清晰。不仅如此，数据透视表也是数据分析中常用的分析方法。本章主要介绍图表使用方面的技巧以及数据透视表的应用技巧。

|本|章|要|点|

· 图表的使用技巧
· 数据透视表的应用技巧

14.1 图表的使用技巧

图表的使用，主要在于选择合适的图表类型展现数据，从而达到用户想要的效果，本节主要介绍各种图表类型的使用技巧。

14.1.1 使用带参考线的柱状图展示盈亏情况

◎应用说明

带参考线的柱状图可以清晰地展示表格中数据的大小，以及相较于参考线的高低情况等，例如展示销售数据是否达到预期要求。

◎操作解析

下面以在"A 店铺销售额统计"工作簿中根据给出的数据制作带参考线的柱状图分析数据为例，讲解使用带参考线的柱状图展示盈亏情况的相关操作方法。

◎下载/初始文件/第 14 章/A 店铺销售额统计.xlsx　　◎下载/最终文件/第 14 章/A 店铺销售额统计.xlsx

Step01 打开素材文件，❶选择 A2:C14 单元格区域，❷单击"插入"选项卡"图表"组中的"插入柱形图或条形图"下拉按钮，❸选择"簇状柱形图"选项，如图 14-1 所示。

Step02 ❶选择 "盈亏平衡点（万元）"数据系列，❷在"图表工具 设计"选项卡"类型"组中单击"更改图表类型"按钮，如图 14-2 所示。

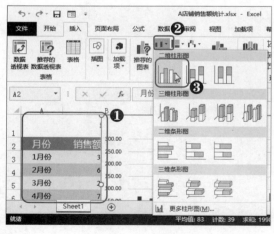

图 14-1　创建图表

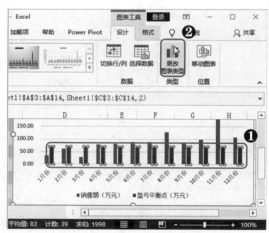

图 14-2　更改图表类型

Step03 ❶在打开的"更改图表类型"对话框中单击"组合"选项卡，❷单击"盈亏平衡点"栏中的"图表类型"下拉按钮，❸在弹出的下拉列表中选择"折线图"选项，❹单击"确定"按钮即可，如图 14-3 所示。

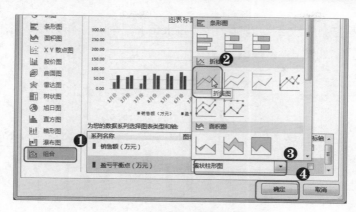

图 14-3　选择更换的图形

Step04 ❶选择"盈亏平衡点（万元）"图例，按【Ctrl+1】组合键，❷在打开的"设置图例格式"窗格中单击"图例项选项"下拉按钮，❸选择"系列'盈亏平衡点（万元）'"选项，❹单击"系列选项"选项卡，❺选中"次坐标轴"单元按钮，如图 14-4 所示。

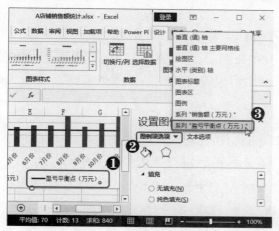
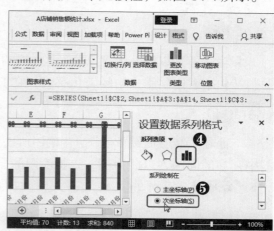

图 14-4　显示次坐标轴

Step05 ❶选择图表，单击"图表工具 设计"选项卡"图表布局"组中的"添加图表元素"下拉按钮，选择"坐标轴/更多轴选项"命令，❷在打开的窗格中设置刻度线，如图 14-5 所示。

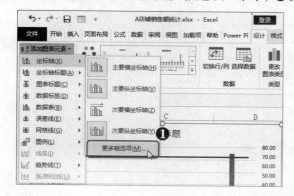
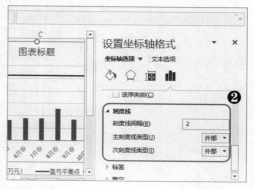

图 14-5　给横坐标轴添加刻度

Step06 选择图表右侧的次要纵坐标，按【Delete】键删除，并为图表添加标题"A 店铺 2018 年盈亏情况"，如图 14-6 所示。

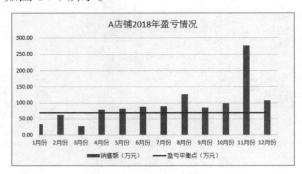

图 14-6　最终效果展示

14.1.2　使用漏斗图分析不同阶段的转化情况

◎应用说明

漏斗图即是以漏斗形状来显示总和等于 100% 的一系列数据，常用于分析产品生产原料转化率、网站用户访问转化率等，在 Excel 中可以通过堆积条形图来实现。

◎操作解析

下面在"客服周绩效表"工作簿中通过漏斗图分析每一阶段的转化情况，便于观察其中存在的问题，以此为例，讲解使用漏斗图对不同阶段进行分析的相关操作方法。

◎下载/初始文件/第 14 章/客服周绩效表.xlsx　　　　◎下载/最终文件/第 14 章/客服周绩效表.xlsx

Step01 打开素材文件，❶选择 A1:C6 单元格区域，❷单击"插入"选项卡"图表"组中的"插入柱形图或条形图"下拉按钮，❸选择"堆积条形图"选项，如图 14-7 所示。

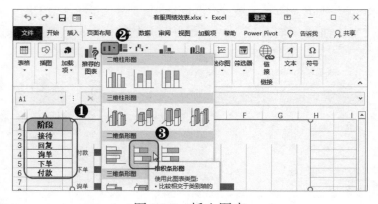

图 14-7　插入图表

Step02 ❶选择新创建的图表，❷在"图表工具 设计"选项卡"数据"组中单击"选择数据"按钮，❸在打开的"选择数据源"对话框中选择"占位数据"选项，❹单击"上移"按钮，❺单击"确定"按钮，如图 14-8 所示。

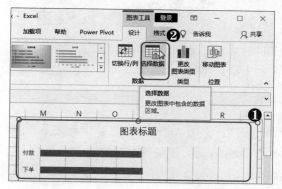
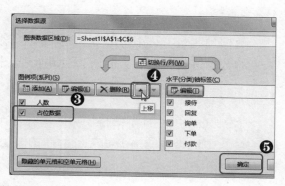

图 14-8　调整数据显示顺序

Step03 ❶选择图表中的纵坐标轴，按【Ctrl+1】组合键，❷在打开的窗格中选中"逆序类别"复选框，❸选择"占位数据"数据系列，❹单击"图表工具 格式"选项卡"形状样式"组中的"形状填充"下拉按钮，❺选择"无填充"选项，如图 14-9 所示。

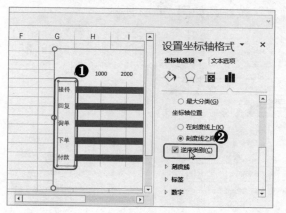
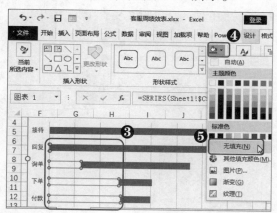

图 14-9　隐藏占位数据

　　完成上述操作返回到工作表后，在图表中插入转化箭头，并为图表设置标题，最终效果如图 14-10 所示。

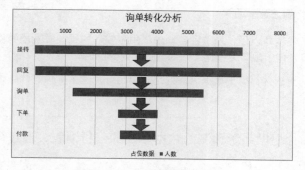

图 14-10　最终效果展示

14.1.3 使用折线图展示预测结果

◎应用说明

　　数据预测是 Excel 2016 新增的功能，该功能是通过对过去的数据进行分析，从而对未来的数据进行预测，并且可以使用折线图展示出最终效果。

◎操作解析

　　下面以在"10 月份销量记录"工作簿中通过给出的 10 月份销量记录预测之后的销量走势并用折线图展示为例，讲解使用图表展示预测结果的相关操作方法。

◎下载/初始文件/第 14 章/10 月份销量记录.xlsx　　　◎下载/最终文件/第 14 章/10 月份销量记录.xlsx

Step01 打开素材文件，❶选择所有数据单元格，❷单击"数据"选项卡"预测"组中的"预测工作表"按钮，如图 14-11 所示。

Step02 ❶在打开的"创建预测工作表"对话框中单击"选项"按钮，❷在展开的列表中设置预测结束时间为"2018/11/25"，❸选中"季节性"栏中的"手动设置"单选按钮，❹在后面的数值框中输入"10"，❺单击"确定"按钮，如图 14-12 所示。

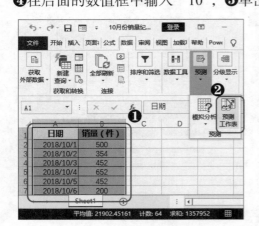

图 14-11　单击"预测工作表"按钮

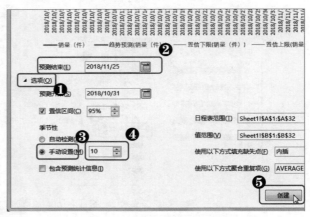

图 14-12　创建预测工作表

 提个醒：预测工作表注意事项

　　完成预测工作表的创建以后，系统会自动生成用户输入的预测时间段的预测数据，包括预测趋势、置信下限以及置信上限，并根据生成的数据表创建图表。

　　为了预测结果的正确性，历史数据源最好是越多越好，越多则预测的结果越准确，但最终的结果还是仅供参考的。

　　如图 14-13 所示为根据系统预测的数据创建的分析图表，通过该图表可以查看到下个月的销量预测数据，销量走势。

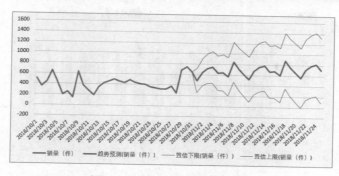

图 14-13　生成的预测图表

14.1.4　为图表添加趋势线

◎应用说明

　　创建图表以后，为了能更加直观地对数据系列中数据的变化趋势进行分析与预测，可以为数据系列添加趋势线。

◎操作解析

　　下面以在"工作能力考核表"工作簿中为"高强度工作能力"数据系列添加趋势线为例，讲解为图表添加趋势线的相关操作方法。

◎下载/初始文件/第 14 章/工作能力考核表.xlsx　　　◎下载/最终文件/第 14 章/工作能力考核表.xlsx

Step01　打开素材文件，❶选择已经创建好的图表，❷单击"图表工具 设计"选项卡"图表布局"组中的"添加图表元素"下拉按钮，❸选择"趋势线/线性"命令，如图 14-14 所示。

Step02　❶在打开的"添加趋势线"对话框中选择"高强度工作能力"选项，❷单击"确定"按钮，如图 14-15 所示。

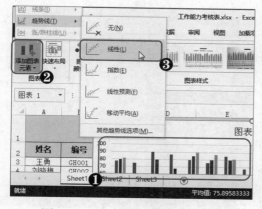

图 14-14　选择"线性"选项

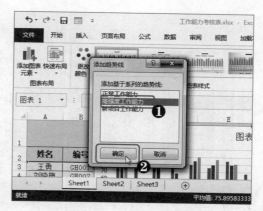

图 14-15　添加趋势线

　　如图 14-16 所示为"高强度工作能力"数据系列添加的趋势线，通过趋势线可以很清楚地查看数据的变化趋势。

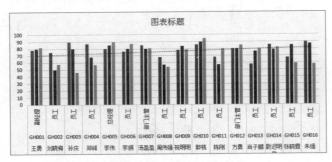

图 14-16　最终效果展示

14.1.5　快速设置趋势线格式

◎应用说明

　　为图表添加趋势线后，还可以为对趋势线的格式进行设置，如对趋势线类型、趋势线名称等进行修改。

◎操作解析

　　下面以在"工作能力考核表 1"工作簿中为已经添加好的添加趋势线更改为对数趋势线并显示公式为例，讲解设置趋势线格式的相关操作方法。

◎下载/初始文件/第 14 章/工作能力考核表 1.xlsx　　◎下载/最终文件/第 14 章/工作能力考核表 1.xlsx

Step01　打开素材文件，❶选择图表，再选择趋势线，右击，❷在弹出的快捷菜单中选择"设置趋势线格式"命令，如图 14-17 所示。

Step02　❶在打开的"设置趋势线格式"窗格中选中"对数"单选按钮，❷选中底部的"显示公式"复选框即可，如图 14-18 所示。

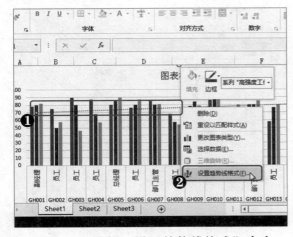

图 14-17　选择"设置趋势线格式"命令

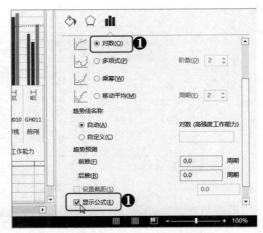

图 14-18　设置趋势线格式

　　为"高强度工作能力"数据系列的趋势线更改趋势线类型并显示公式的效果如图 4-19 所示。

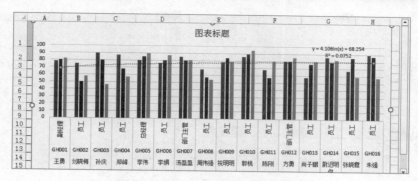

图 14-19   更改趋势线最终效果

14.2   数据透视表的应用技巧

数据透视表是一种较常使用的交互式表格，可以动态改变其版面设置，方便以不同的方式分析数据，下面具体介绍有关数据透视表的使用技巧。

14.2.1   快速统计重复数据

◎应用说明

使用 Excel 公式可以统计数据列表中某个字段的重复次数，但是更为快捷的方式是使用数据透视表。

◎操作解析

如图 14-20 所示为某公司"人事档案表"工作簿，现在需要统计该公司各部门的总人数，可以通过同级各部门在档案表中重复次数来实现。

编号	姓名	性别	年龄	出生日期	学历	参工时间	所属部门	联系电话	
001	鱼家羊	女	56	1960年10月23日	本科	2004/9/1	客服	139****7372	511××
002	秋引春	女	36	1980年11月20日	本科	2004/9/1	后勤	135****5261	511××
003	那娜	女	35	1981年03月11日	大专	2004/11/1	市场	139****6863	511××
004	杨恒露	男	68	1948年11月13日	本科	2003/6/23	市场	133****0269	511××
005	许阿	男	50	1966年06月06日	大专	1999/9/9	客服	135****4563	511××
006	李好	女	44	1972年02月12日	硕士	2002/12/1	客服	132****0023	511××
007	汤元	男	33	1983年06月09日	本科	2004/11/11	后勤	138****8866	511××
008	令狐代洪	女	41	1975年07月14日	硕士	2002/12/1	客服	138****7920	511××
009	柳飘飘	女	41	1975年12月02日	本科	2002/12/1	市场	135****7233	511××
010	林雯士	男	47	1969年01月03日	本科	1999/7/1	财务	133****2589	511××

图 14-20   员工信息表

要统计表格中的重复数据，使用数据透视表可以快速实现，具体操作步骤如下。

◎下载/初始文件/第 14 章/人事档案表.xlsx   ◎下载/最终文件/第 14 章/人事档案表.xlsx

Step01 打开素材文件，❶选择任意数据单元格，❷单击"插入"选项卡"表格"组中的"数据透视表"按钮，❸在打开的"创建数据透视表"对话框中保持设置不变，单击"确定"按钮，如图 14-21 所示。

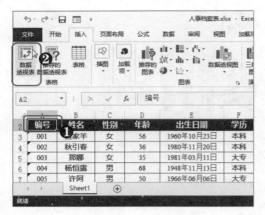

图 14-21　创建数据透视表

Step02 ❶系统将自动创建一个空白工作簿，在右侧的窗格中选中"姓名"和"所属部门"复选框，❷将"姓名"字段从"行"区域中拖动到"Σ值"区域中即可，如图 14-22 所示。

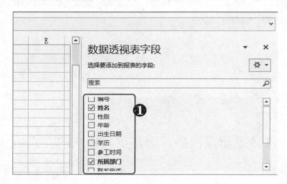

图 14-22　设置重复字段

完成上述设置后，即可在左侧的工作表中查看到最终的各部门的统计信息，如图 14-23 所示。

图 14-23　最终效果展示

【注意】使用数据透视表进行重复计数时，数据源必须包含字段标题。

14.2.2　更改数据透视表的数据源

◎应用说明

当用户在数据源中添加新的记录并刷新数据透视表后，新增的记录并不会自动添加到数据透视表中，但用户可以更改数据透视表的数据源，使数据透视表的数据区域包含新增记录。

◎操作解析

下面以在"销售明细表"工作簿中更改数据透视表相应的数据源为例，讲解更改数据透视表的数据源的相关操作方法。

◎下载/初始文件/第 14 章/销售明细表.xlsx　　◎下载/最终文件/第 14 章/销售明细表.xlsx

Step01 打开素材文件，❶选择数据透视表中任意数据单元格，❷单击"数据透视表工具 分析"选项卡"数据"组中的"更改数据源"按钮，如图 14-24 所示。

Step02 ❶在打开的对话框中选中底部的"显示公式"复选框❷单击"确定"按钮，如图 14-25 所示。

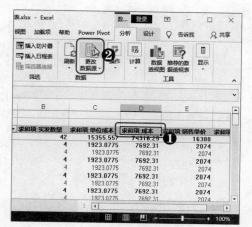

图 14-24　单击"更改数据源"按钮

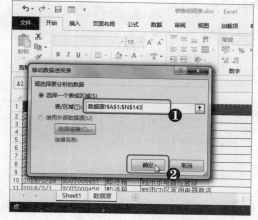

图 14-25　选择数据源

完成上述设置后，返回到数据透视表所在的工作表即可查看到新增的月份数据，如图 14-26 所示。

	A	B	C	D	E	F	G	H
4	⊞2月	42	15355.557	74316.25	16388	79726		
5	⊞3月	75	35971.7965	124988.04	39022	136159		
6	⊞4月	73	32527.344	115090.58	35445	125902		
7	⊞5月	61	37284.6235	94532.49	40995	104728		
8	⊞6月	43	30029.923	61982.92	33397	69335		
9	⊞7月	91	33333.3308	148995.72	36957	164305		
10	⊞8月	83	32094.0226	130094.04	35329	142603		
11	⊞9月	859	0	1472456.62	0	1703729.5		
12	**总计**	1327	216596.5974	2222456.66	237533	2526487.5		
13								

图 14-26　最终效果展示

14.2.3 以表格形态显示数据透视表

◎应用说明

用户新创建的数据透视表默认情况下是以压缩形式显示的，不方便查看数据之间的对应关系，这是可以将其转换为表格形式，方便查看。

◎操作解析

下面以在"销售明细表 1"工作簿中将数据透视表的布局方式更改为表格为例，介绍更改数据透视表布局方式的相关操作方法。

◎下载/初始文件/第 14 章/销售明细表 1.xlsx　　◎下载/最终文件/第 14 章/销售明细表 1.xlsx

Step01 打开素材文件，❶选择数据透视表中任意数据单元格，❷单击"数据透视表工具 设计"选项卡"布局"组中的"报表布局"下拉按钮，❸在弹出的下拉列表中选择"以表格形式显示"选项，如图 14-27 所示。

Step02 返回到工作表中，单击 A4 单元格中的"+"按钮，即可查看到所有的数据都以表格的形式进行展示，如图 14-28 所示。

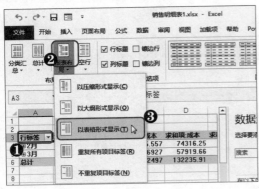

图 14-27　选择"以表格形式显示"选项　　　　　图 14-28　展开数据

　　完成上述设置后，返回到数据透视表所在的工作表即可查看到所有的数据都以表格的形式进行展示，如图 14-29 所示。

图 14-29　最终效果展示

14.2.4　重复显示所有项目标签

◎**应用说明**

　　在 Excel 中使用重复显示所有项目标签功能，可以将数据透视表中的空白单元格填充相对应的项目标签，不仅方便数据透视表的阅读，也有利于对透视结果进行二次数据分析。

◎**操作解析**

　　下面以在"销售明细表 2"工作簿中重复显示项目标签填充空白区域，方便查看数据为例，讲解重复显示所有项目标签的相关操作方法。

◎下载/初始文件/第 14 章/销售明细表 2.xlsx　　◎下载/最终文件/第 14 章/销售明细表 2.xlsx

Step01 打开素材文件，❶选择数据透视表中任意数据单元格，❷单击"数据透视表工具 设计"选项卡，如图 14-30 所示。

Step02 ❶单击"布局"组中的"报表布局"下拉按钮，❷在其下拉列表中选择"重复所有项目标签"选项，如图 14-31 所示。

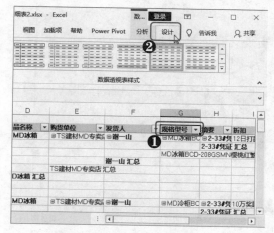

图 14-30　单击选项卡

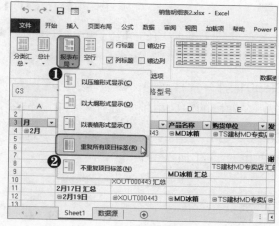

图 14-31　选择"重复所有项目标签"选项

　　完成上述设置后，返回到数据透视表所在的工作表即可查看到该效果，如 14-32 左图所示为初始效果；如 14-32 右图所示为最终效果。

图 14-32　前后效果对比

14.2.5　组合数据透视表内的日期项

◎应用说明

　　用户在使用数据透视表分析数据时，有时会因为数据表中的时间数据是按日期录入的，不方便分析。此时可以通过组合日期的方法，将日期按照年、月或季度等时段进行组合，使数据透视表结果更直观。

◎操作解析

　　如图 14-33 所示为"电器销售分析表"工作簿中某业务员销售记录，以该数据区域为数据源建立的数据透视表同样以日期顺序排列，这种排列对于分析某个时段的数据并不理想，需要对年和季度进行组合，使数据展示更加直观。

	A	B	C	D	E	F	G
2							
3	日期	▼ 产品 ▼	求和项:售出	求和项:购入	求和项:获	求和项:获利率	
4	⊞ 2017/6/1	冰箱	2088	1888	200	0.095785441	
5	⊞ 2017/6/7	冰箱	2088	2000	88	0.042145594	
6	⊞ 2017/6/13	冰箱	1988	1788	200	0.100603622	
7	⊞ 2017/6/19	冰箱	2688	2388	300	0.111607143	
8	⊞ 2017/6/23	冰箱	2688	2388	300	0.111607143	
9	⊞ 2017/6/29	冰箱	2500	1988	512	0.2048	
10	⊞ 2017/7/5	冰箱	2130	1988	142	0.066666667	

图 14-33　按日期记录数据透视表

要实现对日期项的组合，可通过快捷菜单实现，具体操作如下。

◎下载/初始文件/第 14 章/电器销售分析表.xlsx　　　◎下载/最终文件/第 14 章/电器销售分析表.xlsx

Step01 打开素材文件，❶选择数据透视表"日期"字段中的任意单元格，如 A4，❷右击，在弹出的快捷菜单中选择"组合"命令，如图 14-34 所示。

Step02 ❶在打开的"组合"对话框中选择"季度"和"年"选项，❷单击"确定"按钮即可，如图 14-35 所示。

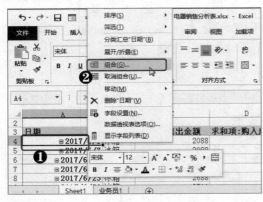

图 14-34　选择"组合"命令

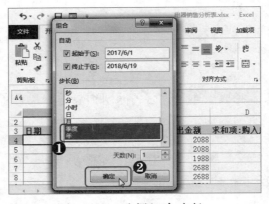

图 14-35　选择组合步长

完成上述设置后，数据透视表中的日期数据将会以年份以及季度进行展示，如图 14-36 所示。如果用户需要查看更详细的时间，可以在"组合"对话框中继续添加。

	A	B	C	D	E	F	G
1							
2							
3	年	▼ 日期 ▼	产品 ▼	求和项:售出金额	求和项:购入成本	求和项:获利差价	求和项:获利率
4	⊞ 2017年	第二季	冰箱	14040	12440	1600	0.666548942
5		第三季	冰箱	33554	30368	3186	1.068782305
6			彩电	10752	9552	1200	0.424979032
7		第四季	彩电	55450	49108	6342	1.72813436
8	⊞ 2018年	第一季	彩电	11464	10064	1400	0.351758137
9			空调	41233	36132	5101	1.643192845
10		第二季	彩电	23028	20616	2412	0.710022522
11			空调	17047	15316	1731	0.697413234

图 14-36　最终效果展示

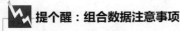 **提个醒：组合数据注意事项**

数据源中的日期格式必须是系统可以识别的日期格式，否则在进行组合操作时，系统会提示选定区域不能分组。

第15章
制作公司全年开支情况表

本章主要通过制作一个财务类的表格——公司全年开支情况表,在公司或企业的运作过程中都需要通过开支情况表了解公司资金的花销,然后进行相关调整。在表格制作的过程中将会用到格式设置、条件规则、简单的公式计算以及工作表的保护等知识,旨在帮助用户更好地掌握和使用 Excel 的基础知识。

|案|例|要|点|

· 设计公司开支情况表并录入数据
· 格式化开支表的外观效果
· 计算工作表中的数据
· 设置图标集并完善表格
· 制作其他 3 张表
· 保护工作簿

15.1 案例简述和效果展示

不同的公司或企业其费用开支可能不同，但都需要重视费用开支情况。公司在年终或年初时，会将上一年度的预算投入成本与实际开销费用进行统计和分析，以清楚资金运作和花销情况，再对相关预算进行调整。

下面是 2017 年度荣 A 广告公司预算与实际开支费用成本的最终效果部分展示，如图 15-1 所示

◎下载/初始文件/第 15 章/无　　◎下载/最终文件/第 15 章/公司全年开支情况表.xlsx

图 15-1　"公司全年开支情况表"工作簿效果图

15.2 案例制作过程详讲

在制作一个较为复杂或数据较多的工作簿时，首先应当理清制作顺序，即先做什么，接着做什么，最后做什么，只有有了合理的规划和安排，才能事半功倍。

如图 15-2 所示为制作本案例的一个流程示意图。首先需要设计开支表并录入数据，搭好数据表结构并录入数据；接下来需要对工作表进行美化，调整表格结构；之后需要对表格数据进行计算，设置图标集并完善表格；接着制作其他需要的表格，最后对工作簿进行保护。

图 15-2 "公司全年开支情况表"制作流程

15.2.1 设计公司开支情况表并录入数据

若要制作一个内容完整的收支情况表格，首先需要将表格的结构进行构建。搭建好结构后，再录入需要的数据可以使整个工作表"活"起来，下面分别介绍相关操作步骤。

Step01 启动 Excel 2016，新建一个空白工作表，❶将其另存为"公司全年开支情况表"，❷右击工作表标签，在弹出的快捷菜单中选择"工作表标签颜色"命令，❸在其子菜单中选择"绿色,个性色 6，深色 25%"选项，如图 15-3 所示。

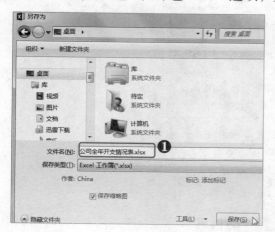
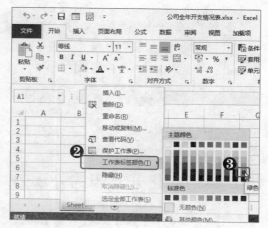

图 15-3 设计工作表标签颜色

Step02 ❶将工作表重命名为"一季度",❷选择 B2 单元格,❸在地址栏中输入文本"公司开支情况表",❹选择 B3 单元格,❺在地址栏中输入副标题文本"荣 A 广告公司",如图 15-4 所示。

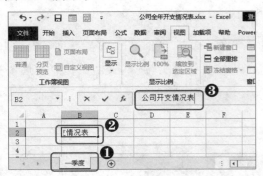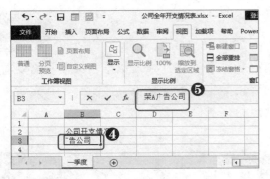

图 15-4 输入标题和副标题

Step03 ❶选择 F2 单元格,录入文本"统计记录开始时间:",在 G2 单元格中输入"2017/1/1",❷以同样的方法在相应的单元格中输入标题行和主体数据,如图 15-5 所示。

图 15-5 录入其他数据

Step04 ❶选择已经录入费用项目的数据,即 C6:C13 单元格区域,将鼠标光标移动到选择区域右下角的控制点,❷当鼠标光标变为十字形,按下鼠标左键拖动填充到 C29 单元格,如图 15-6 所示。

图 15-6 填充数据

15.2.2 格式化开支表的外观效果

新建的公司开支表中只有表头和数据,整个表格很不美观,这就需要对其进行相应的格式设置。主要包括设置文本的字体、字号和颜色等。

Step01 ❶选择 B2 单元格，单击"字体"组中的"字体"下拉按钮，❷选择"微软雅黑"选项，❸单击"字号"下拉按钮，❹选择"24"选项并加粗，如图 15-7 所示。

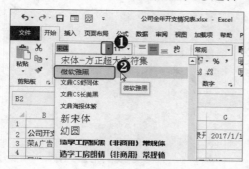
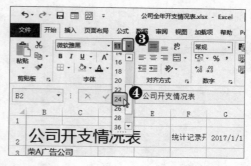

图 15-7 设置标题格式

Step02 ❶选择 B3 单元格，❷在"字体"文本框中直接输入"微软雅黑"，在"字号"文本框中输入"12"，❸将 F2、G2 单元格文本的字体设置为微软雅黑，如图 15-8 所示。

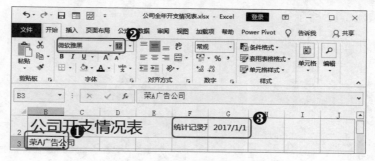

图 15-8 设置副标题格式

Step03 ❶选择表头和主体数据的单元格区域，❷单击"字体"组中的"对话框启动器"按钮，❸在打开的"设置单元格格式"对话框中的"字体"文本框中输入"微软雅黑"，❹在"字形"列表框中选择"加粗"选项，❺在"字号"列表框中选择"10"选项，如图 15-9 所示。

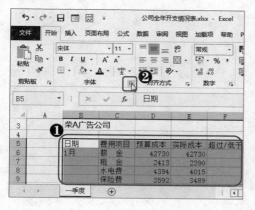
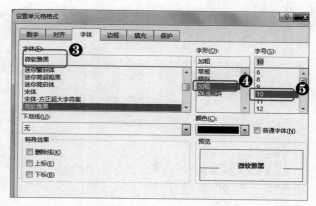

图 15-9 设置主体区域字体格式

Step04 ❶单击"颜色"下拉按钮，❷在弹出的下拉列表中选择"黑色,文字1,淡色50%"选项，单击"确定"按钮，如图15-10所示。

Step05 ❶选择表头数据单元格，即B5:G5单元格区域，❷单击"字体颜色"下拉按钮，❸在下拉列表中选择"白色,背景色1,深色5%"选项，如图15-11所示。

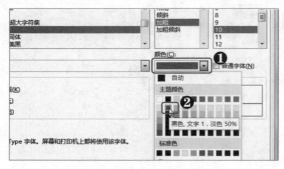
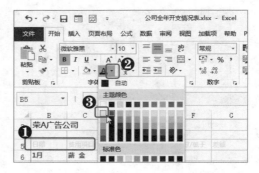

图 15-10　设置字体颜色　　　　　图 15-11　设置表头字体颜色

Step06 ❶单击"套用表格格式"下拉按钮，❷在弹出的下拉菜单中选择"新建表格样式"命令，如图15-12所示。

Step07 ❶在打开的"新建表样式"对话框中选择"表元素"列表框中的"第一行条纹"选项，❷单击"格式"按钮，如图15-13所示。

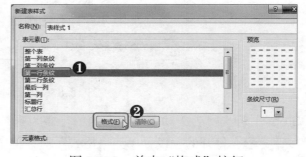

图 15-12　选择"新建表格样式"命令　　　　图 15-13　单击"格式"按钮

Step08 ❶在打开的"设置单元格格式"对话框中单击"填充"选项卡，❷在"背景色"栏中选择合适的颜色，单击"确定"按钮，❸选择"第二行条纹"选项，❹单击"格式"按钮，如图15-14所示。

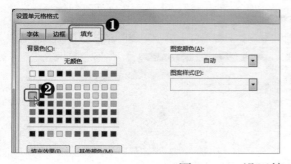
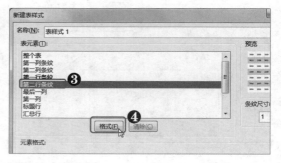

图 15-14　设置第一行条纹底纹颜色

Step09 ❶在打开的"设置单元格格式"对话框中的"背景色"栏中选择"白色"选项，单击"确定"按钮，❷以同样的方法设置表头的背景色，如图 15-15 所示。

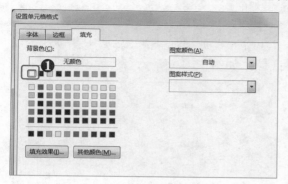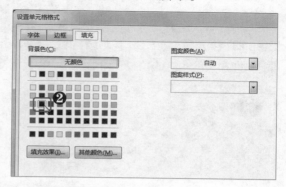

图 15-15　设置第二行条纹和标题行底纹颜色

Step10 ❶选择 B5:G29 单元格区域，单击"套用表格格式"下拉按钮，❷在下拉菜单中选择"表样式 1"选项，❸在打开的"套用表格式"对话框中单击"确定"按钮即可，如图 15-16 所示。

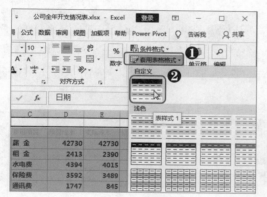

图 15-16　应用自定义的表格样式

Step11 ❶单击"表格工具 设计"选项卡，取消选中"筛选按钮"复选框，❷单击"转换为区域"按钮，如图 15-17 所示。

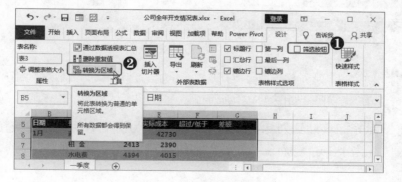

图 15-17　取消筛选状态

Step12 ❶选择 B2:E2 单元格区域，❷单击"开始"选项卡下"合并后居中"按钮右侧的下拉按钮，❸选择"合并单元格"选项，以同样的方法合并 B3:C3 单元格区域，如图 15-18 所示。

Step13 ❶选择 B6:B13 单元格区域，❷单击"开始"选项卡下"合并后居中"按钮，以同样的方法合并 B14:B21 和 B22:B29 单元格区域，如图 15-19 所示。

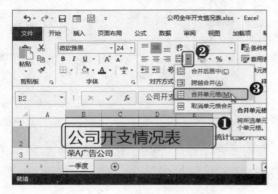

图 15-18　合并标题单元格

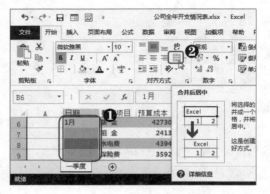

图 15-19　合并月份单元格

Step14 ❶选择 B5:G29 单元格区域，❷单击"开始"选项卡下"对齐方式"组中的"对话框启动器"按钮，❸在打开的对话框中单击"边框"选项卡，选择边框样式，❹设置颜色为"白色,背景 1,深色 35%"，❺分别单击"外边框"和"内部"按钮，单击"确定"按钮即可，如图 15-20 所示。

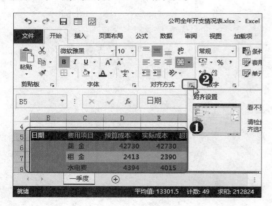

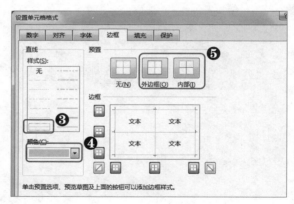

图 15-20　设置表格边框

Step15 ❶选择 D6:G29 单元格区域，❷单击"开始"选项卡下"数字"组中的下拉列表框，❸选择"货币"选项，如图 15-21 所示。

Step16 ❶将鼠标光标移动到列标上，当鼠标光标变为向下的箭头时，按住鼠标，拖动选择 C～G 列单元格区域，❷右击，在弹出的快捷菜单中选择"列宽"命令，如图 15-22 所示。

图 15-21　为数据添加货币样式

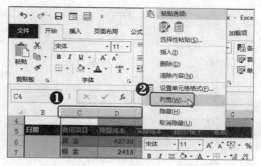

图 15-22　选择"列宽"命令

Step17 ❶在打开的对话框中的"列宽"文本框中输入"20"，单击"确定"按钮，❷以同样的方法选择 5～29 行，将行高设置为 19，如图 15-23 所示。

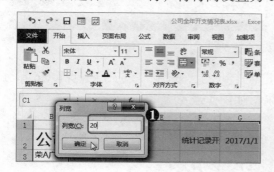

图 15-23　设置行高和列宽

15.2.3　计算工作表中的数据

在制作的开支表中有两列数据是空白的，不是手动录入的数据，而是需要通过计算得出的。这里将定义名称并通过名称进行计算得出结果，具体操作如下。

Step01 ❶选择 D5:E29 单元格区域，❷单击"公式"选项卡下"定义的名称"组中的"根据所选内容创建"按钮，❸在打开的"根据所选内容创建名称"对话框中选中"首行"复选框，❹单击"确定"按钮，如图 15-24 所示。

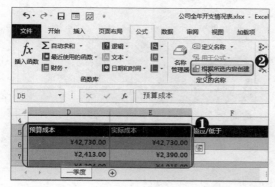

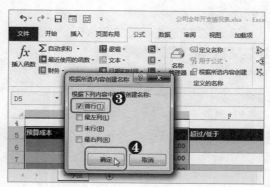

图 15-24　批量创建单元格名称

Step02 ❶选择 F6 单元格，❷在地址栏中输入"="，❸单击"定义的名称"组中的"用于公式"下拉按钮，选择"实际成本"选项，❹以同样的方式，继续输入"-预算成本"，❺单击左侧"输入"按钮即可，如图 15-25 所示。

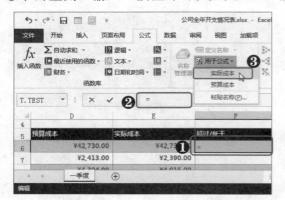
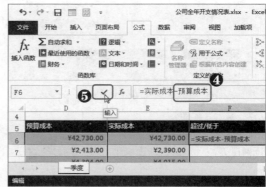

图 15-25　输入计算公式

Step03 ❶选择 F6 单元格，❷单击"开始"选项卡下的"复制"按钮，❸选择 G6 单元格，❹单击"粘贴"按钮粘贴公式并计算结果，如图 15-26 所示。

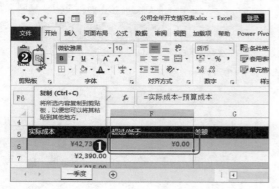
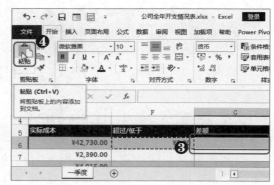

图 15-26　复制公式运算

Step04 ❶选择 F6:G6 单元格区域，❷拖动选择的单元格区域右下角控制点填充到数据末行，❸单击"自动填充选项"下拉按钮，❹选中"不带格式填充"单选按钮，如图 15-27 所示。

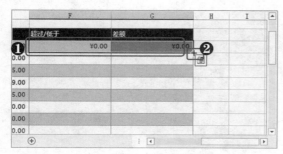
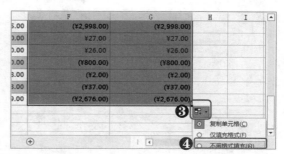

图 15-27　选中"不带格式填充"单选按钮

15.2.4 设置图标集并完善表格

通过计算得出的"超过/低于"列的数据与"差额"列数据完全相同，此时可以对其应用交通灯的条件规则，并对该规则进行管理，让其更加直观地展示预算与实际开支之间的关系，其具体的操作步骤如下。

Step01 ❶选择 F6:F29 单元格区域，单击"开始"选项卡下的"条件格式"下拉按钮，❷在其下拉列表中选择"图标集"命令，❸在其子菜单中选择"三色交通灯"选项，如图 15-28 所示。

Step02 保持 F6:F29 单元格区域选择状态，❶单击"开始"选项卡下的"条件格式"下拉按钮，❷在其下拉列表中选择"管理规则"命令，如图 15-29 所示。

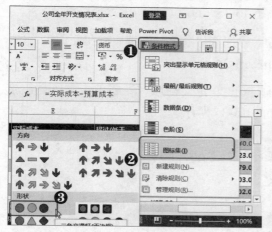

图 15-28　应用交通灯规则

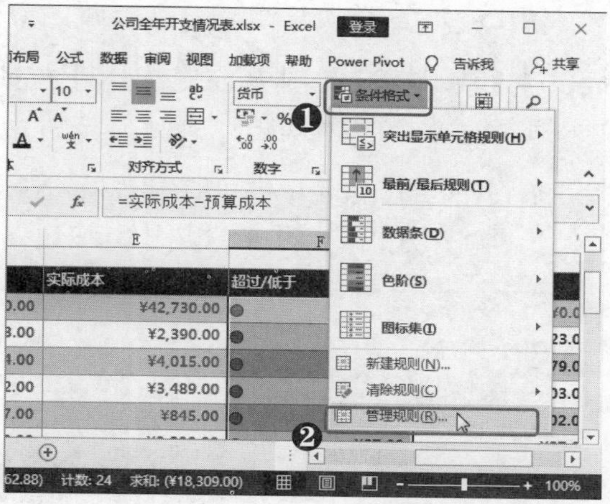

图 15-29　启用管理规则功能

Step03 ❶在打开的"条件格式规则管理器"对话框中选择"图标集"选项，❷单击"编辑规则"按钮，如图 15-30 所示。

Step04 ❶在打开的"编辑格式规则"对话框中选择"基于各自值设置所有单元格的格式"选项，❷选中"仅显示图标"复选框，如图 15-31 所示。

图 15-30　单击"编辑规则"按钮

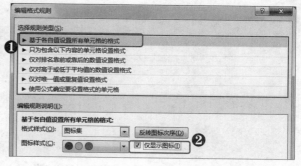

图 15-31　编辑格式规则

Step05 ❶单击"图标"栏中第二个黄灯图标下拉按钮，❷选择"无单元格图标"选项，去除此图标，如图 15-32 所示。

Step06 ❶单击第一个图标的"类型"下拉按钮，❷选择"数字"选项，❸在前面的"值"文本框中输入"0"，如图 15-33 所示。

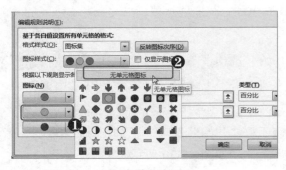

图 15-32 去除黄灯标记

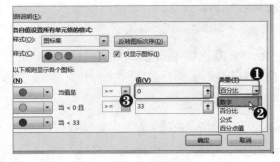

图 15-33 设置绿灯图标数值类型

Step07 ❶单击第二个图标的"类型"下拉按钮，❷选择"数字"选项，❸在前面的"值"文本框中输入"0"，❹单击"确定"按钮，如图 15-34 所示。

Step08 返回到工作表中即可查看效果，❶选择 F6:F29 单元格区域，❷单击"开始"选项卡下"对齐方式"组中的"居中"按钮，如图 15-35 所示。

图 15-34 设置红灯图标数值类型

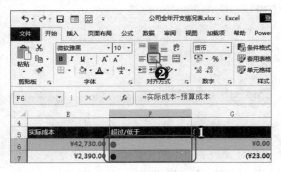

图 15-35 设置图标居中

Step09 ❶将 F2 单元格中的文本设置居中并加粗，F3 单元格中的文本设置加粗，左对齐，❷单击"插入"选项卡下的"形状"下拉按钮，❸选择"矩形"选项，如图 15-36 所示。

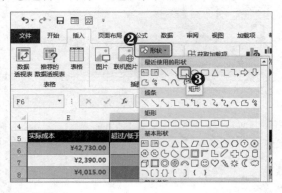

图 15-36 调整文本格式

Step10 ❶在表格中合适的位置绘制矩形形状，❷并在其上右击，选择"编辑文字"命令，如图 15-37 所示。

Step11 ❶在表格中输入文本并选择整个形状，❷单击"开始"选项卡下的"居中"按钮，如图 15-38 所示。

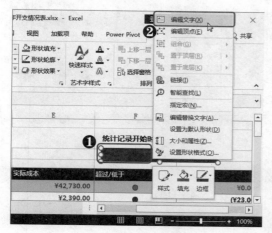

图 15-37　添加文字

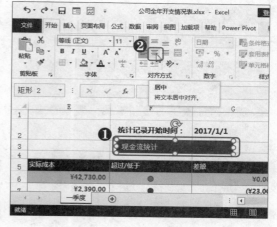

图 15-38　设置文本居中

Step12 ❶选择整个形状，❷单击"绘图工具 格式"选项卡下"形状填充"下拉按钮，❸选择"绿色,个性色 6,淡色 40%"选项，如图 15-39 所示。

Step13 ❶保持形状选择状态，单击"形状轮廓"下拉按钮，❷在下拉列表中选择"无轮廓"选项，如图 15-40 所示。

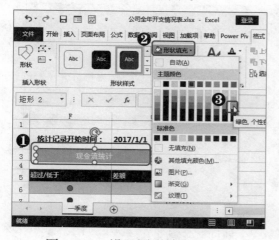

图 15-39　设置图形填充颜色

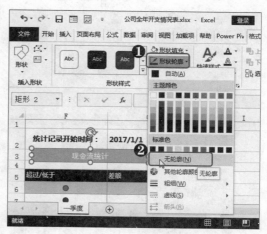

图 15-40　设置图形轮廓

Step14 将整个形状调整到合适的位置，使其左侧边距与 F2 单元格中的数据左侧对齐，右侧与 G2 单元格中右侧数据对齐，如图 15-41 所示。

Step15 ❶选择 B1:G1 单元格区域，❷单击"字体"组中的"填充颜色"下拉按钮，❸选择"黑色,文字 1,淡色 35%"选项，如图 15-42 所示。

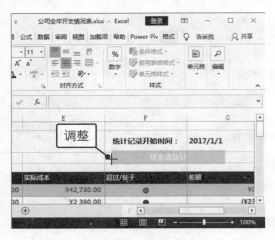

图 15-41　调整形状位置、大小

图 15-42　设置填充色

Step16 ❶选择 D6 单元格，❷单击"视图"选项卡下"窗口"组中的"冻结窗格"下拉按钮，❸在下拉列表中选择"冻结窗格"选项，如图 15-43 所示。

Step17 ❶在"视图"选项卡下"显示"组中取消选中"网格线"复选框，❷取消选中"编辑栏"复选框，如图 15-44 所示。

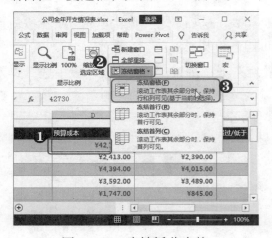

图 15-43　冻结拆分窗格

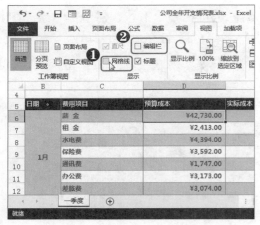

图 15-44　取消表格网格显示

15.2.5　制作其他 3 张表

　　公司全年开支情况表应当包含全年的开支数据，前面制作好了第一季度的工作表，还不算完整，还需要制作二、三以及四季度的工作表。用户只需要将制作好的"一季度"工作表进行复制，就能快速完成其他 3 张表的制作，下面进行具体介绍。

Step01 ❶选择制作好的工作表标签，右击，❷在弹出的快捷菜单中选择"移动或复制"命令，如图 15-45 所示。

Step02 ❶在打开的"移动或复制工作表"对话框中保持"工作簿"列表框中的选项不

变，选择"（移至最后）"选项，❷选中"建立副本"复选框，❸单击"确定"按钮，如图 15-46 所示，以同样的方法再复制两张工作表。

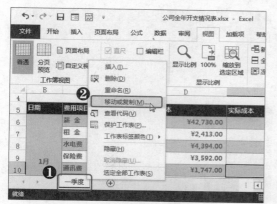

图 15-45　选择"移动或复制"命令

图 15-46　复制工作表

Step03 ❶分别将复制出的工作表重命名为"二季度"、"三季度"和"四季度"，❷分别将新创建的工作表设置不同的颜色，如图 15-47 所示。

图 15-47　重命名工作表标签并设置颜色

Step04 ❶单击"二季度"工作表标签打开二季度工作表，❷选择 G2 单元格，输入"2017/4/1"，❸以同样的方法将表格中的"日期"列以及表格中的数据进行重新录入，如图 15-48 所示，以同样的方法修改另外两张表即可。

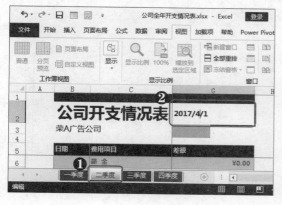

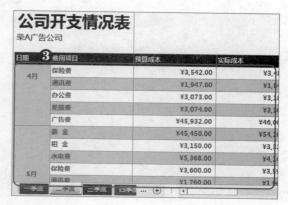

图 15-48　修改表格文本内容

15.2.6 保护工作簿

将所有工作表中的数据都修改完成以后，即可对工作簿设置保护，让其成为最终样式，其他用户需要密码才能打开，具体操作步骤如下。

Step01 ❶单击"文件"选项卡，❷单击"信息"选项卡下的"保护工作簿"下拉按钮，❸选择"用密码进行加密"选项，如图 15-49 所示。

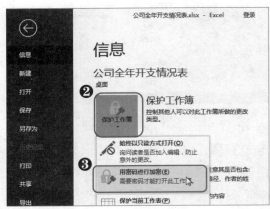

图 15-49　用密码加密工作簿

Step02 ❶在打开的"加密文档"对话框中的"密码"文本框中输入密码，如"123"，❷单击"确定"按钮，❸在"确认密码"对话框中再次输入密码，❹单击"确定"按钮即可，如图 15-50 所示。

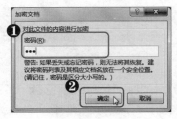
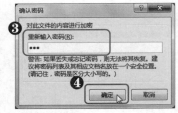

图 15-50　设置密码

第16章
制作产品年度销量统计分析表

产品销量分析表主要用于一些公司或企业对产品的销量进行分析，能够直观地了解产品的销售情况。本章将使用数据验证、公式函数、条件格式以及图表来完善、管理和分析数据。其重点在于对数据的管理与分析，其他的数据计算和完善都是为其做准备。通过本章的学习，用户会更加深入地了解数据统计和分析的相关操作。

|本|章|要|点|

· 设计产品销量分析表结构
· 提供表格数据选项
· 自动获取并计算销量数据
· 添加条件规则
· 使用柱状图分析年度销量数据
· 使用饼图分析销售额占比

16.1 案例简述和效果展示

　　大多数以盈利为目的生产或销售企业，都会对过去一年的业绩进行专业、系统地整理。再根据这些数据进行分析，从整体和局部来了解并掌握数据的发展趋势和比重大小，从而对过去的经营方式进行归纳，得出未来的商业生产或销售应当如何进行调配，才能实现利益最大化。

　　下面是公司产品年度销售情况统计和销售量分析最终得出的效果部分展示，如图 16-1 所示。

◎下载/初始文件/第 16 章/无　　◎下载/最终文件/第 16 章/产品年度销量统计分析表.xlsx

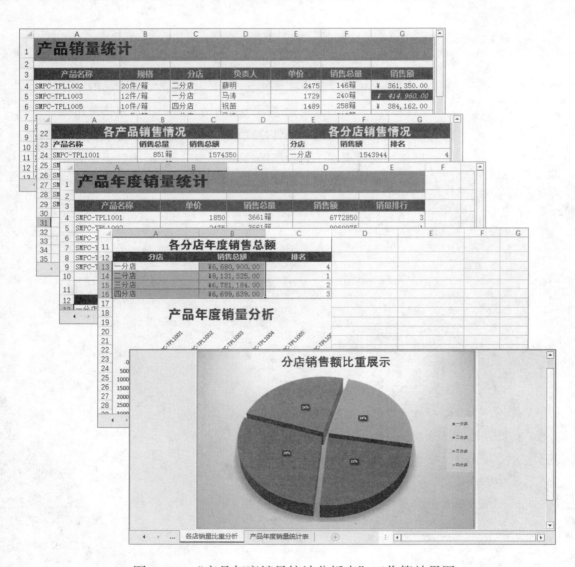

图 16-1　　"产品年度销量统计分析表"工作簿效果图

16.2 案例制作过程详讲

本案例是一个总分结构的表格，即有几张并列的表格及一张或多张汇总和分析的表格，所以在分析过程中要按一定顺序进行。本案例制作的"产品年度销量统计分析表"分为6个步骤进行制作，其具体的制作流程以及涉及的知识分析如图16-2所示。

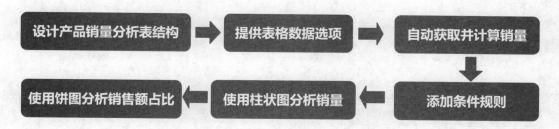

图 16-2 "产品年度销量统计分析表"制作流程

16.2.1 设计产品销量分析表结构

产品年度销量统计分析表主要由"产品销量统计表"工作表和"产品年度销量统计表"工作表构成。"产品销量统计表"工作表用于统计和计算相关销量数据；"产品年度销量统计表"工作表主要用于分析数据得出相关结论，下面具体讲解"产品年度销量统计分析表"工作簿的制作。

Step01 ❶新建"产品年度销量统计分析表"工作簿，❷新建"产品销量统计表"工作表，❸在 A1 单元格中输入标题，合并 A1:G1 单元格，设置字体格式为"方正大黑简体，24号"，填充背景，❹在 A3:G3 单元格中分别输入"产品名称、规格、分店、负责人、单价、销售总量和销售额"；设置表头字体为微软雅黑，字号为12，加粗，并设置填充色，❺设置表格区域行高为16，B～G 列的列宽为12，A 列的列宽为21，设置表格边框并在 A2 单元格中插入图形，如图 16-3 所示。

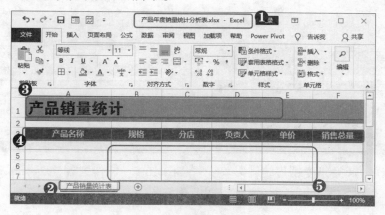

图 16-3 新建"产品销量统计"工作表

DAILY OFFICE APPLICATIONS
Excel 2016 商务技能训练应用大全

Step02 ❶选择 A22 单元格，输入表标题，合并 A22:C22 单元格，设置字体格式并进行背景填充，❷在 A23:C23 单元格分别输入"产品名称、销量总量和销售总额"，并设置单元格行高、表格区域边框等，如图 16-4 所示。

Step03 ❶选择 E22 单元格，输入表标题，合并 E22:G22 单元格，❷在 E23:G23 单元格分别输入"分店、销售额和排名"，格式与左侧表格格式设置相同，可使用格式刷快速设置，如图 16-5 所示。

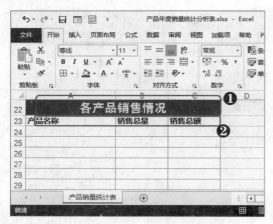 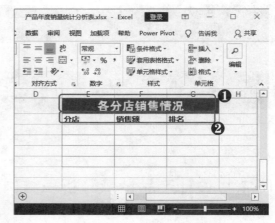

图 16-4　制作"各产品销售情况"表　　图 16-5　制作"各分店销售情况"表

Step04 ❶在"产品年度销量统计分析表"工作簿中新建"产品年度销量统计表"工作表，❷在 A1 单元格中输入标题，并设置格式，❸在 A3:E3 单元格区域分别输入"产品名称、单价、销售总量、销售额以及销量排行"，格式设置与 Step01 中的设置方法基本相同，如图 16-6 所示。

Step05 ❶在 A11 单元格中输入标题，并设置格式，❷在 A12:C12 单元格中分别输入"分店、销售总额以及排名"，并设置相应的格式，如图 16-7 所示。

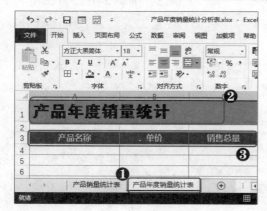 

图 16-6　制作"产品年度销售统计"表　　图 16-7　制作"各分店年度销售总额"表

16.2.2 提供表格数据选项

对于表格中的一些特有的数据，例如固定编号、单号等，不需要用户手动输入或者为了避免输入错误，可以提供相应的选项辅助输入，下面将进行具体的介绍。

Step01 ❶单击"产品销量统计表"工作表标签，❷选择 A4:A19 单元格区域，❸单击"数据"选项卡下"数据验证"按钮，如图 16-8 所示。

Step02 ❶在打开的"数据验证"对话框中单击"允许"下拉按钮，❷选择"序列"选项，如图 16-9 所示。

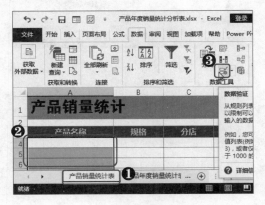

图 16-8　单击"数据验证"按钮

图 16-9　选择"序列"选项

Step03 ❶在激活的来源文本框中输入 SMPC-TPL1001～SMPC-TPL1006 的产品名称，用半角逗号隔开，❷单击"确定"按钮，如图 16-10 所示。

Step04 ❶返回到工作表中单击 A4 单元格右侧的下拉按钮，❷即可选择相应的产品名称，如图 16-11 所示。

图 16-10　输入序列

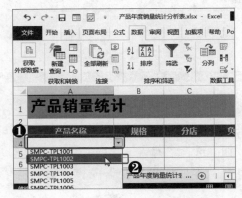

图 16-11　录入数据

Step05 ❶以同样的方法为 C4:C19 单元格区域设置数据验证，在打开的对话框中选择"序列"选项，在"来源"文本框中输入"一分店,二分店,三分店,四分店"，❷单击"确定"按钮即可，如图 16-12 所示。

Step06 ❶返回到工作表中单击 C4 单元格右侧的下拉按钮，❷即可选择相应的分店名称，如图 16-13 所示。

图 16-12 为 C 列设置数据验证

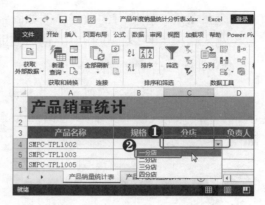

图 16-13 录入分店数据

Step07 ❶选择 A4:A19 单元格区域，❷单击"数据验证"按钮，打开"数据验证"对话框，如图 16-14 所示。

Step08 ❶在打开的对话框中单击"输入信息"选项卡，❷分别在"标题"和"输入信息"文本框中输入"产品录入说明"和"在下拉列表框中选择产品名称"，如图 16-15 所示。

图 16-14 单击"数据验证"按钮

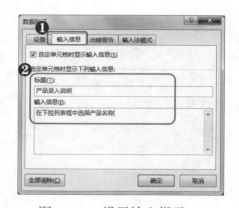

图 16-15 设置输入提示

Step09 ❶在打开的"数据验证"对话框中单击"出错警告"选项卡，❷单击"样式"下拉按钮，选择"警告"选项，❸在"标题"文本框中输入"错误数据:"文本，❹在"错误信息"文本框中输入警告内容，❺单击"确定"按钮，如图 16-16 所示。

Step10 返回到工作表中选择"产品名称"列任意数据单元格即可查看到数据提示信息，如图 16-17 所示。

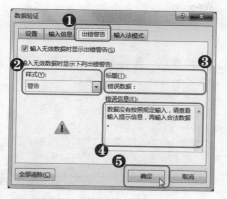

图 16-16　设置出错提示信息

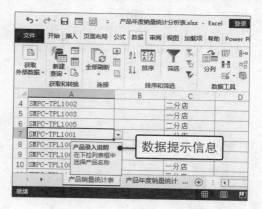

图 16-17　数据提示效果

Step11 ❶以同样的方法为"分店"列数据添加相应的数据提示信息"分店录入说明"以及"在下拉列表框中选择分店名称",在"出错警告"选项卡下进行同样的设置,❷返回到工作表中如出现输入错误的情况则会提示,如图 16-18 所示。

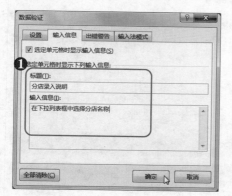

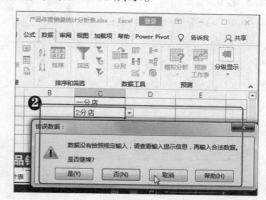

图 16-18　为"分店"列添加数据输入提示效果

16.2.3　自动获取并计算销量数据

在指定的单元格中输入相应的产品名称后,可以让系统自动获取出相应的数据,如规格、单价和负责人等,这样可以实现快速的数据录入和调用,从而完善表格。在完成数据录入后,即可使用公式和函数来计算销售总额等数据,下面将具体介绍获取和计算的相关操作。

Step01 ❶在打开的工作表中选择 B4:B19 单元格区域,❷在编辑栏中输入公式函数" =IF(A4="SMPC-TPL1001","16 件 / 箱 ",IF(A4="SMPC-TPL1002","20 件 / 箱",IF(A4="SMPC-TPL1003","12 件 / 箱 ",IF(A4="SMPC-TPL1004","28 件 / 箱",IF(A4="SMPC-TPL1005","10 件/箱",IF(A4="SMPC-TPL1006","32 件/箱"))))))", 按【Ctrl+Enter】组合键即可,如图 16-19 所示。

Step02 ❶选择 D4:D19 单元格区域,❷在编辑栏中输入" =IF(C4="一分店","马涛

",IF(C4="二分店","薛明",IF(C4="三分店","张伟",IF(C4="四分店","祝苗"))))",按
【Ctrl+Enter】组合键即可，如图 16-20 所示。

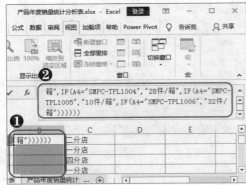

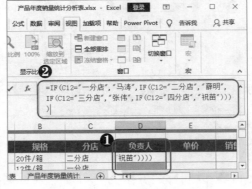

图 16-19 获取规格数据 　　　　　　　图 16-20 获取分店负责人数据

Step03 ❶选择 E4:E19 单元格区域，❷在编辑栏中输入 "=IF(A4="SMPC-TPL1001 ",1850,IF
(A4="SMPC-TPL1002",2475,IF(A4="SMPC-TPL1003",1729,IF(A4="SMPC-TPL1004",1650,
IF(A4="SMPC-TPL1005",1489,IF(A4="SMPC-TPL1006",3705,0))))))"，按【Ctrl +Enter】组
合键即可，如图 16-21 所示。

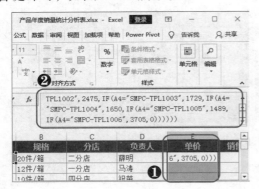

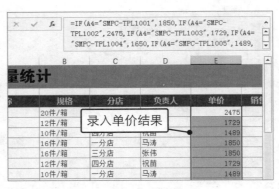

图 16-21 获取单价数据效果

Step04 分别录入 F 列销售量数据，❶选择 G4:G19 单元格区域，❷在编辑栏中输入
"=E4*F4"，按【Ctrl+Enter】组合键即可，❸选择 F20 单元格，❹单击 "公式" 选项卡
下 "自动求和" 按钮，按【Enter】键，如图 16-22 所示。

图 16-22 获取销售额数据

Step05 ❶将鼠标光标移动到 F20 单元格右下角，当鼠标光标变为十字形，按下鼠标拖动到 G20 单元格填充自动求和函数，❷单击"自动填充选项"下拉按钮，❸在弹出的快捷菜单中选中"不带格式填充"单选按钮，如图 16-23 所示。

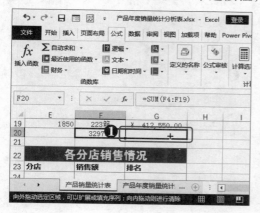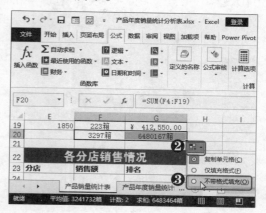

图 16-23　填充运算公式

Step06 ❶选择"产品销量统计"表中任意数据单元格，❷单击"数据"选项卡下"排序和筛选"组中的"筛选"按钮，如图 16-24 所示。

Step07 ❶单击 C3 单元格右下角的下拉按钮，❷在弹出的下拉列表中选中"一分店"复选框，❸单击"确定"按钮即可，如图 16-25 所示。

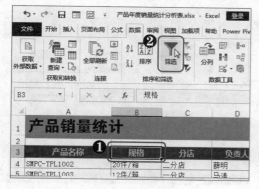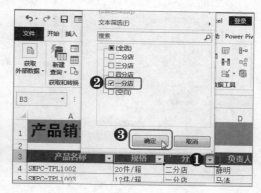

图 16-24　单击"筛选"按钮　　　图 16-25　筛选分店数据

Step08 ❶选择筛选出的 G 列数据，❷即可在状态栏中查看到求和数据，❸将求和数据录入 F24 单元格，以同样的方法录入其他分店数据，退出筛选状态，如图 16-26 所示。

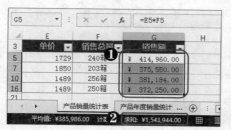

图 16-26　计算各分店销售额

Step09 ❶选择 G24 单元格，❷单击"公式"选项卡下"插入函数"按钮，如图 16-27 所示。

Step10 ❶在打开的"插入函数"对话框中的"搜索函数"文本框中输入"rank"，❷单击"转到"按钮，❸选择"RANK"选项，单击"确定"按钮即可，如图 16-28 所示。

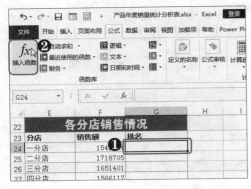

图 16-27　单击"插入函数"按钮

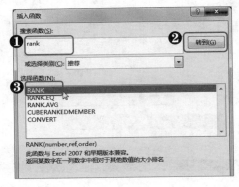

图 16-28　搜索函数

Step11 ❶在打开的"函数参数"对话框中设置函数参数，❷单击"确定"按钮即可，如图 16-29 所示。

Step12 返回到工作表中选择 G24 单元格，将鼠标光标移至单元格右下角，当鼠标光标变为十字形时，双击进行填充，如图 16-30 所示。

图 16-29　设置函数参数

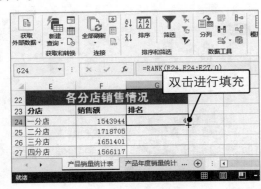

图 16-30　复制函数

> **提个醒：填充函数注意事项**
>
> 　　如果在填充函数时出现多个相同的文本型数据，则可以选择重复的数据单元格，单击 按钮，在弹出的快捷菜单中选择"更新公式以包含单元格"命令，如图 16-31 所示。

图 16-31　更新公式以包含单元格

16.2.4 添加条件规则

要快速地展示表格中指定项目的数据样式，可以通过为其添加条件规则的方法实现，添加的条件样式可能不一定完全符合用户的需求，这时就可以通过更改其样式的方法来解决和完善。下面具体介绍根据案例中的需求添加和修改条件规则的相关操作。

Step01 ❶在打开的"产品销售统计表"工作表中选择 G4:G19 单元格区域，❷单击"开始"选项卡下"条件格式"下拉按钮，❸选择"最前/最后规则/高于平均值"命令，如图 16-32 所示。

Step02 ❶在打开的"高于平均值"对话框中选择相应的格式，❷单击"确定"按钮，如图 16-33 所示。

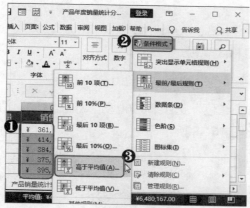

图 16-32 选择"高于平均值"选项

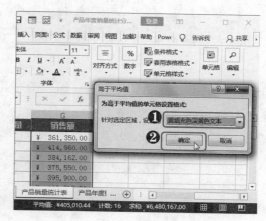

图 16-33 设置格式

Step03 ❶返回到工作表中选择 G4:G19 单元格区域中任意数据单元格，❷单击"条件格式"下拉按钮，选择"管理规则"命令，如图 16-34 所示。

Step04 ❶在打开的"条件格式规则管理器"对话框中选择需要编辑的规则，❷单击"编辑规则"按钮，如图 16-35 所示。

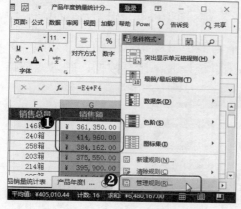

图 16-34 选择"管理规则"命令

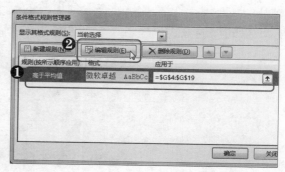

图 16-35 单击"编辑规则"按钮

Step05 ❶在打开的"编辑格式规则"对话框中单击"格式"按钮，❷在打开的"设置单元格格式"对话框中单击"字体"选项卡，❸在"字形"列表框中选择"倾斜"选项，❹设置"颜色"为"白色"，如图 16-36 所示。

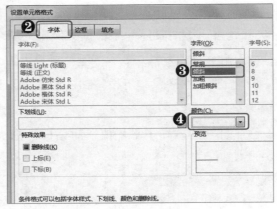

图 16-36   编辑格式规则

Step06 ❶单击"填充"选项卡，❷单击"其他颜色"按钮，如图 16-37 所示。

Step07 ❶在打开的"颜色"对话框中选择"橙红色"选项，❷拖动"颜色深度"滑块到合适的位置，❸依次单击"确定"按钮，如图 16-38 所示。

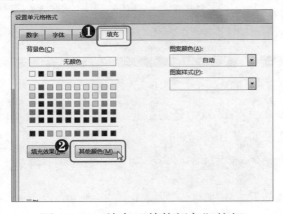
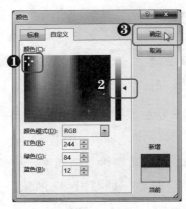

图 16-37   单击"其他颜色"按钮   图 16-38   选择合适的颜色

Step08 返回到工作表中即可查看到更改的高于平均值项目规则效果样式，如图 16-39 所示。以同样的方式创建二、三和四季度的产品销量统计表，计算数据，并录入数据。

图 16-39   条件规则样式展示

16.2.5 使用柱状图分析年度销量数据

要系统地展示和分析数据，最好的方式是使用图表进行分析下面具体介绍使用倒置的条形图来分析年度销售情况和走势及一些潜在的问题。

Step01 ❶在打开的"产品年度销售统计表"工作表中分别录入 A4:A9 以及 B4:B9 单元格区域的数据，❷选择 C4:C9 单元格区域，❸在编辑栏中输入公式"=产品销量统计表!B24+'二季度产品销量统计表'!B24+'三季度产品销量统计表'!B24+四季度产品销量统计表!B24"，按【Ctrl+Enter】组合键，❹在工作表中查看最终效果，如图 16-40 所示。

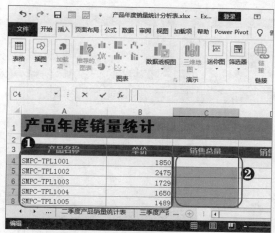
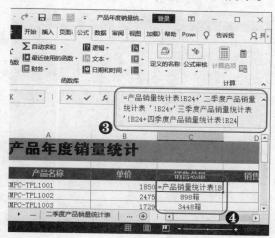

图 16-40 计算销售总量

Step02 ❶选择 D4:D9 单元格区域，❷在编辑栏中输入公式"=B4*C4"，按【Ctrl+Enter】组合键即可，如图 16-41 所示。

Step03 ❶选择 B3:B16 单元格区域，❷在编辑栏中输入"=产品销量统计表!F24+'二季度产品销量统计表 1'!F24+'三季度产品销量统计表'!F24+四季度产品销量统计表!F24"，按【Ctrl+Enter】组合键即可，如图 16-42 所示。

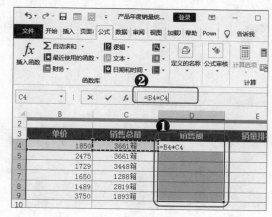
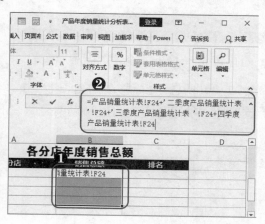

图 16-41 计算销售额　　　　图 16-42 添加各分店销售总额

Step04 使用 RANK()函数分别求产品销量额排名以及分店销售额排名,排名数据分别存放于 E4:E9 单元格区域和 C13:C16 单元格区域,如图 16-43 所示。

图 16-43 对销售量和各分店销售总额数据进行排名

Step05 ❶在"产品年度销量统计表"工作表中,按住【Ctrl】键的同时选择 A3:A9 以及 C3:C9 单元格区域,❷单击"插入"选项卡下"图表"组中"推荐的图表"按钮,如图 16-44 所示。

Step06 ❶在打开的"插入图表"对话框中单击"簇状柱形图"选项,❷单击"确定"按钮即可创建图表,如图 16-45 所示。

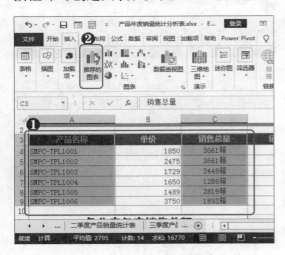
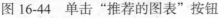

图 16-44 单击"推荐的图表"按钮

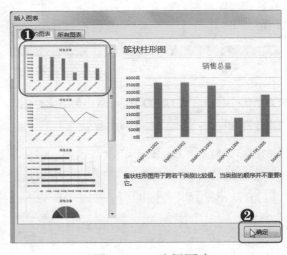

图 16-45 选择图表

Step07 ❶将鼠标光标移动到图表上,按住鼠标左键拖动调整图表到表格数据的正下方,释放鼠标,❷拖动图表的控制点调整图表的宽和高,如图 16-46 所示。

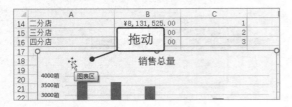
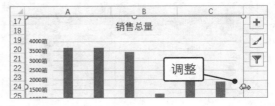

图 16-46 调整图表位置和宽高

Step08 ❶将文本插入点定位到图表标题文本框中，删除原有的内容，输入"产品年度销量分析"，❷选择整个文本框，并在其上右击，❸选择"字体"命令，如图 16-47 所示。

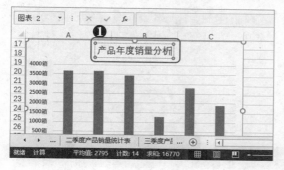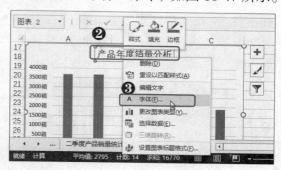

图 16-47　重命名表标题

Step09　在打开的"字体"对话框中的"字体"选项卡中分别设置"中文字体"、"大小"和"字体样式"为"微软雅黑"、"18"和"加粗"，如图 16-48 所示。

Step10 ❶单击"字符间距"选项卡，❷单击"间距"下拉按钮，选择"加宽"选项，❸将度量值设为"2"，❹单击"确定"按钮即可，如图 16-49 所示。

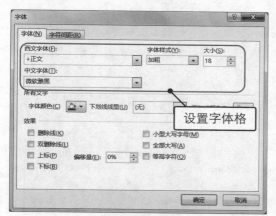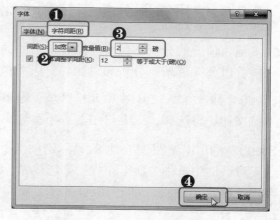

图 16-48　设置字体格式　　　　　　　图 16-49　设置字符间距

Step11 ❶选择图表中的数据系列，并在其上右击，❷在弹出的快捷菜单中选择"设置数据系列格式"命令，❸在打开的窗格中设置"系列重叠"值为"0%"，将"间隙宽度"设置为"150%"，如图 16-50 所示。

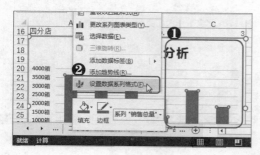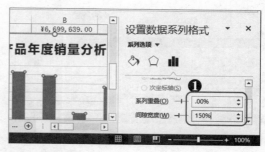

图 16-50　调整数据系列间距和宽度

Step12 ❶单击"填充与线条"选项卡，单击"填充"选项将其展开，❷单击"填充颜色"下拉按钮，❸选择"蓝色,个性色 1,深色 25%"选项，如图 16-51 所示。

Step13 选择纵坐标轴，并在其上右击，选择"设置坐标轴格式"命令，❶选中"逆序刻度值"复选框，❷单击"刻度线"选项将其展开，单击"主刻度线类型"下拉按钮，❸选择"内部"选项，如图 16-52 所示。

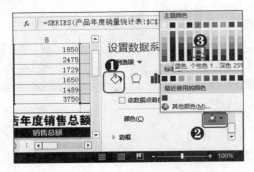

图 16-51　设置柱状图颜色

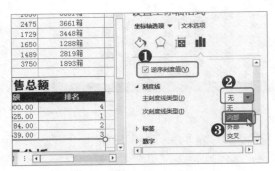

图 16-52　设置纵坐标轴格式

16.2.6　使用饼图分析销售额占比

销售情况的分析不仅要注意各个产品的销售情况，还要对各个分店的销售情况进行分析，以此来展示、分析和对比各分店的销售情况。

Step01 ❶选择 A12:B16 单元格区域，❷单击"插入"选项卡下"插入饼图或圆环图"下拉按钮，❸选择"三维饼图"选项，如图 16-53 所示。

Step02 ❶单击"图表工具 设计"选项卡下的"移动图表"按钮，❷在打开的"移动图表"对话框中选中"新工作表"单选按钮，❸在文本框中输入"各店销售比重分析"，❹单击"确定"按钮，如图 16-54 所示。

图 16-53　创建图表

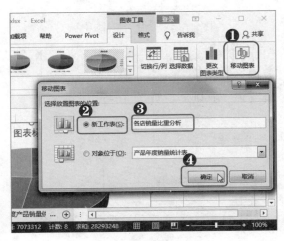

图 16-54　移动图表

Step03 ❶切换到"各店销量比重分析"工作表中，❷单击"图表工具 设计"选项卡中的"快速布局"下拉按钮，❸选择"布局1"选项，❹在"图表样式"组中选择"样式3"选项，如图16-55所示。

Step04 ❶选择饼图中的数据系列并右击，❷在弹出的快捷菜单中选择"设置数据系列格式"命令，如图16-56所示。在打开的"设置数据系列格式"窗格中分别设置"第一扇区起始角度"和"饼图分离程度"的值分别为"100°"和"5%"。

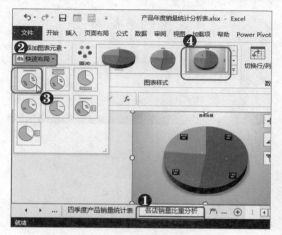

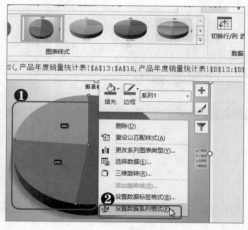

图 16-55　快速应用图表样式　　　　图 16-56　选择"设置数据系列格式"命令

Step05 ❶设置图表标题为"分店销售额比重展示"，并调整字体格式，❷选择整个图表，右击，选择"设置图表区域格式"命令，❸在打开的窗格中单击"效果"选项卡，❹展开"三维格式"选项，❺单击"顶部棱台"下拉按钮，选择"十字形"，❻设置"宽度"和"高度"分别为"6磅"和"4磅"，如图16-57所示。

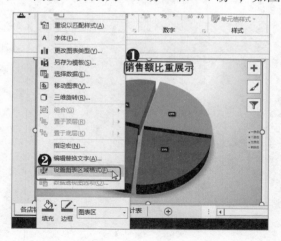

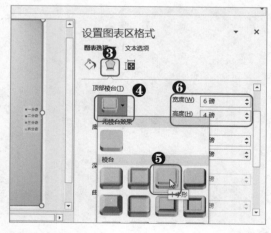

图 16-57　设置饼图的样式

Step06 ❶单击"审阅"选项卡下"保护工作簿"按钮，❷在打开的"保护结构和窗口"对话框中的"密码"文本框中输入密码"jm123"，再次确认密码即可，如图16-58所示，如果有需要，也可以用同样的方式为其他工作表设置保护。

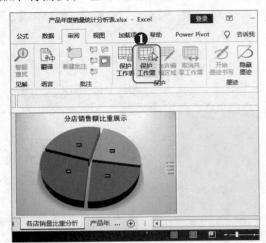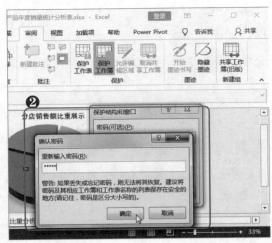

图 16-58　保护工作表

第17章
制作固定资产管理系统

固定资产是大部分公司都会拥有的资产之一，对其进行管理十分重要。本章主要使用函数、条件格式、分类汇总、图片、形状、艺术字、SmartArt 图形以及工作簿共享等相关知识，来制作功能较为完整的固定资产管理系统工作簿，以帮助用户更好地使用这些知识，在实战中有所提高。

|本|章|要|点|

· 设计表结构并录入数据
· 计算表格数据
· 管理固定资产数据
· 制作固定资产快速查询区
· 制作固定资产领用程序表

17.1 案例简述和效果展示

公司或企业的资产按照不同的标准可分成多类，例如按具体形态、耗用期限等来分类。综合这些分类标准，可将资产分为流动资产、长期投资、固定资产、无形资产和递延资产等。其中，固定资产是非常重要的资产类别之一，各公司对固定资产的管理都需要十分重视。

下面是固定资产管理系统的最终部分效果展示，如图 17-1 所示。

◎下载/初始文件/第 17 章/无.xlsx　　◎下载/初始文件/第 17 章/固定资产管理系统.xlsx

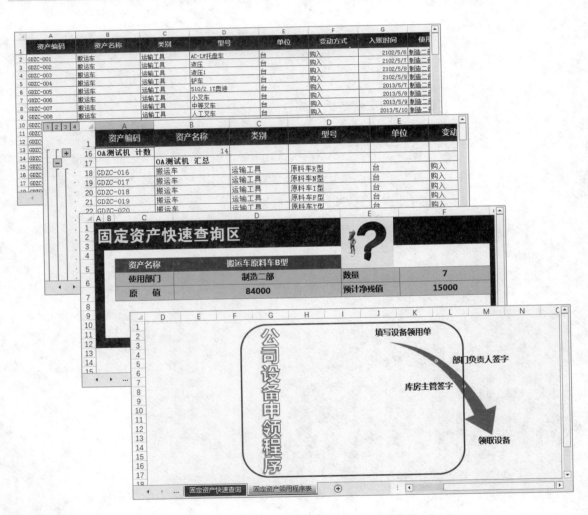

图 17-1　"固定资产管理系统"工作簿效果图

17.2 案例制作过程详讲

本案例是需要制作一个综合性较强的表格，首先需要对表格中的数据进行完善和补充，接着对其进行管理和分析，然后根据数据源制作快速查询，最后对领用设备等流程进行说明。本案例制作的"固定资产管理系统"工作簿分为 5 个步骤进行制作，其具体的制作流程以及涉及的知识分析如图 17-2 所示。

图 17-2 "固定资产管理系统"制作流程

17.2.1 设计表结构并录入数据

固定资产管理系统主要由"固定资产清单"工作表、"固定资产快速查询"工作表以及"固定资产领用程序表"工作表构成，在录入数据时，尽可能地使用自动录入数据。例如编号数据都是有规律地增加，可以使用填充数据的方法来录入。下面具体介绍这三张工作表的制作以及数据的录入。

Step01 ❶新建"固定资产管理系统"工作簿，❷新建"固定资产清单"工作表，❸在A1:O1 单元格中分别输入"资产编码、资产名称、类别、型号、单位、变动方式、入账时间、使用部门、存放地点、数量、原值、残值、直线折旧值、年折旧额和使用期限"；选择 A1:O1 单元格区域，设置表头格式，❹设置表格内容区域行高为 15，并且录入表格数据，如图 17-3 所示。

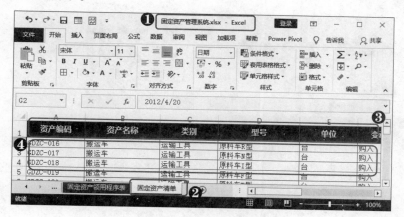

图 17-3 制作固定资产清单

Step02 ❶新建"固定资产快速查询"工作表，设置工作表标签颜色，❷合并 A1:F3 单元格区域，输入文本"固定资产快速查询区"，❸在 C5:C7 单元格中分别输入"资产名称、使用部门和原值"，设置相应的格式，在 E6:E7 单元格中分别输入"数量、预计净残值"，设置相应的格式，如图 17-4 所示。

Step03 ❶新建"固定资产领用程序表"工作表，设置工作表标签颜色，❷取消选中"视图"选项卡下"显示"组中的"网格线"复选框，如图 17-5 所示。

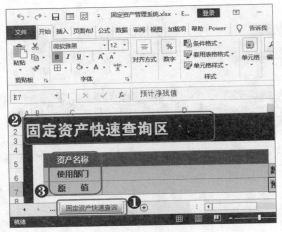

图 17-4　新建"固定资产快速查询"工作表

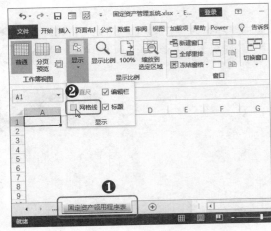

图 17-5　新建"固定资产领用程序表"工作表

Step04 ❶切换到"固定资产清单"工作表，❷选择 A1:O1 单元格区域，❸单击"字体"组中的"对话框启动器"按钮，如图 17-6 所示。

Step05 ❶在打开的对话框中单击"填充"选项卡，❷单击"填充效果"按钮，如图 17-7 所示。

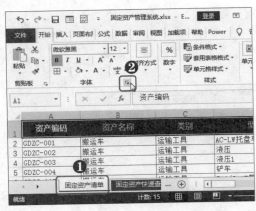

图 17-6　单击"对话框启动器"按钮

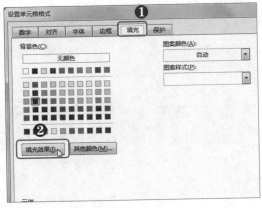

图 17-7　单击"填充效果"按钮

Step06 ❶在打开的"填充效果"对话框中单击"颜色 1"下拉按钮，选择"橙色,个性色 2,深色 50%"选项，❷单击"颜色 2"下拉按钮，选择"橙色,个性色 2,深色 25%"选项，❸选中"水平"单选按钮，❹选择变形方式，❺单击"确定"按钮，如图 17-8 所示。

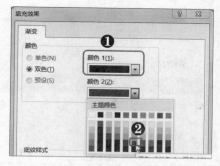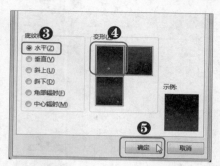

图 17-8　填充渐变颜色

17.2.2　计算表格数据

设计好工作表样式之后，就需要根据录入的表格数据计算相关数据结果，这里主要介绍计算直线折旧值和年折旧额等的相关操作，主要通过 SLN()和 SYD ()函数来计算并获取结果。

Step01 ❶选择 M2 单元格，❷单击"公式"选项卡下"函数库"组中的"插入函数"按钮，如图 17-9 所示。

Step02 ❶在打开的"插入函数"对话框中选择"或选择类别"下拉列表框，选择"财务"选项，❷在"选择函数"列表框中选择"SLN"选项，❸单击"确定"按钮，如图 17-10 所示。

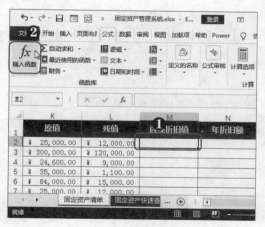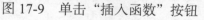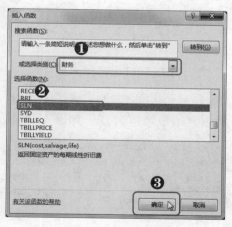

图 17-9　单击"插入函数"按钮　　　　图 17-10　选择函数

Step03 ❶在打开的"函数参数"对话框中设置"Cost"、"Salvage"和"Life"参数位置"K2"、"L2"以及"O2"，❷单击"确定"按钮，如图 17-11 所示。

Step04 返回到工作表中，使用填充柄对该列数据进行填充，系统会自动复制公式进行计算，如图 17-12 所示。

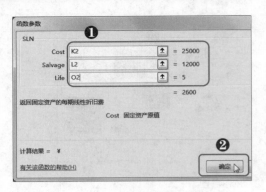

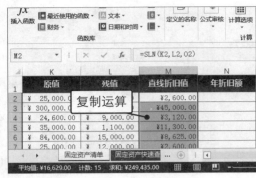

图 17-11　设置函数参数　　　　　图 17-12　填充函数公式

Step05 ❶选择 N2 单元格区域，❷单击"公式"选项卡下"函数库"组中的"财务"下拉按钮，❸在其下拉列表中选择"SYD"选项，如图 17-13 所示。

Step06 ❶在打开的"函数参数"对话框中设置"Cost"、"Salvage"、"Life"和"Per"的值为"K2"、"L2"、"O2"及"1"，❷单击"确定"按钮，如图 17-14 所示。

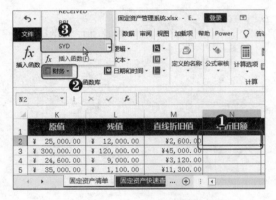

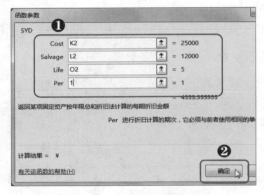

图 17-13　选择函数　　　　　图 17-14　设置函数参数

Step07 将鼠标光标移动到 N2 单元格右下角，当鼠标光标变为十字形时，双击，系统将自动填充函数运算公式，如图 17-15 所示。

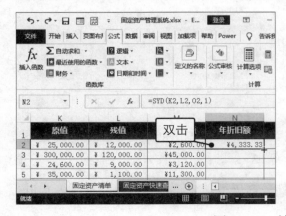

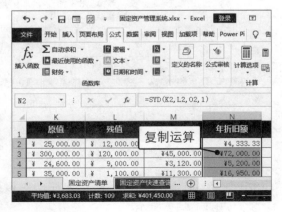

图 17-15　填充函数公式

Step08 ❶选择任意数据单元格，❷单击快速访问工具栏中"记录单"按钮，如图 17-16 所示。

Step09 ❶在打开的"固定资产清单"对话框中单击"新建"按钮，❷分别在不同的项目文本框中输入相应的数据，❸按【Enter】键，单击"关闭"按钮，如图 17-17 所示。

图 17-16 单击"记录单"按钮

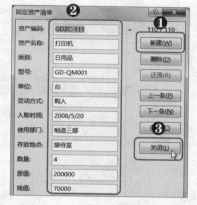
图 17-17 添加信息

Step10 ❶选择 A1:O110 单元格区域，❷单击"开始"选项卡下"格式刷"按钮，❸按住鼠标左键不放，填充 A111:O111 单元格区域格式，如图 17-18 所示。

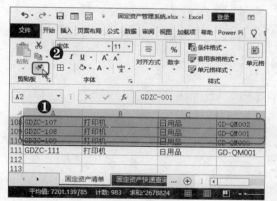

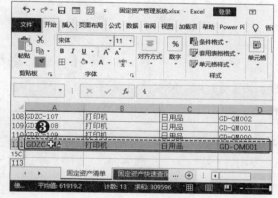

图 17-18 复制格式

17.2.3 管理固定资产数据

完善固定资产数据后，就可以对其数据进行管理，例如工作表备份、多条件排序和分类汇总等，让整个表格变得井然有序、项目清晰，从而便于在查看数据的同时，保证公司财产的安全，下面分别介绍相关操作。

Step01 ❶在"固定资产清单"工作表标签上右击，选择"移动或复制"命令，❷在打开的对话框中选中"建立副本"复选框，❸单击"确定"按钮，如图 17-19 所示。

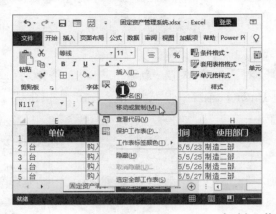

图 17-19　复制工作表

Step02 ❶将复制的工作表重命名为"固定资产清单（副本）"，❷更改工作表标签颜色，如图 17-20 所示。

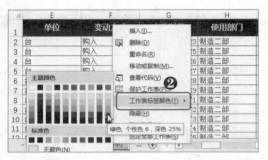

图 17-20　设置新建的工作表标签

Step03 ❶在数据主体部分中选择任意数据单元格，❷单击"数据"选项卡下"排序"按钮，如图 17-21 所示。

Step04 ❶在打开的"排序"对话框中单击"主要关键字"栏中"列"下拉列表框的下拉按钮，❷选择"资产名称"选项，如图 17-22 所示。

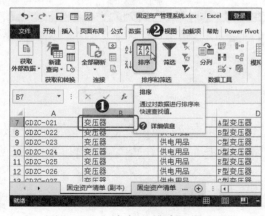

图 17-21　单击"排序"按钮　　　　　　图 17-22　选择"资产名称"选项

Step05 ❶单击"添加条件"按钮，❷单击"次要关键字"栏中"列"下拉列表框的下拉按钮，选择"类别"选项，❸单击"次序"下拉列表框的下拉按钮，选择"降序"选项，如图 17-23 所示。

Step06 ❶选择次要条件，❷单击"上移"按钮，将次要关键字字段升为主要关键字，❸单击"确定"按钮，如图 17-24 所示。

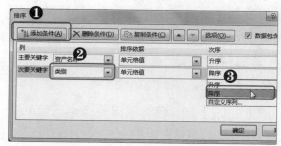
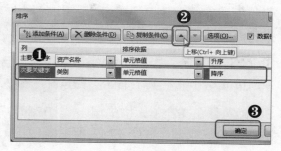

图 17-23　选择"降序"选项　　　　图 17-24　上移次要条件

Step07 ❶选择 A2 单元格，❷单击"数据"选项卡下"分级显示"组中的"分类汇总"按钮，❸在打开的"分类汇总"对话框中单击"分类字段"下拉列表框的下拉按钮，选择"资产名称"选项，❹选中"原值"复选框，❺单击"确定"按钮，如图 17-25 所示。

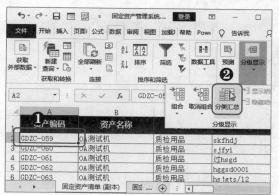
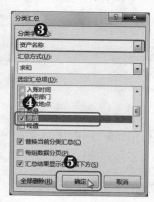

图 17-25　设置分类汇总

Step08 再次单击"分类汇总"按钮，❶在打开的"分类汇总"对话框中单击"汇总方式"下拉列表框的下拉按钮，❷选择"计数"选项，❸取消选中"原值"复选框和"替换当前分类汇总"复选框，❹选中"资产名称"复选框，❺单击"确定"按钮，如图 17-26 所示。

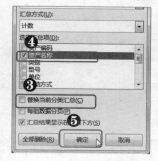

图 17-26　设置第二重分类汇总

17.2.4 制作固定资产快速查询区

在众多数据中，如果需要知道某一些数据的详细信息，使用查找功能还是会不方便。这时就可以专门在工作簿中创建一个快速查询区，方便用户快速准确地查找数据。为了保持原始表格中数据的顺序不受影响，用户最好复制一份表格用于数据查询，下面分别进行介绍。

Step01 ❶复制一张"固定资产清单"工作表，将其重命名为"数据查询数据源"，选择 E 列单元格，并在其上右击，❷选择"插入"命令插入列，如图 17-27 所示。

Step02 ❶在 E2 单元格中输入"=B2&D2"，按【Enter】键，❷将鼠标光标移动到单元格右下角，双击，如图 17-28 所示。

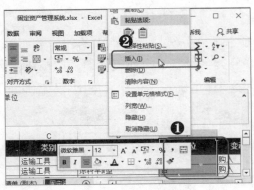

图 17-27 插入列　　　　　　图 17-28 填充数据列

Step03 ❶选择 E 列中任意数据单元格，❷单击"开始"选项卡下"编辑"组中的"排序和筛选"下拉按钮，❸选择"降序"选项，如图 17-29 所示。

Step04 切换到"固定资产快速查询"工作表中，❶选择 D5 单元格，❷单击"数据"选项卡下"数据验证"按钮，如图 17-30 所示。

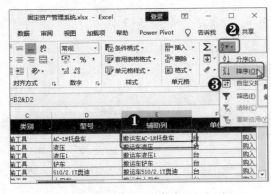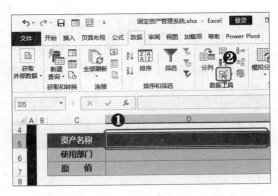

图 17-29 选择"降序"选项　　　　　　图 17-30 单击"数据验证"按钮

Step05 ❶在打开的"数据验证"对话框中的"允许"下拉列表框中选择"序列"选项，❷单击"来源"文本框后的按钮，如图 17-31 所示。

Step06 ❶切换到"数据查询数据源"工作表中，选择 E2:E111 单元格区域，❷单击▦按钮，如图 17-32 所示。

图 17-31　设置数据验证格式

图 17-32　选择数据源

Step07 返回到"数据验证"对话框中，❶取消选中"忽略空值"复选框，❷单击"确定"按钮，如图 17-33 所示。

Step08 ❶切换到"数据查询数据源"工作表中，选择 E 列数据单元格，❷单击"排序和筛选"下拉按钮，❸选择"升序"选项，如图 17-34 所示。

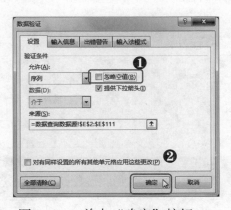

图 17-33　单击"确定"按钮

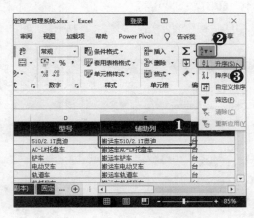

图 17-34　对 E 列进行升序排序

Step09 切换到"固定资产快速查询"工作表，❶选择 D6 单元格，❷单击编辑栏中的"插入函数"按钮，❸在对话框中选择"VLOOKUP"选项，并确定，如图 17-35 所示。

图 17-35　快速插入函数

Step10 ❶在打开的"函数参数"对话框中的"Lookup_value"文本框中输入"D5",按【F4】键,❷单击"Table_array"文本框后的折叠按钮,❸选择"数据查询数据源"工作表中的 E1:P111 单元格区域,如图 17-36 所示。

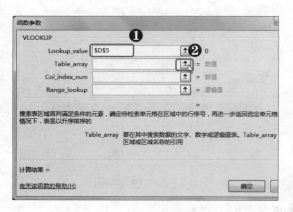

图 17-36 输入前两个函数参数

Step11 ❶返回到"函数参数"对话框中在"Col_index_num"文本框中输入"5",❷单击"确定"按钮,如图 17-37 所示。

Step12 ❶切换到"固定资产快速查询"工作表中选择 D6 单元格,❷单击"开始"选项卡下"剪贴板"组中的"复制"按钮,如图 17-38 所示。

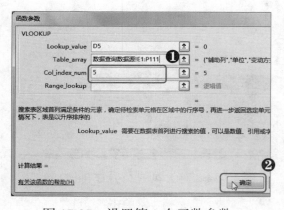
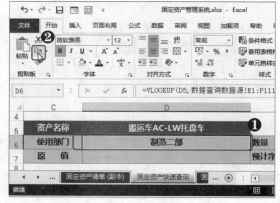

图 17-37 设置第 3 个函数参数　　　　　　图 17-38 单击"复制"按钮

Step13 ❶按住【Ctrl】键不放选择 D7、F6 和 F7 单元格,❷单击"开始"选项卡下"粘贴"下拉按钮,❸在弹出的下拉菜单中选择"选择性粘贴"命令,如图 17-39 所示。

Step14 ❶在打开的"选择性粘贴"对话框中选中"公式"单选按钮,❷单击"确定"按钮即可,如图 17-40 所示。

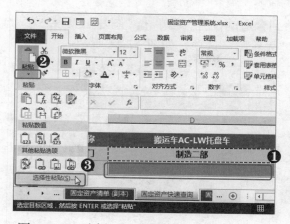

图 17-39　选择"选择性粘贴"命令

图 17-40　单击"确定"按钮

Step15 将 D7、F6 和 F7 单元格中的函数参数"Col_index_num"更改为"7"、"8"和"9"，如图 17-41 所示。

Step16 选择任意资产名称，系统会自动查找匹配相应的数据信息，如图 17-42 所示。

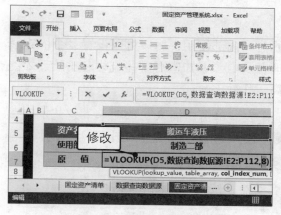

图 17-41　修改函数参数

图 17-42　查询数据

Step17 ❶单击"插入"选项卡下"插图"组中的"图片"按钮，❷在打开的"插入图片"对话框中选择图片，单击"插入"按钮，如图 17-43 所示。

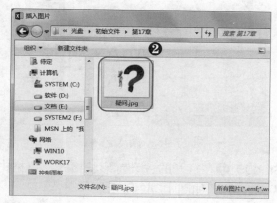

图 17-43　插入图片操作

Step18 ❶将插入的图片进行裁剪并调整到合适的位置，❷单击"图片工具 格式"选项卡下的"图片边框"下拉按钮，❸选择"无轮廓"选项，如图 17-44 所示。

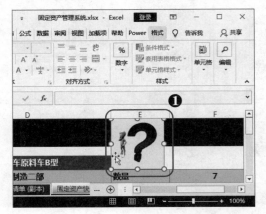
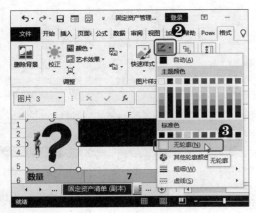

图 17-44　设置图片效果

17.2.5　制作固定资产领用程序表

为了更好地保证固定资产的安全，又方便公司内部使用，用户可以设置一个固定资产的领用程序图示，来清楚地让固定资产管理者及申领者知道有哪些流程和手续，才能移交和领用相应的固定资产设备等，从而提高工作效率。

Step01 ❶切换到"固定资产领用程序表"工作表，单击"插入"选项卡下"艺术字"下拉按钮，❷选择"填充:白色;轮廓:蓝色,主题色 5；阴影"选项，如图 17-45 所示。

Step02 ❶在艺术字文本框中输入"公司设备申领程序"文本，❷单击"绘图工具 格式选项卡"下"艺术字样式"组中的"对话框启动器"按钮，如图 17-46 所示。

图 17-45　插入艺术字　　　　图 17-46　单击"对话框启动器"按钮

Step03 ❶在打开的"设置形状格式"窗格中设置"大小"为"101%"，❷设置"模糊"为"2 磅"，如图 17-47 所示。

Step04 ❶单击"文本框"选项卡，❷单击"垂直对齐方式"下拉列表框的下拉按钮，❸选择"中部居中"选项，如图 17-48 所示。

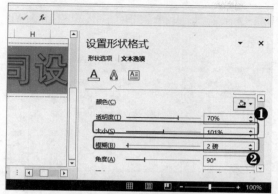

图 17-47　设置艺术字样式

图 17-48　设置艺术字对齐方式

Step05 ❶单击"文字方向"下拉列表框的下拉按钮，❷选择"竖排"选项，如图 17-49 所示。

Step06 ❶保持艺术字的选择状态，❷单击"开始"选项卡，分别设置"字体"、"字号"为"微软雅黑"、"28,"，单击"加粗"按钮，如图 17-50 所示。

图 17-49　设置文本方向

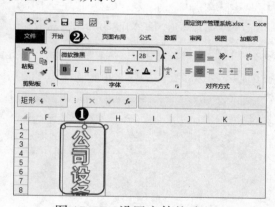

图 17-50　设置字体格式

Step07 ❶单击"插入"选项卡下"SmartArt 图形"按钮，❷在打开的对话框中单击"流程"选项卡，❸选择"降序流程"选项，如图 17-51 所示。

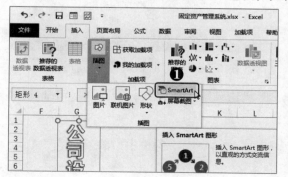

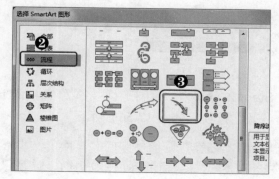

图 17-51　选择 SmartArt 图形

Step08 ❶保持 SmartArt 图形的选择状态，❷单击 "SmartArt 工具 设计" 选项卡下 "创建图形" 组中的 "文本窗格" 按钮，❸在对话框中依次输入要插入的文本，如图 17-52 所示。

Step09 ❶选择插入的 SmartArt 图形，❷在 "SmartArt 工具 设计" 选项卡下的 "SmartArt样式" 组中选择合适的样式即可，如图 17-53 所示。

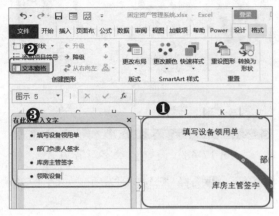

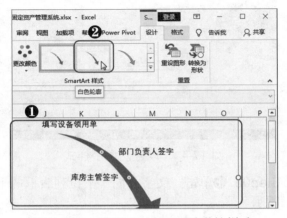

图 17-52　输入文字　　　　　　　　　　图 17-53　设置 SmartArt 图形的样式

Step10 ❶单击 "插入" 选项卡下 "插图" 组中的 "形状" 下拉按钮，❷选择合适的形状并进行绘制，将插入的 SmartArt 图形完全覆盖，如图 17-54 所示。

Step11 ❶选择绘制的形状，❷单击 "绘图工具 格式" 选项卡下 "形状填充" 下拉按钮，❸选择 "无填充" 选项，如图 17-55 所示。

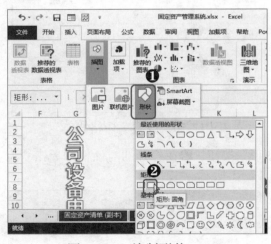

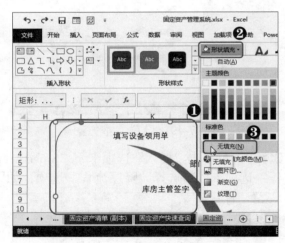

图 17-54　绘制形状　　　　　　　　　　图 17-55　对形状设置无填充

Step12 ❶单击 "绘图工具 格式" 选项卡下 "形状轮廓" 下拉按钮，❷选择 "粗细/其他线条" 选项，如图 17-56 所示。

Step13 ❶在打开窗格中的 "宽度" 文本框中输入 "2.5 磅"，❷单击 "轮廓颜色" 下拉按钮，❸选择合适的颜色，如图 17-57 所示。

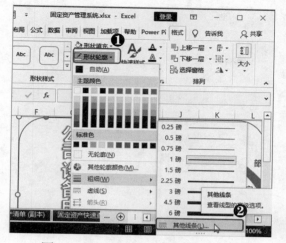
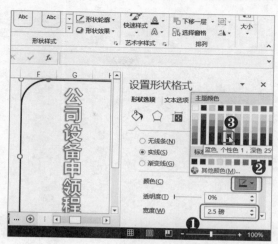

图 17-56 选择"其他线条"选项　　　　图 17-57 设置线条样式

Step14 ❶选择插入的 SmartArt 图形，❷设置其中的"字体"为"微软雅黑"，"字号"
为"12"，并设置加粗，调整图形的位置，得到最终效果，如图 17-58 所示。

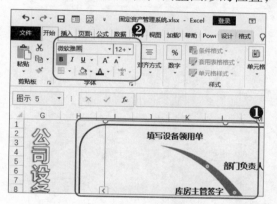
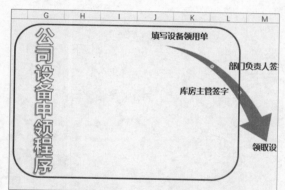

图 17-58 设置字体格式并调整图形位置

读 者 意 见 反 馈 表

亲爱的读者：

感谢您对中国铁道出版社有限公司的支持，您的建议是我们不断改进工作的信息来源，您的需求是我们不断开拓创新的基础。为了更好地服务读者，出版更多的精品图书，希望您能在百忙之中抽出时间填写这份意见反馈表发给我们。随书纸制表格请在填好后剪下寄到：北京市西城区右安门西街8号中国铁道出版社有限公司大众出版中心 张亚慧 收（邮编：100054）。或者采用传真（010-63549458）方式发送。此外，读者也可以直接通过电子邮件把意见反馈给我们，E-mail地址是：lampard@vip.163.com。我们将选出意见中肯的热心读者，赠送本社的其他图书作为奖励。同时，我们将充分考虑您的意见和建议，并尽可能地给您满意的答复。谢谢！

- -

所购书名：_____

个人资料：

姓名：_____ 性别：_____ 年龄：_____ 文化程度：_____

职业：_____ 电话：_____ E-mail：_____

通信地址：_____ 邮编：_____

您是如何得知本书的：

□书店宣传 □网络宣传 □展会促销 □出版社图书目录 □老师指定 □杂志、报纸等的介绍 □别人推荐
□其他（请指明）_____

您从何处得到本书的：

□书店 □邮购 □商场、超市等卖场 □图书销售的网站 □培训学校 □其他

影响您购买本书的因素（可多选）：

□内容实用 □价格合理 □装帧设计精美 □带多媒体教学光盘 □优惠促销 □书评广告 □出版社知名度
□作者名气 □工作、生活和学习的需要 □其他

您对本书封面设计的满意程度：

□很满意 □比较满意 □一般 □不满意 □改进建议

您对本书的总体满意程度：

从文字的角度 □很满意 □比较满意 □一般 □不满意
从技术的角度 □很满意 □比较满意 □一般 □不满意

您希望书中图的比例是多少：

□少量的图片辅以大量的文字 □图文比例相当 □大量的图片辅以少量的文字

您希望本书的定价是多少：

本书最令您满意的是：

1.

2.

您在使用本书时遇到哪些困难：

1.

2.

您希望本书在哪些方面进行改进：

1.

2.

您需要购买哪些方面的图书？对我社现有图书有什么好的建议？

您更喜欢阅读哪些类型和层次的理财类书籍（可多选）？

□入门类 □精通类 □综合类 □问答类 □图解类 □查询手册类 □实例教程类

您在学习计算机的过程中有什么困难？

您的其他要求：